U0394316

## 肖力田

　　清华大学计算机科学与技术学科工学博士，北京特种工程设计研究院首席专家兼发射场建设责任总师、研究员；多个中央与国家专家委员会委员。

　　作为我国测试发射与控制技术领域专家，长期从事发射场总体论证、规划、发展战略和试验技术等研究工作，是我国新型发射场建设的体系设计者和重要开拓者之一。先后担任项目负责人、总师和第一技术责任人，出色主持完成了一系列国家重大工程研究设计与建设任务；担任指挥部成员和测试发射总体技术专家，遂行保障了 200 余次重大发射任务，为我国运载火箭发射与试验领域建设跨越式发展做出了卓越贡献。

　　先后获国家科技进步特等奖 1 项、二等奖 1 项，国家勘察设计金奖 1 项等；军队及省部级科技进步奖等 44 项（一等奖 4 项、二等奖 10 项）；发明专利与软件著作权 47 项，发表学术论文 120 余篇（SCI、EI 检索 46 篇）、著作 5 部，编制发射场类国军标 3 项。享受国务院政府特殊津贴；荣获中国航天基金奖、全国工程勘察设计行业信息化突出贡献人物奖，荣立个人二等功 1 次；国防科学技术工业委员会授予"十大标兵"称号与英模等荣誉。

## 肖 楠

　　清华大学计算机科学与技术学科工学硕士，中国航天系统科学与工程研究院高级工程师。

　　作为信息技术专家，主要从事算法设计、信息系统研发、无人装备研制、指挥控制系统和智能技术研究等工作。担任技术负责人，先后承担了系统研发、装备研制和研究论证等20余项国防重点项目。主持并出色完成了发射场远程保障系统、复杂智能装备预测性维护、机动式低空防控指挥控制系统，以及仿真训练系统等7个大型系统研发与5个重点课题研究项目，为国防领域信息系统建设做出了贡献。

获得计算机与软件技术资格水平考试（副高级）信息系统项目管理师认证；发明专利4项；发表论文10篇（SCI、EI检索7篇）；受邀计算机图形学顶级会议ACM SIGGRAPH 2018（CCF A/SCI一区）作大会技术报告、亚太计算机图形学会议Pacific Graphics（CCF B/SCI检索）论文审稿人；获中国航天系统科学与工程研究院优秀个人奖、钱学森科技进步二等奖，所在项目团队荣获集团公司"青年文明号""青年突击队"等荣誉称号。

## 李孟源

毕业于国防科技大学液体火箭发动机专业，北京特种工程设计研究院正高级工程师。

作为发射场自动控制系统领域专家，长期从事航天发射场自动控制系统总体论证、规划、方案拟制、研究设计，以及现场技术质量把关和发射遂行保障工作。担任主任设计师和专业负责人，先后承担了载人航天、北斗导航、"嫦娥"探月、深空探测等国家重大工程，主持并出色完成了我国西昌、文昌、酒泉等发射场自动控制系统的研究设计和软件工程化等工程建设任务，为我国航天发射场系统自动控制领域建设发展做出了重大贡献。

先后获军队及省部级科技进步一等奖2项、二等奖5项、三等奖5项，优秀工程勘察设计一等奖3项、二等奖2项；发明专利2项；发表学术论文40余篇（SCI、EI检索28篇）、著作2部；编制国军标2项；荣获中国航天基金奖、"探月工程嫦娥二号任务突出贡献者"称号、月球探测工程重大贡献表扬状、"巾帼建功"先进个人等；荣立个人三等功1次。

中国航天科技前沿出版工程·中国航天空间信息技术系列

Theory and Method of PLC
Program Combination Checking

# PLC 程序组合检测理论与方法

肖力田　肖　楠　李孟源　著

清华大学出版社
北京

## 内 容 简 介

本书针对控制系统 PLC 程序的正确性和可信性检测验证问题，介绍了以形式化理论方法综合运用形成组合检测验证体系，从多个层次检测验证 PLC 程序动态、静态和运行的正确性，在理论方法研究上取得了突破，实践应用上具有综合性优势。

全书主要内容包括软件检测验证需求背景和研究现状；阐述了组合检测体系架构、方法学和相关机理；按照 IEC 61131-3 标准，形式化定义 PLC 程序指令的指称语义及其函数，形成统一语义和约束；分别从代码层、模型层、规约层和运行层组合检测验证 PLC 程序，提供了 PLC 程序对应的符号迁移系统的变元集合、谓词和迁移函数，以及定理证明验证技术框架；在计算资源有限的 PLC 上实现可信计算验证；相关性驱动优化检测流程方法等。

本书既可作为形式化理论、信息科学、自动控制、航天发射等相关专业领域科技工作者和工程技术人员的参考书，也可作为高等院校与研究所相关专业教师和研究生的参考书。

**图书在版编目（CIP）数据**

PLC 程序组合检测理论与方法 / 肖力田，肖楠，李孟源著. —北京：清华大学出版社，2022.10
（中国航天空间信息技术系列）

中国航天科技前沿出版工程

ISBN 978-7-302-61758-7

Ⅰ. ①P… Ⅱ. ①肖… ②肖… ③李… Ⅲ. ①PLC 技术—程序设计 Ⅳ. ①TM571.61

中国版本图书馆 CIP 数据核字（2022）第 157346 号

责任编辑：贾旭龙
封面设计：秦　丽
版式设计：文森时代
责任校对：马军令
责任印制：朱雨萌

出版发行：清华大学出版社
　　　　网　　　址：http://www.tup.com.cn，http://www.wqbook.com
　　　　地　　　址：北京清华大学学研大厦 A 座　　　　　　邮　　编：100084
　　　　社 总 机：010-83470000　　　　　　　　　　　　邮　　购：010-62786544
　　　　投稿与读者服务：010-62776969，c-service@tup.tsinghua.edu.cn
　　　　质量反馈：010-62772015，zhiliang@tup.tsinghua.edu.cn
印 装 者：三河市东方印刷有限公司
经　　销：全国新华书店
开　　本：153mm×235mm　　印　　张：17.5　　插　　页：1　　字　　数：250 千字
版　　次：2022 年 11 月第 1 版　　印　　次：2022 年 11 月第 1 次印刷
定　　价：139.00 元

产品编号：097926-01

# 中国航天空间信息技术系列

## 编审委员会

# "中国航天空间信息技术系列"序

　　自古以来，仰望星空，探索浩瀚宇宙，就是人类不懈追求的梦想。从 1957 年 10 月 4 日苏联发射第一颗人造地球卫星以来，航天技术已成为世界各主要大国竞相发展的尖端技术之一。当前，航天技术的应用已经渗透到生活的方方面面，并成为国家科技、经济领域的重要增长点和保障国家安全的重要力量。

　　中国航天通过"两弹一星"、载人航天和探月工程三大里程碑式的跨越，已跻身于世界航天先进行列，航天技术也成为中国现代高科技领域的代表。航天技术的进步始终离不开信息技术发展的支撑，两大技术领域的交叉融合形成了空间信息技术，包括对空间和从空间的信息感知、获取、传输、处理、应用以及管理、安全等技术。在空间系统中，以测量、通信、遥测、遥控、信息处理任务为代表的导弹航天测控系统，以空间目标探测、识别、编目管理任务为代表的空间态势感知系统，都是典型的空间信息系统。随着现代电子和信息技术的快速发展，大量的技术成果被应用到空间信息系统中，成为航天系统效能发挥的倍增器。同时，航天任务和工程的实施又为空间信息技术的发展提供了源源不断的牵引和动力，并不断凝结出一系列新的成果和经验。

　　在空间领域，我国陆续实施的载人空间站、探月工程三期、二代导航二期、火星探测等航天工程将为引领和推动创新提供广阔的平台。其中，以空间信息技术为代表的创新和应用面临着众多新挑战。这些挑战既有认识层面上的，也有理论、技术和工程实践层面上的。如何解放思想，在先进理念和思维的牵引下，取得理论、技术以及工程实践上的突破，是我国相关领域科研、管理及工程技术人员必须思考和面对的问题。

　　北京跟踪与通信技术研究所作为直接参与国家重大航天工程的总体单位，主要承担着航天测控、导航通信、目标探测、空间操作等领域的总体规划与设计工作，长期致力于推动空间信息技术的研究、应用和发展。为传播知识、培养人才、推动创新，北京跟踪与通信技术研究所精心策划并组织一线科技人员总结相关理论成果、技术创新及工程实践经验，开展了"中国航天空间信息技术系列"丛书的编著工作。希望这套丛书的出版能够为我国空间信息技术领域的广大科技工作者和工程技术人员提供有益的帮助与借鉴。

沈荣骏

2016年 9月10日

# 前言

工业控制系统广泛应用于航空航天、国防工程、电力、水利、交通运输、核电站和石油化工等安全攸关行业，是国家安全的重要组成部分。可编程逻辑控制器（programming logic controller，PLC）是一种嵌入式系统和自动控制系统的核心部件，其复杂性及规模也愈加庞大，PLC 运行所依赖的 PLC 程序正确性、可信性保障变得愈加紧迫。国际上，由于软件可信性验证存在问题，经过测试的软件导致的重大灾难、事故和严重损失屡见不鲜，因此如何保证 PLC 程序正确性得到可信验证已经成为工业控制领域的重大现实问题。

国内外为软件正确性、可信性的检测验证投入了大量人力、物力，如美国国防部先进研究项目局（Defence Advanced Research Projects Agency，DARPA）、美国国家科学基金会（National Science Foundation，NSF）、美国国家航空航天局（National Aeronautics and Space Administration，NASA）、美国联邦航空管理局（Federal Aviation Administration，FAA）、美国国防部（Department of Defence，DoD）、欧洲航天局（European Space Agency，ESA）、欧盟等，都先后支持了很多项目研究，这些研究大多关注常用编程语言编制的软件，取得了很好的效果。但是针对控制系统 PLC 程序的检测验证，立足在不同应用领域上开展研究，呈现碎片化状态。由于不同的检测验证方法各有所长，所以集合各方法之所长、形成体系化优势，应用到安全攸关工业控制领域，是一种很好的技术途径。

目前，中国航天领域高速发展的多模式进入空间，跨越了陆地固定与机动发射、海上发射，以及空域和天域测量保障与安全控制等，控制系统是航天工业的重要核心组成部分，PLC 程序控制的对象繁杂、构成复杂、平台多样和广域散布，涉及航天任务安全。近十多年来，在国家、军队和省部级等十余项重大科技攻关项目支持下，航天自主可控 PLC 研制项目组率先开展航天多域异构控制系统可信安全关键技术集智攻关与工程应用，在体系、系统、保障和产业上取得了成体系技术突破。这些技术成果也应用到了我国国防、航天、核电、风电、船舶、电子、铁路等领域。本书旨在总结项目组在 PLC 程序正确性和可信安全验证方面的研究工作，体系化构建集程序测试、模型检测、定理证明、可信验证和检测优化于一体的组合检测理论与方法，解决 PLC 程序运行可信性、安全与正确属性检测验证等问题，抛砖引玉，促进我国相关领域的发展。

本书共 9 章，第 1 章介绍 PLC 程序检测验证需求背景及其不同层次的检测验证研究现状；第 2 章研究构建了 PLC 程序组合检测体系架构，提出了组合检测方法学，阐述了相关机理，界定了研究边界；第 3 章按照 IEC 61131-3 标准提出 PLC 程序体系结构，形式化定义 PLC 程序指令的指称语义和指称语义函数，使多种多层次检测验证具有统一的语义和约束，支撑各方法优势互补；第 4 章在代码层，提出了一种基于组合机制的软件测试框架和测试方法，等效测试极限边界条件下的 PLC 程序，提高测试的覆盖性和 PLC 程序的可达性验证；第 5 章在模型层，设计了 PLC 程序对应的符号迁移系统的变元集合、谓词和迁移函数，以及基于组合策略的模型检测方法，验证 PLC 程序运行时的动态行为的正确性，降低验证规模；第 6 章在规约层，提出了一种基于定理证明技术的 PLC 程序正确性验证框架，验证 PLC 程序在一个扫描周期内程序的正确性质或静态性质；第 7 章在应用层，设计了发射场控制系统构成，开展了组合检测技术在航天发射摆杆控制系统案例上的检测应用；第 8 章在运行层，提出了一种控制系统可信运行与验证的策略，确保在计算资源有限的 PLC 上实现 PLC 程序运行状态可信计算验证；第 9 章在优化层，基于实际物理测试和组合检测的视角，以相关性驱动优化检测流程，缩短检测任务周期。

由于本书涉及的理论、技术、研究成果较多，在许多关键理论、技术或成果之处提供了较多的参考文献标注，以便读者深入研究。本书主要由肖力田负责编写完成；肖楠负责第 4 章组合测试方法和测试验证的研究，对研究现状和检测验证工具等文献资料进行分析；李孟源负责对发射场控制系统、PLC 程序实现、发射场实际控制案例等进行研究，使本书内容能够结合航天发射场进行检测验证。

清华大学软件学院孙家广院士和顾明教授对本书的部分研究内容进行了指导；清华大学贺飞副教授、张荷花副研究员、万海副研究员、刘喻高级工程师，首都师范大学王瑞教授，美国波特兰州立大学宋晓宇教授，国防科技大学毛晓光教授、刘万伟教授，中国电子信息产业集团有限公司宋黎定首席专家、第六研究所丰大军正高级工程师，浙江中控研究院有限公司施一明总裁、王天林总工程师、刘国安高级工程师等对本书的研究工作给予了支持和帮助;出版社余敬春编审为本书的出版做了大量工作。北京特种工程设计研究院和管理层负责人,以及中国航天空间信息技术系列编审委员会对本书相关研究工作给予了全力支持,侯科文、张大伟、董强、袁启平、苏剑彬等对本书的出版给予了帮助。在此一并表示衷心的感谢!

由于作者水平有限,书中难免存在不足之处,敬请读者和专家批评指正。

作　者

2022 年 3 月 9 日

# 主要符号对照表

---

PLC      可编程控制器（programmable logic controller）

IL      指令表（instruction list）

ST      结构化文本（structured text）

LTL      线性时序逻辑（linear temporal logic）

TLA      动作时序逻辑（temporal logic of actions）

CTL      计算树逻辑（computation tree logic）

VHDL      超高速集成电路硬件描述语言（very-high-speed integrated circuit hardware description language）

SFC      顺序功能图（sequential function chart）

SCADA      数据采集与监视控制（supervisory control and data acquisition）

DFA      确定型有限状态机（deterministic finite automata）

UML      统一建模语言（unified modeling language）

NP      非确定性多项式（nondeterministic polynomially）

DTMC      离散时间马尔科夫链（discrete time Markov chain）

API      应用程序编程接口（application programming interface）

DCS      分布式控制系统（distributed control system），也称集散控制系统

LD      梯形图（ladder diagram）

BNF      巴科斯范式（Backus-Naur form）

BDD      二元决策图（binary decision diagram）

SAT      可满足性问题（satisfiability）

OBDD      有序二元决策图（ordered binary decision diagram）

RBC      精简布尔电路（reduced Boolean circuit）

HDL      硬件描述语言（hardware description language）

CFA      控制流自动机（control flow automation）

ML      元语言（meta language）

# 目录

# 第 1 章

**绪论**

## 1.1 研究背景

PLC 是一种嵌入式系统[1, 2]。PLC 程序属于嵌入式软件，是实现对其他设备进行控制、监视或管理等功能的核心，是嵌入式系统的重要组成部分[3, 4]。在美国国家科学基金会列出的未来信息领域三大重要发展方向中，嵌入式系统位列其中。随着信息技术的发展，尤其是智能技术、智能装备和自主控制等应用，PLC 系统在众多行业中得到广泛使用，特别是在与国家和社会安全攸关的国防、航空航天、家电、医疗、交通等领域，发挥着越来越大的作用。如何在安全攸关的嵌入式系统中，保证嵌入式软件的正确性已经成为嵌入式领域的重要研究课题。

以 PLC 为核心的控制系统是工业系统的重要核心组成部分，其对象繁杂、构成复杂、平台多样和广域散布。随着"两化融合""互联网+""中国制造 2025"等国家战略和"工业 4.0"的推进，工业控制系统逐渐由"封闭、私有"转为"开放、互联"和智能自主运行，工业控制系统意外故障和被恶意控制的风险急剧上升，其受控于 PLC 程序的检测验证和正确可信运行成为关键。

在航天领域，载人航天、月球探测、深空探测、北斗等航天工程中，以及航天测试发射、测量通信、技术勤务、卫星运行控制、飞行器测量和安全控制等航天任务，由于地面设施设备和雷达站分布在各地，各种设施设备运行控制系统起到了关键作用。在新一代航天发射场中，运载器具有比以往大数倍的吨位，以及运载器推进剂的易燃易爆特性，一旦出现失控将会导致灾难性后果。在智能化发射场建设中，其中的核心仍然是控制系统。地面大型雷达的无人值守、伺服监控、远程控制、雷达配套设备控制等都大量使用 PLC 系统，同样地，PLC 程序的正确性也对任务成败起着决定性作用。如在欧洲"阿里安 5"第一次试验飞行发射过程中，由于一个十分微小的软件错误，导致升空不久后发生坠毁，造成了巨大的损失。

在能源领域，能源的生产供应具有战略性、公共性、前瞻性、系统性、对基础设施要求高等特点，保障安全高效发展是其重大目标，生产、供应和储能的控制系统是其重要环节。能源领域发展的新技术和新兴产业主要涵盖了煤炭清洁高效转化与利用产业（以先进燃煤发电产业为重点）、非常规油气开发利用产业（以非常规天然气产业为重点，涉及页岩气、煤层气、天然气水合物产业）、能源互联网与综合能源服务产业（以能源互联网、先进输电、储能、综合能源服务产业为重点）、核能产业和可再生能源产业（以风力发电、太阳能光伏和光热发电、生物质能、地热能、氢能源与燃料电池产业为重点）[5]，在这些能源高技术装备发展战略中，明确提出了优化运行控制理论与方法的突破，确保能源控制系统的高可靠和高安全。2010年 6 月，"震网"病毒首次被发现，通过 PLC 专门攻击工业控制系统，它被用来悄然袭击了伊朗核设施工业控制系统，造成重大损失，有可能会导致有毒的放射性物质泄漏，危害风险极高。在面向 2035 年能源新技术新兴产业发展相关工程科技攻关项目中，增强控制系统的安全性是我国能源系统科技发展的重要任务之一。

在制造领域，智能制造已成为世界制造业的重要发展趋势，成为产业变革和发展的方向。制造技术着重推动传统产业高端化、智能化、绿色化，提升制造业的核心竞争力，重点发展先进制造数字化、分布式工业增材制造网络平台、3D 打印、实时智能过程控制等。由"制造业大国"向"制造业强国"的转变，就需要以智能制造、绿色制造等人工智能赋能制造业，在整个制造生命周期中，机械装置和嵌入式软件相互融合、不可分割，即全生命周期的机电软一体化。高端、智能制造机器的软件不仅仅是为了控制系统或执行某步具体的工作程序而编写，也不仅仅被嵌入产品和生产系统中，产品和服务借助互联网和其他网络服务，通过软件、电子及环境的结合，生产全新的产品和服务[6]，如果控制软件出错则生产的产品不可能达到质量标准而造成损失。因此，在制造行业大量应用的 PLC 控制系统和工业软件/程序是核心关键，正确性保证的重要性自然是不言而喻的。

在化工生产领域，最先大规模使用控制系统保障化工企业生产，化工企业产品输出过程中有许多易燃、易爆、有毒和强腐蚀性物质，生产操作流程复杂，各种高温、高压设备多，控制系统已成为化工行业重大的基础设施，如果出现失控，就可能造成重大事故和污染环境等[7]，国内外由于化工生产控制故障造成重大损失的案例不胜枚举。化工生产行业使用各种压力、温度、流量、计量等仪器仪表和控制系统，直接相关的 PLC 和分布式控制系统（distributed control system，DCS）是当前化工工业控制系统应用的主流，生产的强连续性、高安全性、环境的特殊性使得控制系统安全稳定运行尤其重要，其中枢的控制系统程序确保检测无误和正确运行是基础。

在交通运输领域，交通运输方式主要有铁路运输、公路运输、水路运输、航空运输和管道运输，今后的火箭运输也会突破航天领域进入通常的交通运输领域，智能交通也是其发展趋势。当前，推动大数据、云计算、人工智能、区块链、物联网等技术在运输服务领域深度应用，高效智能、安全环保运输技术与运输装备的研制应用，结合运输安全生产管控手段，推进安全运输保障体系建设，运输服务安全稳定发展是重大目标之一[8]。例如，早些年"世界黑客大会"上，黑客就演示了通过侵入交通信号灯控制系统修改控制程序，使城市交通陷入混乱；又如，波音 737 MAX 飞行控制软件虽经过测试，但由于飞行控制软件中没有发现的缺陷导致印尼狮航严重空难事故。我国高效智能、安全环保运输技术与运输装备的核心安全也是技术发展的重中之重。

在其他领域，控制系统的应用和重要性不再枚举。随着智能时代的到来，信息技术与智能技术紧密结合，核心关键的工业控制系统技术在可靠、可信和安全方面的要求也越来越高，支撑工业控制系统运行的硬件设备（如工程师站、操作员站、服务器、交换机等）、应用软件（如操作系统、数据库、组态软件等）进入了工业互联网，分布式智能控制应用越来越广，所有领域及支撑日常生活的幕后时时刻刻都离不开工业控制系统。核心控制器 PLC 的中枢，即 PLC 程序安全攸关，成为核心关键。

成熟的 PLC 本身底层硬件逻辑是比较可靠的，平均无故障时间可达近百万小时，但是 PLC 程序的核心是程序逻辑对电路的控制，其规模正变得越来越庞大，功能更为复杂，程序的正确性越来越难以保障。PLC 程序中的错误往往会导致控制系统的行为不可预知。

目前，对 PLC 自动控制嵌入式类软件进行测试的技术手段比较少。PLC 程序需要在控制系统中接收真实的激励信息，反馈控制信息，监测执行机构对控制信息的执行动作，PLC 程序进行实时控制，对该类软件进行直接测试尚无法反映真实的运行状态。一般要通过搭建实际的软硬件运行环境或实物与半实物仿真环境，有时甚至要求在真实环境中才能完成对该类软件的系统测试，其测试代价高且无法保证测试覆盖率，有些边界条件无法测试，软件系统存在的一些错误不易被发现，有些测试错误可能导致设备的故障、严重损坏甚至事故。

因此，大量使用的 PLC，其程序正确性与国家和社会及人员安全攸关，是确保完成既定控制目标、避免灾难性后果的直接要求。由于 PLC 程序的测试技术手段少，所以 PLC 嵌入式软件正确性检测技术研究十分重要，是智能化时代控制系统的关键。对 PLC 程序的检测研究，以控制系统智能化建设升级为牵引，解决智能自主控制设施设备的嵌入式 PLC 程序运行可信性、确保安全性和验证正确性等问题，可在各个应用领域推广 PLC 程序正确性验证的技术和方法。

### 1.1.1 PLC 运行环境

PLC 是一种嵌入式系统，一般而言，整个自动控制系统可以简化分成四个部分：嵌入式处理器、嵌入式外部设备、嵌入式操作系统和 PLC 程序[9]。

#### 1. 嵌入式处理器

嵌入式系统的核心是各种类型的嵌入式处理器，嵌入式处理器与通用处理器最大的不同点在于，嵌入式处理器大多工作在为特定用户群专门设计的系统中，它将通用处理器中许多由板卡完成的任务集成到芯片内部，从而有利于嵌入式系统在设计时趋于小型化，同时还具有较高的效率和可靠性。

## 2. 嵌入式外部设备

在嵌入式系统硬件系统中，除了中心控制部件以外，用于完成存储、通信、调试、显示等辅助功能的其他部件都可以视为嵌入式外部设备。目前，常用的嵌入式外部设备按功能可以分为存储设备、通信设备和显示设备三类。

存储设备主要用于各类数据的存储。目前存在的绝大多数通信设备都可以直接在嵌入式系统中应用，包括 RS-232 接口（串行通信接口）、SPI（串行外部设备接口）、IrDA（红外线接口）、I2C（现场总线）、USB（通用串行总线接口）、Ethernet（以太网接口）等。

## 3. 嵌入式操作系统

为了使嵌入式系统的开发更加方便和快捷，需要有专门负责管理存储器分配、中断处理、任务调度等功能的软件模块，这就是嵌入式操作系统。嵌入式操作系统是用来支持嵌入式应用的系统软件，是嵌入式系统极为重要的组成部分，通常包括与硬件相关的底层驱动程序、系统内核、设备驱动接口、通信协议、图形用户界面（GUI）等。嵌入式操作系统具有通用操作系统的基本特点，如能够有效管理复杂的系统资源，对硬件进行抽象，提供库函数、驱动程序、开发工具集等。但与通用操作系统相比，嵌入式操作系统在系统实时性、硬件依赖性、软件固化性以及应用专用性等方面，具有更加鲜明的特点。

## 4. PLC 程序

PLC 程序是针对特定应用领域，基于某一固定的硬件平台，用来达到用户预期目标的计算机程序，由于用户任务可能有时间和精度上的要求，因此有些 PLC 程序需要特定嵌入式操作系统的支持。PLC 程序和普通应用软件有一定的区别，它不仅要求其准确性、安全性和稳定性等方面能够满足实际应用的需要，还要尽可能地进行优化，以减少对系统资源的消耗，降低硬件成本。

一般意义上，嵌入式系统所受的环境影响主要指系统工作现场环境的最高、最低温度的耐受程度，温湿度大小对系统的影响，周边电磁环境干扰造成信号异常所产生的系统错误，控制对象故障使系统无法正常工作等。从广义上，嵌入式系统不同模块、不同部件、网络环境、并发任务、多接口和多模式等相互之间的影响，恶意软件侵入造成运行状态异常，也可认为是一个嵌入式系统环境影响的问题。前者主要通过环境工程设计解决，如电磁屏蔽、选择相应耐受程度的元器件或环境保持器件与设备等。后者主要通过系统性设计，以及运行状态正确性检测验证等解决。

## 1.1.2　PLC 程序验证需求

一般嵌入式系统需要根据时限安排，进行指令选择（模板与代价的匹配）和剪裁，分配软件代码、数据、通道缓存、堆栈等在内存的位置，需要预先分析信息传输、嵌入程序路径和时间逻辑等，并对嵌入式软件进行执行分析，确定是否满足实时功能。针对嵌入式系统的测试一般利用工具进行激励/输出的分析，并通过比较实现系统和初始需求确定其有效性，也可以通过仿真（模型）、形式化证明（属性描述）进行验证，验证可在不同的抽象层进行。

嵌入式硬件的功能性检测有丰富的手段和工具，而嵌入式软件由于依赖硬件环境，嵌入式软件的功能性能检测相对困难。在自动控制系统中，这种情况更为突出。

典型的自动控制系统使用 PLC 进行控制，PLC 使用可编程内存存储用户指令，通过数字或者模拟输入/输出控制各种类型的机器和过程，在控制中实现逻辑运算、顺序或并发控制、计时、计数和算法操作等特定功能。由 PLC 所驱动的控制系统往往是高度复杂、安全性要求高、价格昂贵的系统。但目前限于对自动控制嵌入式类软件进行测试的技术手段比较少，尚无法对该类软件进行直接系统级测试。一般要通过搭建实际的软硬件运行环境，有时甚至要求在真实环境中才能完成对该类软件的系统测试，测试代价高且无法保证测试覆盖率，软件系统存在的一些实时运行错误不易被发现。如能将 PLC 程序从真实系统测试环境中隔离出来，在不连接硬件的情况下，进行单独的软件测试和验证，实现软硬件故障的分离，以降低目前该类软件的测试成本，提高测试效率和质量，意义将十分重大。

由于一个控制系统在功能性、灵活性、可伸缩性、可修改性、健壮性和可用性上的要求越来越高，所以控制系统的需求也更复杂，直接导致了这些系统中的软件复杂性增加。PLC 程序的特点之一是与特定的硬件环境紧密相关，如控制系统结构、I/O 端口配置、所连接的外部设备和信号类型等，而且 PLC 系统型号繁杂造成编程语言和目标代码互不兼容。另一个特点是实时性要求，在规定的时间内完成过程任务，时间作为一个重要的输入/输出参数，并构成过程变化序列，输入和输出只在某一时刻或限定时间内有效，运行时的程序状态都是实时的。由于这些特点，PLC 程序或实时嵌入式软件的测试问题仍未得到有效解决，现有的一些嵌入式软件测试方法代价高。已有一些仿真测试环境或工具只是针对具体的特定系统，如果控制硬件、端口或控制流改变等都需要重建或重新开发。

PLC 嵌入式系统作为激励—响应式的实时应用是由硬件和软件混合实现的，运行在目标系统（控制系统 PLC）上的软件是在宿主计算机上编制的，然后交叉编译链接后生成目标代码，最终下载到目标 PLC 上运行。PLC 程序不采用 C/C++、汇编等通用的编程语言，而采用 IL（指令表）系列编程语言，不同公司的 PLC 编程语言各有变异，随着 IEC 61131-3[10]国际标准规范颁布，PLC 编程语言得到了规范和统一。另外，PLC 程序与其他嵌入式软件不同的是不能在宿主机上运行。大型 PLC 程序也存在测试周期长、测试规模大等问题，造成测试颗粒度比较大，而细化测试颗粒度使测试难度、周期、人工和费用急剧增加。由于嵌入式系统是在定制的硬件配置下开发的，所以开发者和测试者所面对的界面、环境、工具和技术是完全不同的。

## 1.2 程序正确性检测的现状

为了确保程序正确性，许多研究人员使用形式化、数学与系统的方法对程序的错误加以防范。这其中主要的方法如下。

（1）测试方法：测试方法[11-13]就是在特定场景或者数据输入下，通过实际运行程序的特定功能片段或代码片段（测试用例）来查找和复现程序错误。

（2）验证方法：通过一定的抽象机制，将程序代码转化成为特定的数学表示（称为其模型），而后在其上通过搜索、推理、证明等手段，得到系统中是否存在错误、缺陷的结论，主要的技术是模型检测和定理证明[14]。

（3）运行检测方法：实时状态的监控通过 PLC 专用程序模块，进行传感信息和相关状态数据的处理，基于运行模型或规则得出运行状态的正确性与故障或缺陷。如果需要确定 PLC 程序全流程的状态正确，则需要进行实时状态可信检测，进行可信计算和验证。

这 3 类技术针对的是代码、模型、规约和运行 4 个层次的检测问题，对应的是测试技术、模型检测、定理证明以及可信验证。目前，PLC 程序正确性检测可供利用的方法也就是这 4 类技术。

目前，随着 PLC 程序规模的扩大，需要的检测时间周期也越来越长，检测计划和任务主要利用人工、测试工具软件或管理软件开展工作，在规定时间内按照检测计划，完成 PLC 程序相应的检测。

## 1.2.1 代码层次的测试技术

通过直接运行的方式选取典型的用例执行测试，用以发现多数的非功能性错误，如跳转目标错误，运算上、下溢出错误等。由于测试是针对实际的程序代码执行的，所以其发现的错误是程序中真实存在的。另外，在对程序进行测试的同时，可以得到出错时的上、下文，环境以及输入。

测试技术虽是一种有效的发现程序错误的手段，但最大的缺陷是不完全性：对于稍复杂的程序，很难遍历程序所有的可能执行路径；也很难设计出一种系统的方法，能够使用有限的测试用例完全覆盖程序所有的可达代码。因此，构造具有较高覆盖率的测试用例是测试时的核心任务。

另外，测试方法一般可以给出程序出错的情境，但是往往不能给出错误的本质原因，尤其是"黑盒测试"。这对于发现错误后定位、排除错误的帮助有限。

针对嵌入式软件，国际上如 NASA、波音公司、以色列空军等相关研究机构主要采用混合原型，利用仿真器、模拟器、软件建模和宿主计算机注入数据来建立测试环境[15]。这样，目标系统直接连接和给出控制信号到硬件原型部件，这些部件返回同真实系统一样的真实信号，宿主计算机基于控制模型和过程，可注入测试数据到目标系统。国内这类研究也是一个热点[16-22]。这类测试比较有效，缺点是代价太高。

采用测试技术，不需要对 PLC 程序进行人为的建模、抽象以及转化，通过运行的方式直接判断程序的运行行为，测试中发现的实际错误可以复现出错的状态和执行路径，不存在误报情况。但是，测试方法无法保证测试覆盖性，存在漏报情况，PLC 程序的边界和极限条件无法测试，测试代价大。

目前，针对 PLC 程序代码测试技术的系统性、实用性研究成果还不是很多，应用局限性大[23, 24]。

## 1.2.2　模型层次的模型检测技术

相比而言，验证方法对测试技术具有很强的互补性，也是目前研究的热点[25-31]。模型检测方法[32, 33]就是一类试图在数学模型上针对指定性质（一般是功能性性质，如安全性、活性[34]等），通过状态空间搜索进行验证的方法。

对指定的性质而言这类方法是可靠和完全的，如果其中存在违反该性质的执行，则一定会报出；否则，会报告没有错误。从原理上分析，只要时间、空间开销允许，上述过程一定会在有穷时间内停止。

但是，模型检测同样也会遇到瓶颈：由于执行算法的固有复杂度，空间开销往往使得硬件资源无法承受，它面临的最大问题是"状态空间爆炸"。目前的模型检测算法主要用来应对有穷的状态空间模型，虽然有部分学者研究针对无穷状态模型的检测算法，但是目前不具有通用性。

模型检测是针对指定性质进行验证的，即使得到的结论是肯定的，也无法得知是否有违反其他性质的错误存在。特别是对于非功能性性质（如被 0 除、数据溢出等）尤其如此。

另外，模型本身并不是程序，而是由真实的程序代码通过一定的抽象过程得到的[35]。在抽象的过程中，一般采取"保守"的抽象方式，即允许模型中增加实际程序中并不存在的动作，但不允许删减。这样的抽象方式导致验证过程中"误报"的存在，也就是说报出的"错误"在实际的程序中并不存在。如果消除"误报"，就必须进一步精化模型。

采用模型检测技术，最大的优点是对 PLC 程序模型检测完全，对验证性质不存在漏报，只是需要应对"状态空间爆炸"和由 PLC 程序模型抽象产生的误报问题。

目前，针对硬件电路的模型检测算法较为成熟。比较经典的模型检测工具包括 SPIN[36, 37]、SMV 或 NuSMV[38, 39] 和 UPPAAL[40] 等。模型检测技术中最为突出的问题在于目标的状态空间爆炸问题。除采用符号化[37]的技术处理之外，采用基于组合的检测策略是一种有效缩减模型规模的方法。Sanderde Putter 等给出了一种针对一般模型的组合/分解模型检测算法[41]。

在较早的研究中，模型检测技术还有很多局限性。Mertke 和 Frey[42] 研究将 IL 程序转化为 Petri 网，进行建模和验证，同时要建立和表述 PLC 和它的环境，然后转化成 SMV 输入语言，IL 直接用 CTL 表述，但是很多特性是不能处理的。Huuck[43]用顺序功能图（sequential function chart，SFC）转化成 SMV 输入语言，由于 SFC 结构上有歧义的语义，所以定义了 SFC 的安全子集，使其有定义良好的语义，但也限制了它的适应性。Pavlovic 等[44]用结构化文本指令（ST）转化成 SMV 输入语言，ST 类似 IL，但句法不同，该研究需要描述硬件特性，使用的是西门子 S7 PLC，PLC 程序验证受硬件平台限制且比较费时。Bastian Schlich 等[45]将 IL 直接用于模型检测，研究自动抽象技术，为解决状态空间爆炸，用剪裁后的模拟器建立状态空间，验证反例可定位源程序指定错误，但是需要特定领域抽象技术，而不同领域抽象不总是能够正确进行的，会造成无法用 IL 建模。Andre Sülflow 等[46]建立一个自动嵌入 IL 程序和 PLC 特定硬件语义到一个 SystemC 模型，等价于一个参考模型用于基于 SAT[47]（可满足性问题）的等价检测证明，但是其中的 IL 支持的子集有限，没有直接用 SAT 进行形式化性质检测。

还有一些研究人员从最底层代码出发，进行转化验证，模型庞大，并且没有任何降低检测状态空间的策略，因此无法处理较大的实例[48, 49]。还有的研究验证系统性质，直接用时间自动机的同步操作符描述环境和 PLC 的交互，建立了 PLC 系统的时间自动机模型[50]，由于环境描述不具有 PLC 特征，因此所建模型与真实的 PLC 程序有较大区别。Min.S Ko 等[51]构建虚拟部件和平台，由 PLC 程序驱动虚拟部件来验证 PLC 程序正确性，实际属于仿真测试。

随着研究的深入，研究人员更多关注复杂和较大规模的控制系统与程序形式化安全模型检测。在对 PLC 程序的转化验证方面，E.V. Kuzmin 等[52, 53]设计了将 PLC 程序梯形图转换到 SMV 的算法，进行 PLC 程序的建模和自动验证，使用基于线性时态逻辑（LTL）编写的程序属性；对定时器（作为大多数支持 PLC 的关键要素），使用软件在 LTL 性能规约中对 SMV 模型进行符号验证；该研究建立了一个理论框架，用来构建一系列的模型、规约，并验证 PLC 程序，但是要求 PLC 程序规模不能太大和状态空间有限。M. Niang 研究小组[54]为了改进法国铁路公司电力线路控制系统供电设备的设计、验证，应用形式化验证和控制综合技术，以保证控制装置的安全，在验证阶段研究转化梯形图、处理时序和功能序列图到 SMV，在模型中将每个梯形转换为独立 SMV 模块和连接模块，它考虑了 IEC 61131-3 的标准指令，同样它要求所有的变量是布尔类型的，每个梯形部件必须是由加在任务部件后面的测试部件的测试触点和排线组成，且只能是一个程序块。B.F. Adiego 等[55]为降低模型检测规模和复杂性，在抽象时通过中间模型的语法和语义使描述性抽象减少状态空间，通过转换规则使数据抽象减少表征每个状态的变量数，在模型简化中省略了时间相关行为的表示，参考文献[56]和[57]中使用的时序建模方法弥补了这种简化的不足，但在模型匹配上较为烦琐。

P. Głuchowski[58]针对机场交通中通信控制系统，用时序逻辑对行为规则进行形式化建模，然后在 NuSMV 上进行飞行跑道安全性质模型检测，验证飞机起降跑道通信控制调度安排的路径安全性，但它只是针对这一个特定案例的实践，对控制程序不具有普适性或通用性。M. Doligalski 等[59]研究了一种基于 Petri 网作为并行逻辑控制器的形式化行为模型，利用形式推理系统（Gentzen）对模型进行了简化优化，将简化后的模型转换为 VHDL 描述和 NuSMV 模型用于形式验证，形式验证能够基于时间逻辑定位偏离设计规格的地方，对 PLC 快速建立模型具有一定的实用价值，如修改模型描述可以快速验证，可提高 PLC 系统的设计可靠性；由于转化后没有针对模型的验证状态处理，有可能会导致状态空间爆炸。Jonas Fritzsch 等[60]针对自动驾驶汽车的嵌入式控制系统功能和复杂性急剧增加，在最大程度应用模拟测试和系统测试技术后，采用基于功能和安全规约研究用于仲裁逻辑的形式化模型；根据功能规约和一组相关性质，以及安全需求和需要建模的故障状态，推导形式化相关性质的 CTL/LTL 公式，提出了一种基于 NuSMV 故障状态组合分解检测和批量处理模型检测的方法，并采用有界模型检测避免状态爆炸问题，在同步和异步时序方面还只能适应线性变化检测。

多样化的检测验证工具也提供了更多控制程序建模验证的方法。E. Villani[61]提出了两种基于模型检测和基于模型测试结合的验证技术应用：基于 UPPAAL 的模型验证和基于 ConTEA 模型验证；ConTEA 是开发的支持这种组合应用的工具，将 UPPAAL 连接到 ConTEA，侧重于改进基于模型的测试模型构建和验证；通过模型检测验证测试案例，两种验证技术的联合使用有助于识别控制系统软件各种错误和缺陷。SAT 可满足性求解器已成为许多模型检测工具技术，在有界模型检验（BMC）中，将公式传递给一个高效的 SAT 求解器，在给定 $k$ 步的条件下，将一个过渡系统和一个性质联合验证，以得到一个在长度为 $k$ 的条件下可以满足的公式，若不能确定，则增加 $k$ 值，重新进行验证。虽然 BMC 在发现数字系统的细微缺陷方面有一定的优势，但是单一模型检测方法仍有不足，A. Biere 等[62]

应用涵盖了 BMC 在硬件和软件系统以及硬件/软件协同验证中的应用，通过包括 $k$ 诱导法、克雷格（Craig）插值法、抽象细化法和迭代强化的诱导法等使 BMC 方法具有完整性。常天佑等[63]提出一种基于状态转移的 PLC 程序模型自动化构建方法，首先，分析结构化文本（ST）语言特性并解析 ST 程序为抽象语法树；其次，在抽象语法树基础上，根据不同的文法结构进行控制流分析生成控制流图；再次，通过数据流分析得到程序依赖图；最后，根据程序依赖图生成 NuSMV 的输入模型，实现了 ST 程序到 NuSMV 输入模型的自动化构建，并且构建的 NuSMV 输入模型既保留了 ST 程序的原有特性，又符合 NuSMV 模型检测工具输入的规约，提高了模型生成的效率和准确率。

### 1.2.3　规约层次的定理证明技术

另外一类验证方法是基于证明的验证方法。这类方法首先用一系列的逻辑公式来描述系统的行为特征，然后借助逻辑系统（或者证明工具）提供的推理规则，通过演绎的方法证明或者证伪既定的目标。

定理证明方法十分适合于无穷状态系统的验证。因为多数的证明工具（如 PVS[64]、COQ[65]、Nqthm[66]、Isabelle 等）所提供的基础逻辑是高阶逻辑，它们具有刻画无穷数据结构的能力，对于状态空间的规模不敏感。

但是，定理证明的方法也存在缺陷：这类方法的自动化程度不高，需要大量的人工参与。一个性质的证明往往需要若干次的交互才能完成，即使是自动定理证明工具也需要人工输入相关抽象描述。采用定理证明技术，能够处理 PLC 程序模型的无穷状态空间，对验证性质也不存在漏报。由于一方面需要关于定理证明工具的经验，一方面又需要对特定领域的了解，因此，对于验证人员的要求相对较高。

早期在对 PLC 程序进行定理证明验证方面，B. J. Kramer 等[67]设计模块化验证方法，用 Isabelle/HOL 定理证明系统来建模和验证 PLC 程序，建立了简单的时间模型，假定当前值单调增加并在过程中没有重置动作，没有给出明确的时序模型。Jan Olaf Blech 等[68]定义了 IEC 61131-3 标准中 IL

和 SFC 的语义,通过 COQ 进行证明,但是只是针对安全性一个性质进行验证。Hai Wan 等[69]利用 COQ 对 PLC 计时器进行了建模,对 PLC 程序的时序特性进行证明。陈刚、宋晓宇等利用定理证明器 COQ 验证了"抢答器" PLC 程序的正确性[70],针对较大规模 PLC 程序的验证还需要进一步研究。

形式化定理证明方法可以确保经过验证的软件没有缺陷或漏洞。然而,定理证明方法还不能验证足够复杂的软件。为此,研究人员利用多种定理证明工具,对机电信息融合系统的嵌入式软件和控制安全开展验证。Rand 等[71]提出了在 COQ 中的 QWIRE 量子电路形式化指称语义,将它们解释为密度矩阵上的超级运算符,用高级抽象模型来设计量子电路,基于线性单子[72]设计了线性上、下文表示的检测算法,并使用 COQ 定理证明来验证它们的属性(如从属电路类型和证明附属代码);这允许程序员使用高级抽象编写量子电路,并使用 COQ 定理证明特性证明这些电路的属性,确保量子电路结构良好。在美国 DARPA 的高保障网络军用系统(HACMS)项目"经过验证的值得信赖的软件系统"[73]中,基于 SeL4[74, 75]是一个开源操作系统微内核,应用创建高保障控制软件嵌入四轴飞行器、直升机和汽车等装备上,以及其他广泛应用;基于 ACL2、COQ、Isabelle 定理证明工具,开发转换工具验证 C 语言编译器,将源 C 语言程序映射到可证明的等效汇编语言,检测编译器中没有可被利用的缺陷漏洞,项目设计者证明了 SeL4 在功能上是完全正确的,确保了没有缓冲区溢出、空指针异常、申请后未使用错误等,并保证了完整性和保密安全性。围绕 HACMS 项目,Cofer 等[75]防止在开发过程中靠补丁修补安全漏洞,提出了一种形式化方法构建一个安全的飞行器软件,对系统架构进行建模,并对其关键安全性和安全特性进行形式化验证,使用 Isabelle 形式化验证过的微内核以确保体系结构中指定的通信和分离约束执行,并根据验证过的体系结构模型和组件规约自动构建最终系统,以确保网络攻击下的安全。Vander Leest[76]研究分析了对 SeL4 形式化验证的有效性,以及对航空电子系统微内核安全的保证性,说明了形式化验证的必要性。

杨孟飞等[77]研究了航天嵌入式软件可信性保障的问题和现状,提出了航天嵌入式软件的可信保障技术体系，并针对动态时序正确性、程序实现正确性和控制行为正确性保障等核心关键可信问题的理论方法和技术进行了深入研究，在此基础上研制了相应的保障工具，形成了航天嵌入式软件可信性保障集成环境 Space IDep，但是形式化验证不足，可能不能发现相关安全属性正确性缺陷。顾明等研究基于定理证明的可信嵌入式软件建模与验证平台[78]，提出了一种基于定理证明的嵌入式软件模型分析、模型抽取以及一致性验证方法，在定理证明环境中，抽象层次上对待验证系统和属性进行建模，并结合领域知识简化验证过程；研究对象包括高层次数据传输协议、带时间约束的 PLC 程序、多抽象层次的 PLC 程序建模与验证、参数化和模块化 PLC 程序建模与验证；集成了可信基线、领域知识、建模语言以及形式化验证和工具，相应定理证明和模型验证方法学以及支撑平台在航空航天等重大领域的多种嵌入式软件中进行了案例验证，并且研究成果具有可定制、集成和广适应等特点。

## 1.2.4　运行层次的状态检测技术

控制系统运行时，其状态检测一般通过 PLC 程序设置专门的程序段或模块，接收 PLC 状态数据和外部的传感部件感知信息，经过分析处理检测确定系统运行的正确与否，状态运行检测一般与故障诊断紧密相关，针对的是 PLC 和设施设备运行状态检测，出现状态异常及时报警，通知人工处理，或借助专家系统进入智能判断、自动故障处理及系统冗余运行。

PLC 程序自身运行状态检测，需要在设计时加入状态检测功能，在设定的检测节点判断程序内部运行状态和状态之间的数据是否在正常范围内。为保证程序状态检测更加全面，实时运行检测需要更多的检测节点，相应的检测数据和处理量也呈指数级增长，相应对嵌入式的 PLC 软硬件提出了更高的性能要求。但是，在外界环境影响下，这种 PLC 程序运行状态检测并不能保证对恶意软件侵入和环境突变造成的状态改变、基础数据被修改、输入/输出状态变异等运行状态的正确性检测，因为它只是按照原有的检测算法、模型、基础数据等进行处理、判断和验证，所以在运行状态异常时对运行状态检测结果可能是完全正确的。如伊朗核设施控制系统被恶意软件侵入就是类似的情况，PLC 程序仍按照已被恶意软件修改的异常数据和状态进行运行，PLC 程序自身运行状态判断仍为正常，最终造成整个核设施运行故障和离心机报废。因此，PLC 程序按照软件设计要求完成了相应功能运行，而运行结果是否可信和正确并没有得到有效检测和确认。

### 1. 控制系统运行状态检测研究

运行状态检测主要集中在 3 个研究方面：控制系统故障检测和诊断、基于机器学习的恶意软件入侵检测、基于控制系统状态迁移的检测方法。

1）控制系统故障检测和诊断

在系统运行异常状态检测方面，控制系统故障检测和诊断主要从可靠性工程出发，实现基于模型的线性和非线性系统的故障检测和诊断一般方法，在最优阈值确定、鲁棒检测、突变故障检测，以及对故障可检测与可分离等方面，提出或综合了修正序列概率比、等价空间[79-82]、广义似然比、扩展卡尔曼滤波器、非线性未知输入观测器、强跟踪滤波器等[83-86]共 16 种理论技术与方法[87]，并对这些方法在各自领域的应用范围和场景进行分析设计。基于模型的运行状态故障检测研究都在此基础上进行应用研究、改进、优化和完善，提高运行状态检测效率，并利用机器学习自主检测系统运行异常的变化和演变[88]，主要解决控制系统运行状态漏检、误检和错检等问题。

2）基于机器学习的恶意软件入侵检测

上述运行状态检测不是入侵检测，因为它们需要知道预期的异常类型、异常阈值，这些检测算法可能对训练样本中的噪声非常敏感，不是以入侵检测为基本目标，而是以故障异常检测为主，在许多情况下也能发现恶意软件入侵造成的控制系统异常。但是由于恶意软件的伪装入侵，这种方法和技术对控制系统异常的检出率是非常低的。由于恶意软件通常通过通信端口入侵，异常信息从通信端口传入 PLC 导致运行状态异常，所以研究针对工业控制系统 PLC 分布式端口通信的异常检测。Mustafa Faisal 等[89]基于供水厂控制系统，建立监视控制与数据采集（supervisory control and data acquisition，SCADA）系统中入侵检测的 Modbus/TCP 模型，提出了确定型有限状态机（deterministic finite automata，DFA）和离散时间马尔科夫链（discrete time Markov chain，DTMC）两种建模方法，为了构建一个健壮的模型检测分布式传输异常，除了协议规约外，设计了一种基于规约的方法补强 DFA 和 DTMC 模型，构建模型所需的训练数据量，在配置更改时重新训练模型，并生成可理解的异常警报消息。Niv Goldenberg 等[90]基于进出特定 PLC 的 Modbus 流量的高度周期性，使用其特定的确定性建模 DFA，提出了与 PLC 通道相关联的 DFA 的算法，生成非常敏感的入侵检测系统检测 Modbus/TCP 数据包，能够标记异常，具有很高的灵敏度，而其误报率却比较低。Amit Kleinmann 等[91]以西门子 PLC S7 协议为具体对象，提出了一种基于 DFA 模型的 S7 网络入侵检测系统，具体方法上与 Niv Goldenberg 等研究相似，但模型采取进出端口的流量双向检测，检测识别率超过 99.82%，远高于前者。Chen Markman 等[92]在上述几个研究基础上，针对 DFA 模型检测流量中的异常突发信息包，提出建立数据语义库与突发 DFA 模型将每个信道上的流量视为一系列突发事件，并将每个突发事件与 DFA 进行匹配，同时以突发事件的起始和终止节点为约束条件，达到95%～99%的数据包有效检测，由于不针对具体产品因此通用性更强。具有代表性的类似研究[93-98]都是以 PLC 外部入侵和端口或通信异常检测带来的检出率问题开展研究的，主要以提高异常检测率为主要目的，确保出入 PLC 系统和 SCADA 网络上的信息可信，对于完全运行状态检测仍不能实现，检测平台需要借助上位机实现，检测量随着 PLC 节点的增加会呈指数级增长，运行状态检测和运行平台的关联性处于分离状态。

在恶意软件入侵检测方面，针对基于机器学习和数据挖掘的异常检测系统对未知攻击的检测率较高，但存在误报率较高问题，Hao Wang 等[99]提出了基于逻辑组合的入侵检测系统，它结合了基于规则匹配的误报检测方法和基于长短期存储（long short-term memory，LSTM）模型的异常检测方法的优点，采用了相控检测、告警合并聚合等方法，有效提高了异常检测率，降低了误报率，但也不能实现完全消除误报率。L.A. Maglaras 等[100]为检测恶意数据干扰系统的正常运行，提出了一种基于单类支持向量机原理的智能入侵检测方法；选择分割和聚类算法，利用支持向量机算法在未标记数据情况下的自然扩展，特别是在异常值检测方面，将输入数据映射到一个高维特征空间，迭代找到最大边缘超平面，使训练数据与原点得以分离；发挥不需要知道序列签名和异常信息类型的优势，建立了入侵检测机制，设计的入侵检测模块能够检测 SCADA 系统中恶意网络流量，适用于在线检测。这类研究[101-104]主要解决类似算法可能会随着正态集多样性的增加而失败，以及不适用于样本数量较少、概率分布起关键作用等分类问题，提高了工业控制系统入侵检测率，降低了误报率。

一些研究人员使用神经网络分析真实的工业控制网络数据[105]，开发利用控制系统物理性质知识、基于特定窗口的特征提取技术，结合神经网络学习算法，用于正常行为建模，生成关联和聚合跨领域信息等作为检测准则[106]，或者利用深度残差卷积神经网络模型直接推理检测故障和网络入侵攻击[107]。陈万志等[108]针对工业控制网络异常中存在部分已知通信异常行为和部分未知通信异常行为，提出一种结合白名单过滤和神经网络无监督学习算法的入侵检测方法，利用白名单技术，第一次过滤不符合白名单规则库的通信行为，再通过神经网络无监督离线方式样本训练学习的结果，第二次过滤白名单信任通信行为中的异常通信，利用神经网络提升在信息不完备情况下的检测率，在粒子群优化算法基础上加入了自适应变异过程，避免了训练过程中过早陷入局部最优解，提高了跨网异常通信检测率和检测准确率。

由于工业控制系统实时性要求高，计算资源有限，系统资源升级困难，在 PLC 上无法直接应用上述恶意软件入侵检测方法，仍需要完全借助 PLC 外部资源，如上位机等，而上位机采用了高性能计算机系统，通过网络和端口的入侵检测技术都可以进行应用。

3）基于控制系统状态迁移的检测方法

该方法实质也是基于数学模型的检测方法。近年来，控制系统状态检测成为一个新的运行检测研究热点。基于运行状态的入侵检测主要是确定控制过程的关键状态，对正常关键过程状态直接从历史数据（即提取或指定正常状态）或专家知识（即确定的关键状态）中获得，然后通过模型算法与实时运行状态对比发现运行异常。一般首选第一种利用历史数据的方法，因为工业控制过程相对稳定，它们的正常状态不经常变化。但是当很难获得历史数据时，就会使用第二种利用专家知识的方法，控制专家的知识决定了控制过程的关键状态[109]。然而，由于控制系统运行状态定义为给定时间内所有传感器和执行器的状态，因此控制专家无法遍历所有运行状态识别关键状态。

Abdullah Khalili 等[110]研究提出了解决控制系统关键状态确定的系统研究方法 SysDetect，通过建立模型对历史数据迭代寻优关键状态，在每次迭代中使用专家知识识别关键状态，使下一次迭代中生成的关键状态候选项数量显著减少，从而防止了状态空间爆炸问题。这些关键状态被用于网络入侵检测，因为运行故障和网络攻击都可能导致状态异常和数据异常[111]，这一方法并不进行区分，对运行检测具有较好的适应性。但是，该方法依然不能很好地处理高维数据，且在一定程度上依赖人工判定。

C.A. Meadows[112]首先提出了形式化入侵检测方法，通过形式化方法建模，在入侵检测中旨在在工业控制系统中使用形式规约和验证技术检测入侵或恶意软件，指定需要或不需要的运行行为，并以形式化方法分析验证结果，有助于消除检测中的冗余和矛盾问题。吕雪峰等[113]提出一种新的基于状态迁移图的异常检测方法，该方法利用相邻数据向量间的余弦相似度和欧氏距离建立系统正常状态迁移模型，不需要事先定义系统的临界状态，并通过以下两个条件来判定系统是否异常。

（1）新的数据向量对应的状态是否位于状态迁移图内。

（2）前一状态到当前状态是否可达。

这两种方法都可以处理高维数据，状态迁移图刻画系统运行过程中的正常模型，根据正常历史数据样本进行训练，所以不需要依赖专家预先定义系统的临界状态，具有较小的时空消耗，且考虑了系统运行的动态特性，能够快速检测出异常，因而适用于资源受限和对实时性要求较高的工业控制系统。这类方法误报率与形式化和状态图中的量化阈值以及量化区间数量密切相关，需要谨慎选择以平衡误报率和检测速度之间的关系。

S. Rakas 等[114]和张文安等[115]从数十项研究成果与工具，以及 114 篇文献中，分析研究和评估了近几年基于工业控制网络运行状态检测技术与方法，细分归类的基于机器学习、基于知识、基于规则、基于模型、基于统计和基于状态迁移等多种技术方法，仍属于我们划分的三个研究方面。研究评估结合近几年的发展，目前所有这些技术都是以提高检测精度和减少单位处理时间为主要目的，综合了以上两种技术方法比单一的运行检测技术方法都更为有效，更能适应多协议环境和高重用性，但是在流行的 Modbus/TCP 网络、数字从站和智能网格等环境下，从网络检测入侵的有效性风险仍然较高。综合考虑这些技术方法的检测准确性、及时性、对事件的响应和效率，检测技术水平差异很大，有些不具有检测的全面性，叠加时性和有效性分析，入侵检出率大幅下降。工业控制系统网络入侵检测方法算法，如何做到轻量化以适合于快速实时检测有待进一步研究；如何做到"非侵入式"的分析，既不影响 PLC 设备自身正常运行，又能有效地获取 PLC 设备实时运行状态方法是值得关注的问题。

由于工业控制系统及网络具有复杂的应用环境，以及工业物联网环境的发展应用，除了不断演变的安全威胁之外，影响检测的因素还有物理控制对象的异构性、控制网络的多样性和应用程序的复杂性。高度依赖特定控制过程和专家知识的入侵检测技术，在缺乏恶意软件入侵模型和相应确定的场景下，更适用基于机器学习的检测技术，但其首先需要具备大数据分析的能力，以及分布式控制对象对应的确定运行模型等，为适应控制系统应用的多样性使得入侵检测方法非常复杂，效率比较低。

### 2. 控制系统运行状态可信检测研究

按照可信概念，如果 PLC 程序总是按预期的方式正确执行指定的功能，即运行状态始终处于可信状态，也必定是正确运行状态，那么这个 PLC 程序运行状态是可信的。

关于可信计算有国际标准化组织与国际电工委员会 ISO/IEC 目录服务系列标准中基于行为预期性的定义、ISO/IEC 15408 标准中基于行为可预测与抗干扰的定义，还有可信计算组织（Trusted Computing Group，TCG）以实体行为预期性的定义，以及 IEEE 可信计算技术委员会以提供服务的可信赖和这种可信赖可验证来定义[116, 117]。归结为可信系统实现的概念主要有以下两种。

（1）一种可信计算的基本思想是"信任传递"（transitive trust）。在计算机系统中首先建立一个信任根，然后由信任根通过完整性度量方法建立一条信任链，一级度量一级，一级信任一级，逐步将信任关系从信任根扩大到整个计算机系统，从而确保计算机系统的可信。信任根是可信系统中所有实体都信赖的部件。

（2）另一种可信计算的基本思想是，如果一个系统部件的破坏可能导致整个系统安全策略的破坏，这个部件将被称为"可信部件"，系统中所有这样的可信部件集合统称为系统的可信计算基（trusted computing base，TCB）。可信计算基是构成安全计算机系统所有安全保护装置的组合体，也称为安全子系统，以防止不可信主体的干扰和篡改。

沈昌祥院士[118, 119]将可信计算划分为 3 个阶段或版本。可信计算 1.0 以世界容错组织为代表，主要特征是主机可靠性，通过容错算法、故障诊断实现计算机部件的冗余备份和故障切换。可信计算 2.0 以 TCG 为代表，主要特征是包含 PC 节点安全性，通过主程序调用外部挂接的可信芯片实现被动度量。我国自主建立的可信计算 3.0，主要特征是系统免疫性，保护对象是以系统节点为中心的网络动态链，构成"宿主+可信"双体系可信免疫架构，宿主机运算的同时由可信机制进行安全监控，实现对网络信息系统的主动免疫防护。

在可信软件基础研究方面，通过我国重大研究计划支持了一批国家关键领域的示范应用，取得了突出的成效。在航天领域，针对飞行产品首次建立了覆盖软件研制全周期、以可信要素为核心的航天嵌入式软件可信质量保障体系以及相应的可信质量保障集成环境，在"嫦娥"等重大工程软件的可信性保障中发挥了重要作用[120]。但在软件工程实施过程中，进行可信的质量过程驱动贯穿整个软件开发全过程；而软件可信运行监控、支持软件可信性动态演化的监测和控制机理以及可信性的主动保障等技术，在 PLC 软件中的应用基础仍然薄弱。

可信系统一般由相应的模型、算法、规则、软件、固件等组成，构成可信的软硬件和系统。虽然研究人员致力于提高可信计算系统性能、减小系统规模，但是为验证可信，对实时运行状态检测仍然要求系统具有较高的性能。

在控制系统领域，研究人员构建可信控制系统主要是综合现有的防御措施[121, 122]。这些研究利用了控制系统内部防火墙、入侵检测系统和可信连接服务器之间的联动机制，它可以提高控制系统的整体防御和安全能力，一般的 PLC 系统也是从安全防御入手，提高运行安全性从而使 PLC 系统运行可信性增强[123]，但没有可信验证，不能确定可信运行。研究人员为了能够保证工业控制系统可信运行，除了安全防御外，构建 PLC 运行外部环境的可信也成为一种技术解决方案。例如，在系统启动阶段，采用可信芯片作为信任度量根，并结合哈希（Hash）算法对系统启动文件进行完整性校验，通过信任链的传递实现了系统的可信启动[124]；对组态软件进行数字签名认证，保证运行前的软件和数据可信，运行时安全验证逻辑独立于主运算任务，以另一个任务的形式运行，或者下装至另一个 CPU 核中独立运行，以实现运行与监控相隔离[125]；另外可增加设置可信安全管理中心，负责对上位机或工程师站安全可信验证与授权，当工程师站未被授权管理时，PLC 拒绝工程师站的一切控制指令，当可信安全管理中心对工程师站授权成功后，可信控制站才接受工程师站的管理控制[126]；为了应对 PLC 计算资源有限问题，在 PLC 中增加相应硬件模块作为信任根，负责 PLC 主动免疫防护，将密码与控制相结合，构建计算与防护并行的可信计算节点，由信任根实现对可信计算平台的主动控制，在设备软件层通过部署可信软件基软件，实现宿主机操作系统和可信软件基的双重系统核心[127]。

以航天发射场为例，在实际应用中，可信风险非常高。例如，液氢、液氧低温推进剂加注控制系统就是一个典型的系统。它需要监测温度、压力、流速、阀门开度等，涉及每个阀门的动作顺序和时间，以及控制阀门开启或开启时的管道压力。如果控制信息不正确，低温推进剂加注系统可能会造成-252.8℃液氢或-182.95℃液氧推进剂泄漏或爆管、冻结，其后果是灾难性的。当然，对于控制系统中的这些关键节点，一般都采取了措施。例如，有些采用了冗余或热备份的方法，一些增加了监视点和故障处理软件，另一些则严格进行测试检查和控制软件用户的身份认证，但是检测验证系统数据是否被恶意更改仍然手段不足。因此，可信计算或可信性验证已成为 PLC 安全领域的主要问题。目前，在控制系统中缺乏可信验证，信息源、主机和终端存在着控制状态传输迁移是否可信的风险，研究为 PLC 运行创造一个可信的环境，部分开发了在 PLC 中增加软硬件模块进行可信监测，这些研究可以部分解决控制系统可信风险。

在智能系统应用无人值守远程自主控制场景下，为了确保 PLC 系统的运行可信，需要验证控制指令执行是否正确、控制系统运行是否正常。然而，对于 PLC 本身系统，限于计算能力、存储与运行空间、实时性要求等，而且大量存在新老型号混合使用的情况，PLC 程序实时运行状态的可信检测还不能在 PLC 系统上实现，相关可信研究滞后于实际控制系统的应用需求，仍然缺乏典型的解决方案。

## 1.3　程序检测流程优化技术研究现状

一般的软件测试在单元测试阶段，由于每个单元是独立进行测试，所以各个单元并行测试可以不考虑相互关系和影响，软件单元按照输入/输出要求达到设计文档要求即可完成测试任务。在集成测试和系统测试阶段，需要将各软件单元集成为设计需要的子系统或系统，除了设计测试用例用于系统功能和性能测试外，各单元之间的相互关系和影响成为测试计划安排中的关键考虑因素。如果软件测试周期越长，则代价也越大，即使在借助自动化测试工具情况下，如果测试流程计划不合理也将占用大量的测试软硬件资源和人力资源，所以软件集成测试和系统测试中优化测试流程、缩短测试周期是软件测试计划安排中需要考虑的问题，也是软件测试调度计划或进度计划优化的主要任务。

## 1.3.1 工作流程计划相关研究

业务进度计划流程管理正成为许多工业流程的基础部分。为了管理业务流程工作之间的演进和交互，准确地建立过程模型，对业务管理需遵循的步骤和流程中工作的资源需求是非常重要的。工作流程提供了一种描述业务流程的执行顺序和组成活动之间的依赖关系的方法。

PLC 程序测试进度计划流程模型是一种过程模型，为实现计算机辅助或自动生成相应计划，自动驱动任务对象按流程模型执行自动化的流程，任务执行对象涉及设备资源、被测程序、测试用例、测试操作人员等。过程描述模型建模是过程管理系统中比较热门的研究方向，根据自身的需求和应用场景，不同学者提出了不同的建模方法，不同的建模方法也决定了流程优化的方法。在目前的文献综合分析中，针对过程模型建模主要有如下 3 种类型。

（1）基于事件的活动网络工作流建模。

（2）基于协同的工作流建模。

（3）基于形式化的工作流建模。

### 1. 基于事件的活动网络工作流建模

1）图形符号化形式描述

在基于活动网络的工作流建模方面，主要以图形符号化形式描述过程，以直观和便于理解的方式供专业或非专业人员进行计划制定。这类过程模型主要是将整个活动计划描述成一个有向图，其中一般包括过程节点、活动弧段、节点关系指向和顺序。一般工业生产研制等流程计划设计采用网络化进度活动有向图[128]，即双代号网络计划图，其示意图如图 1.1 所示。该计划图进行过程定义和表述测试项目、测试时长要求和各测试项之间的关联，由测试网络化进度图决定了正常情况下的测试周期和资源要求及代价。

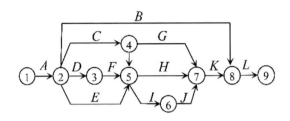

图 1.1 双代号网络计划图示意图

其中，$A \sim L$ 表示测试流程活动或工作，这里也称为测试项，节点是前后测试工作交接点，占据时间的测试是其中的串行测试和相关联的测试项，也就是测试关键路径，即一组相互依赖的测试任务序列，决定了完成测试项目需要最长的持续时间或代价。这个测试流程关键路径可能包含了一个测试任务或者一系列相关联的测试任务。确认测试关键路径和为完成关键路径中的关键任务所需的测试资源是非常重要的。测试流程关键路径随着测试关键任务完成或其他项测试任务的延误而改变。测试流程周期越长，测试效率越低，测试成本也会越高。因此，尽可能缩短测试流程关键路径是缩短整个测试周期的关键，也是提高测试效率的关键。

这些节点和弧段等可以根据实际应用场景进行定义，流程模型构建过程中图形化交互手段，可辅助建模决策和消解由于初始计划条件不充分导致的流程内在冲突。陶益等[129]为缩短舰上弹药调度时间、降低调度成本、减少调度资源消耗，基于网络计划技术，以某型舰上储运系统为依托，将某型弹药调度任务分解，依据操作流程厘清工序间的逻辑关系，形成流程网络图，运用关键路线法（CPM）对转运流程进行优化；通过调整工作时序、增加操作熟练度、合并非重要工作等方式改变或缩短关键路线，以达到满足载机保障时间要求的目的，并得出调度各阶段的时间参数。参考文献[130]、[131]与[129]类似，通过图形化的方式便捷地优化测试或工作流程，冉梅梅等[132]针对不同系统间工作流过程的交互问题，基于多色集合理论构建了工作流过程交互矩阵和工作流过程交互多色图模型；将元组与多色集合理论相结合，形成多元素二元组多色集合与单元素二元组多色集合，构成扩展矩阵进行析取、合取、连接运算，并对多色图中的节点进行区域划分以表示活动间交互所需的资源与消息，解决工作流调度系统间交互以及工作流过程交互模型。W. Sadiq 等[133]研究流程模型的结构规约，使用通用流程建模语言对工作流建模，为避免结构规约包含死锁和缺乏同步冲突调整，从而影响工作流的正确执行，提出了一种可视化的验证方法和算法，利用一组图约简规则识别流程模型中的结构冲突，使过程模型具有定义良好的正确性。参考文献[134]是以事件驱动方法建模数据流，实现支持流程图方式服务工作流。

2）统一建模语言

统一建模语言（unified modeling language，UML）是一种可视化面向对象的工作流建模工具。Ba Dura D[135]对业务流程建模符号（BPMN）和 UML 在业务过程建模中的适用性和充分性进行了验证，供应链物流和生产物流作为两个过程建模的例子，多方面验证这两种建模语言，说明这两种建模语言的互补使用对于业务流程和信息流程设计是必要的。G. Wagner[136]使用 UML 类图和离散事件过程符号建模（DPMN）过程图对活动和过程网络进行建模，详细描述了建模过程，系统的状态结构由 UML 类图捕获，该类图定义了对象、事件和活动的类型，这些类型是 DPMN 过程图的基础，DPMN 过程图以一组事件规则的形式捕获了系统的动态状态，对过程图添加感知、动作和认知的 Agent（代理）建模，形成业务流程仿真。宗冉等[137]采用 UML 建立的"4+1"视图模型[138]，即逻辑视图、过程视图、物理视图、开发视图和场景视图，解决科研项目管理系统结构庞大、工作流程复杂的建模难题，采用多个视图描述系统的功能、静态模型和动态模型，设计了系统的逻辑结构，利用可视化建模工具 Star UML 将模型生成 Java 代码框架，实现了基于 B/S 架构 Web 的科研项目管理系统。S. Vrani 等[139]使用 UML 活动图为土地管理系统中的管理过程建模，集成了事务属性的工作流管理，支持在异构 IT 环境中实现一致性工作流管理。

3）Petri 网

Petri 网具有图形化的表达方式和数学定义，在业务流程建模方面具有强大的描述分析功能[140]。Aalst 等 [141]收集了一组相当完整的工作流模式，基于这些模式，评估了相应工作流产品，在基于状态的工作流模式方面，Petri 网具有更好的描述工作流程的能力。A. Pla 等[142]提出了一种新的用于建模工作流活动及其所需资源的 Petri 网扩展——资源感知 Petri 网（RAPN），用于过程监控和延迟预测的智能工作流管理系统；资源感知 Petri 网包括经典 Petri 网工作流表示中的时间和资源，便于建模和监控工作流程；工作流管理系统监视工作流的执行，并使用 RAPN 检测可能的延迟。梁迪等[143]提出了一种基于并行工作流 Petri 网模型的构建方法，构建了零件出库系统的并行化 Petri 网模型，运用 P-不变式对时间性能进行分析，通过关联矩阵求解结果、P-不变式的时间分析和并行优化算法，改进了该系统的 Petri 网结构，提升了零件出库系统的工作时间。

类似有参考文献[144-147]，用 Petri 网模型构建各种工作流，如预警工作流、辅助决策工作流、应急处置工作流、后期处置工作流等[144]；基于同步约束的 Petri 网集成规则，利用工作流网络，工作流模型转换为一组 Petri 网[145]，计算可达性图以派生所有指定的服务执行序列，通过分别从控制流和数据流，验证每个指定的服务执行序列是否能够正确完成以检查行为的可靠性（即是否正确完成）[146]。为增加时间约束，P. J. Meyer 等[147]基于工作流 Petri 网，引入了时间概率工作流网，并赋予马尔科夫决策过程语义，给出了一个计算预期时间的单指数时间算法，使每个工作流的预期时间可以以毫秒为单位计算，实现精准计划。

### 2. 基于协同的工作流建模

工作业务流程由一组在组织和技术环境中协调执行的活动组成，其中活动的协同性决定了流程设计的科学合理性。业务流程管理的基础是业务流程及其活动和它们之间执行约束的显式表示[148]。合规性规则代表了包含在业务功能和数据之间需求的属性步骤。对于整个业务流程管理，需要设计活动的模型，并定义它们之间的因果关系和时间关系，利用合规规则完成业务数据验证，保证多个工作流并行协同。C. Qian 等[149]提出了一种智能协作机制（ICM），该机制允许任务之间进行资源配置协同，解决复杂产品的定位装配系统可能要处理数十万个工序的问题，以及容易受到制造异常的影响，数据驱动的 ICM 框架保证了资源之间的相互协调；基于 Petri 网的工作流分析和约束矩阵可以识别当前不受其他任务约束的任务；通过灰色关联分析，确定了各流程的动态优先级；所选任务与操作人员之间的匹配策略可以提供接近初始目标的调度计划，因此即使发生异常，整个装配工序也可以保持有效。

在工作业务流程构建中，利用工作流引擎协同多个工作流进行建模和管理，是一种有效的协同工作流建模方法。Avenoglu Bilgin[150]利用智能机制，建立工作流引擎框架，通过收集活动前后信息协同运行时的调整，将复杂事件处理（CEP）功能的单独规则引擎合并到框架中，以增强工作流的适应性和可执行性；允许以分层的方式对活动进行协同建模，以业务活动驱动的体系结构（EDA）用于工作流引擎和规则引擎之间的耦合，方便引擎和其他前后活动在它们之间交换数据，提高对于工作流支持的自动化水平。Bartosz 等[151]设计了工作流执行引擎 HyperFlow，利用三个关键的抽象过程、信号和函数，以简单的方式表达复杂的工作流模式，将工作流结构的简单声明性描述与主流脚本语言中工作流活动的实现结合在一起，即将声明性描述与底层编程相结合，可以从工作流图中消除空隙节点，从而大大简化工作流，实现完全分布式和分散的工作流协同执行。

瑞士洛桑联邦理工学院的 Marzari 等设计了 AiiDA（Automated Interactive Infrastructure and Database for Computational Science，计算科学自动交互式基础设施与数据库）[152]，作为开发工具实现大量数据的生成、存储和处理等技术，其中计算流程由工作流程控制，提供了执行复杂和自动记录的工作流，链接到本地和远程计算机的多个代码；该工具基于事件的工作流引擎支持每小时数以万计的工作流程，并进行全节点检查。AiiDA 工作流系统用 Python 实现，是一个开源、高吞吐量、可扩展的计算基础系统，用于自动化可复制的工作流程和数据溯源，AiiDA 的工作流引擎提供了一个丰富的应用程序编程接口（API），而大多数流程管理工具一般只提供图形用户界面[152-155]，它的 API 提供了更直接、更无缝的工作流系统集成，给予工作流作者很大的设计自由，同时指导他们编写健壮和模块化的工作流[156]。基于 API 工作流语言和引擎的优势是允许对动态工作流的定义，使工作流确切路径不是预先确定的，而是基于工作流节点完成步骤的执行过程结果。普通工作流程定义方法的最大缺点是静态的，从某种意义上说，工作流的确切流程需要在执行之前才能确定，并随着流程的执行才能决定整个流程的结果。

另一种应对动态工作流程是 Yanhua Du 等[157]提出的建模方法，当工作流程在快速变化的业务环境中频繁变化,通过一些结构更改更新工作流程时，最重要的任务之一是在时间约束下保持其一致性。由于更新工作流程,对受影响的部分估计不一定准确，要么在定位更改节点事件时不准确，要么在分析时间限制时效率低下。针对这一问题分析动态变化工作流过程时间约束，通过更新的流程模型中受影响的协作执行路径（即变更后的工作流程）定位变更部分；在原始模型的萌芽图（sprouting graph，一种预先记录工作流过程中所有路径的结构和时间信息的图）中，即变更前的工作流程，更新的不是所有节点元素，而是与被改变的部分相对应的被改变节点；基于更新后的萌芽图，因为其部分或全部路径的时间约束包含在受影响的协作执行路径中，所以可只检查受影响的时间约束。该方法具有较小的时间和空间复杂度，适用于大规模复杂工作流程的动态时间约束检查。

在面向服务体系结构（service oriented architecture，SOA）中，服务与工作流紧密相关，多个服务可以构成工作流，服务本身也可以基于工作流实现。由于结构和服务本身的动态变化，分布式计算方法在面向服务工作流的定义、管理和操作方面与传统工作流管理模型有很大的不同。H. Liu 等[158]设计的系统架构解决了面向服务的工作流管理系统跨不同组织、系统、实体之间的协同调度难题，提出了面向服务工作流管理系统中的服务和工作流管理，以及定制的通信标准。Ewa Deelman[159]介绍了 Pegasus 工作流管理系统工具，将抽象的工作流描述映射到分布式计算基础设施上，提供了一个 Pegasus 系统的综合视图，展示了随着时间的推移，实现可靠的、可伸缩的工作流执行。

### 3. 基于形式化的工作流建模

基于数学的形式化方法适用于工作流建模与流程管理系统的描述、开发和验证。将形式化方法用于工作流程模型设计，典型地以形式化规约语言给出相应严谨的数学描述，提高工作流程设计的可靠性、强壮性和可验证性。形式化方法可为设计和实现工作流管理系统提供自动化推理能力，这是验证设计流程模型的属性和自动化流程演进所必需的。

L. Jose 等[160]利用时间逻辑，即活动的时间逻辑（TLA），建立了一种基于沟通（语言—行为理论）的工作流范式的形式化方法，这种形式化方法为工作流图的属性和流程自动演示、模拟和管理人员对流程的微调提供了基础。

R. Klimek [161]将逻辑规约定义为时间逻辑公式的集合，提出了一个统一面向工作流的软件开发行为模型框架，研究直接从该模型框架中提取和自动生成逻辑规约，从而通过逻辑规约生成工作流程，并提供形式化基础和算法，整个工作流模型完全由预定义的工作流模式构成；基于模式的特性组合方法允许保留逻辑上的可满足性，同时保证表达性和性质。Y. Wang 等[162]提出一种基于模式的服务需求分析方法 PASER，首先通过自然语言处理技术从服务文档中提取流程信息，然后使用需求建模语言——基于工作流模式的流程语言构建流程模型，最后通过与工作流模式匹配，使用一组检查规则识别和解决流程服务需求中的不一致性问题。

优先级是业务流程管理中的一个重要概念，在有些工作流模式的上下文或前后关系中（如业务流程中可取消和可补偿的任务节点）非常关键。但是，由于工作流中优先级的存在，自动化验证和验证工具很难对工作流进行形式化分析。B. Changizi[163]成功设计了 Reo 协调语言用于过程模型的建模、自动验证和模型检查，在此基础上提出了一种基于约束的优先权形式化方法：引入了专门的流程通道来初始化、传播和阻塞优先级流程，定义它们的语义为约束，将优先级传播模型转换定义为约束满足问题，并提出扩展语义，在存在优先级约束的情况下进行工作流分析。

如参考文献[151]的 HyperFlow 中工作流描述是基于一种形式化的过程网络计算模型，编制工作流程将工作流结构的简单声明性描述与主流脚本语言中工作流活动的底层实现结合在一起。M. Froger 等[164]提出了一个面向业务的原型，利用人工智能对自然语言进行处理，实现规约创建流程任务自动化，帮助用户获得可认证的特定业务流程，描述了分别用于建模规约和业务流程的元模型，并设计了算法来推导相应的流程。

L. D. Xu 等[165]提出了一个面向需求的服务工作流形式化验证自动框架，定义了面向需求的服务工作流规约语言，将关键组件集中在命题逻辑的验证算法上，能够自动检查遵从性，也能够检测强加流程需求的冲突。

## 1.3.2 软件检测计划优化技术

程序检测效率的提高需要在测试目标和测试资源之间取得平衡。测试资源是指软件测试中必须具备的软硬件、工具、人力、时间、经费等各种资源，并行测试越多，效率越高，资源占用也越多。目前，随着程序检测的自动化程度越来越高，并行测试所占用的人力资源逐步减少，程序检测计算资源需求增加，由于高性能计算资源成本的下降，计算资源增加不再成为制约因素。

### 1. 分组并行测试

软件测试计划的设计优化是节省时间和预算的一种方法，Sahar Tahvili 等[166]提出了一种基于自然语言处理的方法，赋予自动检测的测试用例语义相关性，解决手工集成测试中测试方法通常是由人以自然的文本编写，以及通常包含模糊性和不确定性等问题；设计算法将每个测试用例转换为 $n$ 维空间中的向量，使用聚类算法将这些向量分组到语义聚类中，分析测试用例的所有相关信息（如测试时间、需测试的功能、与其他测试用例的依赖关系和相似性）；也提出了一套基于集群的测试调度策略，在集成级别给定测试方法，以尽可能多的测试用例被分组，并在同一时间进行并行测试来提高效率，这种方法还没有考虑时间复杂度的降低。类似的研究[167]包括针对影响测试系统测试效率的主要因素，提升并行任务调度算法的性能，提出了一种启发式并行任务调度算法，可以使用多线程技术来实现单机并行测试；在测试系统中，通过不同的资源分配来执行测试任务，从测试最早开始时间和测试广义资源加载情况对测试任务进行调度，广义资源加载具体表现为基于资源分配方式的任务资源集加载和基于任务启动时间的任务资源集加载；负载越大的测试资源获得任务的机会越多，且总是处于繁忙状态，使测试任务占用的资源相对保持稳定，在一定程度上平衡了资源负载；该算法采用启发式局部最优搜索策略，算法的时间复杂度从 $O(n!)$ 降低到 $O(n^2)$，可以提高测试系统的并行性能。

Supaket Wongkampoo 等[168]研究将一组测试任务进行分割至无法再分的颗粒，称为原子任务，由原子任务的时间测算确定制约分布式测试的时间瓶颈，即在该测试任务没有完成的情况下，其他测试任务不能开展所耗费的时间；将分布式测试资源按网格框架划分，设置网格的交换器代理负责测试任务的负载平衡，网格节点是运行测试用例的代理节点；然后，设计了算法公式，用于找到测试用例与测试平台相互匹配的阈值因子，以及在时间瓶颈阶段填充可运行的测试用例，使测试时间可预测和可变更，使分布式测试具有弹性，寻求分布式测试任务与测试资源的最佳匹配。

## 2. 分类组合测试

软件测试流程中，测试计划中的测试用例排序直接影响测试成本、周期和测试安全。一个测试活动用一个或一组测试用例进行测试，在进度安排中 $n$ 个测试用例可能有 $n!$ 种组合，Robert V. Binder[169]为了找到测试用例组合测试中代价最小的组合顺序，以测试案例组的各种配置组合、剔除影响安全性的组合，设计了组合顺序代价最优算法，迭代遍历全部组合，选出代价最优的测试用例组合和进度计划。但是在大规模软件测试用例情况下，将面临 NP（非确定性多项式）完全问题。Xiao Xun 等[170]以图论为基础，以最短的时间和最高并行测试效率为目标，找到测试顺序计划，测试任务节点作为图的顶点，两个测试任务资源间有冲突作为两个顶点的边，边长为测试时间约束；基于时间优先测试任务计划，通过图论的图着色方法将同一条边的两个顶点涂成不同颜色，不相关顶点涂成同一种颜色，相同色顶点划分为一组，同一组顶点代表的测试任务可并行开展测试，再以测试代价和资源匹配效率评估算法安排测试计划，将测试组合计划复杂度降到了 $O(n^2)$。

Yvan Labiche[171]以类测试分析测试活动相互关系并进行测试排序，形成测试计划和进度表，但是测试工作量评判度量标准还不确定，没有达到量化的优化计划。Manish Mehta 等[172]对软件专业公司的测试效率进行了分析对比，按照测试用例组合颗粒度的不同，在不增加测试资源的情况下，仅组合测试的效率就提高了 89%～96%，这还是早些年的数据，成效已非常可观。

### 3. 测试资源为目标的软件测试调度

Yang Lou 等[173]分析了云平台提供高效的测试环境中测试任务之间的关系，建立了任务关系模型，将用户的测试任务划分为不同的子任务，并分派到各种资源进行并行测试；提出了一种基于遗传算法的动态任务调度策略和动态测量算法，它保证了最少的执行时间，而且保证了负载平衡。为了减少软件测试时间，分布式测试将测试在分布式机器上并行运行，以控制测试时间。杨平良[174]针对单元测试中测试资源分配问题，研究软件并行测试方法，虽然是单元测试，但面向测试资源分配对集成测试和系统测试也有借鉴意义；该研究将系统可靠性和软件费用作为一体性要素和测试任务多目标优化模型的约束条件，并用加权因子将多目标问题转化为单目标问题，由于多加权因子实际确定的合理性会影响算法解的优选，影响优化测试资源分配，并且遗传算法存在对标准粒子群算法收敛速度慢、容易陷入局部极小的不足；提出了一种杂交粒子群算法，利用迭代局部搜索算法的邻域搜索及其扰动机制进行详细局部搜索并跳出局部最优解，设计粒子朝着全局最优解搜索处理约束条件和机制，求解近似最优解以有效地分配测试资源。

陆阳等[175]重点在测试过程中动态调整测试资源供软件测试使用，使软件测试计划进行动态调整，提高测试资源利用率，以便缩短测试周期、提高测试效率和降低测试成本；以测试资源（测试时间）为约束，构建了基于最大化可靠性和最小化测试成本的测试资源多目标动态分配模型，按照测试进程的推进，动态地分配测试资源；然后，基于具有改进种群初始化策略的"一维整数向量编码"差异演化算法，使测试资源动态分配模型在保证系统可靠性的前提下，节省系统测试的消耗，提高了测试效率。

### 4. 计算机辅助计划制定

软件测试进度计划制定在软件规模增大以后，手工制定进度计划很难适应软件测试在精准计划和最优代价方面越来越高的要求，计算机辅助测试进度计划制定已成为一种工具和手段。

研究人员[176, 177]提供将手工拟制改为应用自动的解决方案，以获得测试进度计划表，将测试资源、测试任务、测试人员和管理人员作为要素输入自动软件测试进度规划系统；进度规划数学模型以测试时间要求、其他测试项需要某测试项结果才能运行的关键测试项集、测试负载需要的计算资源、某些压力测试需要独立的计算资源、测试项之间的优先要求、工作时间和人员等为约束，对每个测试项给出一组可用时间窗口和不可用时间窗口；设计搜索算法和优选模型，通过搜索测试项可用时间窗口组成测试任务的进度计划集，基于优选模型比较进度计划集中各个进度计划，选取资源消耗最小的进度计划作为最优计划；该应用主要针对 IBM 测试工具所做的二次开发。

Josip Bozic 等[178, 179]对测试进度计划用一阶逻辑形式化公式定义测试计划各要素，各测试状态由谓词说明，构建计划状态模型[180]，通过将各测试项加入测试状态形成测试状态的迁移，通过谓词和对应条件的定义引导测试计划制定，形成最终测试状态，即各测试项的序集；测试项由谓词描述测试参数、先决条件和后处理条件，定义最初状态和最终状态，以形式化逻辑选择加入测试计划的顺序；通过计划系统演算获取可能的所有测试状态，选择最小状态集，其中用户可以与系统交互做出人工调整；目前，该研究应用在基于 Web 数据库软件的测试上。

### 1.3.3　PLC 程序检测计划技术

PLC 程序是一种嵌入式软件，它的运行控制对象主要是机电一体化设备，所有机电设备都需要与 PLC 程序一起运行测试，验证达到设计技术指标、没有故障或问题，才能投入正常运行，这种测试是软硬件一体的系统级测试。尤其是安全攸关产品的高风险、高可靠性要求的系统，集成测试和系统测试验证尤为关键。PLC 程序检测在某些测试场景下，还需要构建仿真环境或半实物甚至实际环境测试，需要的测试资源和人力资源比一般的软件测试更多更复杂。因此，一方面需要缩短检测周期、减少需要的测试资源和提高效率，另一方面优化缩短测试流程与提高效率不能影响 PLC 程序的缺陷或故障的检出及软件质量。

PLC 程序每一个测试都包括测试事件、运行、激励、信息获取、交互等，从而检测程序控制下的设施设备系统是否达到技术指标要求。测试流程计划安排一般根据整个系统的子系统分类、设备分类、模块分类和控制对象的相关性设计串并行测试。在 PLC 程序组合检测情况下，精细安排串并行测试计划更具有节省时间和资源的实际意义。PLC 程序测试进度计划流程模型的选择，需要适合安全攸关行业的专业多、系统复杂、接口多样、已有流程技术积累等特点及应用需求。

通过过程模型的分析，一般 PLC 程序测试流程计划设计，通过基于活动网络的过程模型创建网络化的测试进度计划图最为直观，适用于复杂的多专业使用，再辅以优化技术应用到具体的测试任务中。由于大部分和较为流行的计划流程采用的是基于活动网络计划图模型，所以 PLC 程序测试流程计划设计采用该模型也能匹配相关产品生产研制使用的相应模型技术与数据积累，使一般 PLC 程序与安全攸关产品测试流程计划一致。

PLC 程序测试流程的双代号网络计划图表达了一个测试任务流程，测试任务流程是一组测试项的有机结合集，规定了测试项执行的先后顺序和相互关系。双代号网络计划图可以显性清晰地获得整个详细的测试计划，比前述软件测试进度计划优化技术具有更好的质量管理特性和时间进度计划，对复杂而难度大的测试任务具有更加清晰的安排，为优化调整测试进度计划提供了简洁的逻辑关系，也为计算机辅助测试计划工具研制提供了很好的基础。

## 1.4　本书主要内容

上述技术是 PLC 程序检测可采用的技术，针对 PLC 程序，这几个方面的技术各有优缺点。国际上针对某一检测技术开展的研究，不能系统解决 PLC 程序检测问题，需要结合 PLC 程序特点和检测手段优点，使 PLC 程序检测技术及形式化验证方法实用化。

本书以 PLC 程序组合检测理论与方法为研究对象，从 PLC 程序组合检测体系架构、PLC 编程指令及程序指称语义、PLC 程序的组合测试、PLC 程序的组合模型检测、PLC 程序的组合证明、PLC 程序组合检测实际案例、PLC 程序运行状态检测、相关性驱动的组合检测流程优化 8 个方面开展研究。本书共分 9 章，各章内容组织结构如下。

第 1 章介绍 PLC 控制系统的应用情况，总结提炼了控制系统的一般构成和运行环境，研究梳理了 PLC 程序验证需求；系统分析总结了国内外程序正确性检测、程序检测流程优化的现状和相关技术研究及发展趋势；介绍了本书主要的研究目标、思路与内容。

第 2 章研究设计 PLC 程序组合检测体系架构，解决 PLC 程序组合检测一体化框架，给出 PLC 程序组合检测基本概念与相关正确性或可信及优化的方法学；抽象描述 PLC 系统组成、工作模式以及系统模型和运行机理；界定 PLC 程序组合检测研究边界，为全书提纲挈领。

第 3 章归纳介绍典型的 PLC 主要编程指令，对照 IEC 61131-3 研究 PLC 程序体系结构，形式化定义 PLC 程序的指称语义和 11 类指令的指称语义函数，这是后面几章的理论基础。

第 4 章研究大型复杂 PLC 程序测试所面临的测试环境缺失和等效测试

覆盖性等问题，在统一语义下针对性提出组合测试方法，设置测试代理将复杂的测试问题分解为一系列简单测试问题，并可等效测试极限边界条件下的 PLC 程序，提高测试的覆盖性和 PLC 程序的可达性验证。

第 5 章介绍基于 PLC 程序指称语义和线性时序逻辑，定义 PLC 程序到符号化迁移模型的表示和转化过程，提出组合化的 PLC 程序的模型检测方法和若干组合检测策略，并证明了这一方法和策略的正确性。用一个案例说明了该方法的应用过程，解决一般模型检测状态空间爆炸问题。

第 6 章介绍基于 COQ 的 PLC 程序组合证明方法。简要描述了直觉主义逻辑及其一阶逻辑定义、交互式定理证明工具 COQ 的应用要素，作为定理证明的基础；基于 Gallina 语言，给出 PLC 程序语义的 COQ 描述，建模了 PLC 指令系统的数据类型、指令、语句；以若干典型的 PLC 程序为例，说明如何对 PLC 程序性质进行证明。

第 7 章介绍航天发射场任务与组成、控制系统构成和 PLC 程序组合检测，以了解组合检测方法学的实践应用。选取航天发射场最关键的航天发射摆杆控制系统 PLC 程序的组合检测案例，对正确性性质，即安全性、活性和公平性，开展检测验证；应用组合化检测手段进行检测，并与一般的 PLC 程序测试方法进行对比，说明了组合检测技术和方法的有效性。

第 8 章研究提出了一种控制系统可信运行与验证的策略，介绍了控制系统的可信要素、运行可信标签和验证协议，对可信标签协议的安全性进行了分析，并对相关协议进行了证明；为了保证自治操作的可信性，对信任状态转移进行设计，分析了在内外部环境影响下，面对独立攻击和联合攻击的安全策略可信性。

第 9 章针对检测任务从实际物理测试和组合检测的视角，在一定检测资源和设备情况下，对影响检测任务计划进度的测试项关键因素进行相关性分析，定义检测网络计划的活动箭头图、基于活动箭头图的检测计划模型、检测系统的相关性，分类检测计划模型相关性；提出检测计划模型的优化框架，以及基于各类相关性的检测优化方法，并对优化方法的可行性进行了理论证明，从而优化检测流程，缩短检测任务周期。

# 第 2 章

# PLC程序组合检测体系架构

　　PLC 的软件中包含部分由制造厂商设计编写的系统程序，这部分程序被固化到 PLC 的存储器中，用户不能对其进行修改。这类程序主要包括编译程序（对于编译类型的 PLC，解释型 PLC 对应解释程序）、诊断程序、I/O 处理程序、数据传送程序等。

　　还有另外一类由用户利用 PLC 提供的编程语言，为实现特定的控制目的而编写的用户控制程序，这类软件或程序简称为 PLC 程序。PLC 程序一般利用提供的编程语言进行编写（不同厂家、不同系列的 PLC，其编程指令在语法上会有所不同），或者使用梯形图等进行表示。如图 2.1 就是一段典型的 PLC 程序对应的梯形图，它可以实现一个简单的"自锁"功能——初始时刻，常开触点 X0 以及常闭触点 X1 的状态分别为"开"和"闭"（即 $X0 = X1 = 0$），X0 接通后（即 $X0=1$ 后），输出线圈 Y0 的值一直为 1，直到下次 X1 的值变为 1 后，$Y0$ 的输出才恢复为 0。

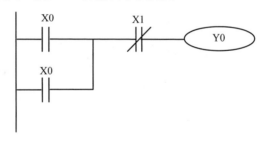

**图 2.1　PLC 电路示例**

　　PLC 程序是控制逻辑的核心，也是实现控制电路动作的关键。随着现代电路设计复杂程度的日趋增加，越来越多的 PLC 控制逻辑随需求应运而生。同时，随着电路复杂性的增加和功能需求的提升，PLC 程序的规模也相应地变得庞大。虽然就 PLC 本身而言，其底层的硬件逻辑是相对可靠的，但是由于用户程序的复杂性，其功能性质的正确性越来越难以保障。

　　从原理上看程序错误都是语义错误，其本质在于逻辑的不正确性。同语法层面的错误相比，这类错误不可能由编译器通过单纯的语法检查排除。目前，即使是针对十分特定的程序以及十分特定的性质，也不存在一个方法可以发现程序中所有的错误[181]。

PLC 程序检测属于嵌入式程序的检测。PLC 程序有如下特点。

（1）PLC 程序大多数用于嵌入式硬件环境，因此其逻辑结构与控制流程紧密相关。虽然 PLC 程序中语句种类少，每个程序模块规模不会太大，但随着控制对象的增多，尤其是自主控制和智能控制的大量运用，使得 PLC 程序越来越复杂，并且控制组态随着控制流程的状态变化较大。

（2）PLC 程序采用硬件机器指令编写（或使用梯形图表示），其模型的抽象过程可以采用相对简单的方法，甚至有些时候直接可以作为模型进行验证（类似于汇编语言、Verilog、VHDL 等），但是检测状态空间无法受控。

（3）PLC 程序虽然简单，但是它仍然具有高级程序设计语言的大部分机制：PLC 支持基本的算术、逻辑运算，支持数据传输、比较、移位操作等运算，支持顺序、分支、循环三种控制结构，支持模块化、步进式程序设计，支持子程序、中断、栈操作等。此外，其还具有计时、计数功能。因此，在一般程序验证中需要应对的问题，在这里仍然需要处理。

（4）PLC 程序的执行有其自身的特点：程序在一个扫描周期内顺序执行完毕，而后刷新输出映像，进而执行下一个扫描周期；从一个扫描周期内部看，它具有顺序程序的特征；从全扫描周期看，PLC 展示的是对于不同输入信号的输出响应，并且这种响应不是固定的——由于各种定时器、计数器的累积是跨扫描周期的，一个 PLC 程序不能单纯地看作固定的输入—输出转化逻辑响应。

从上面的讨论可以看出，同普通的高级语言程序的测试、验证相比而言，PLC 程序的验证有其优势：贴近数学表示，每个模块规模适度，但检测需求又有其独特之处，所以 PLC 程序的测试与验证必然需要新的方法。

## 2.1　PLC 工作模式以及系统模型

不同于普通计算机系统，PLC 主要采用循环扫描的工作方式。在运行时，每个扫描周期分为内部处理、编程器通信、输入采样、程序执行、输出处理 5 个阶段。

内部处理阶段和编程器通信阶段是两个辅助的阶段。它们的作用主要是进行通信处理，如联机编程时的工作。其余 3 个阶段是主要的功能阶段，只有将 PLC 的方式开关置于运行状态时这 3 个阶段才会执行。

在输入采样阶段，PLC 的 CPU 依次从各个输入端口进行数据采集，并将这些数据存入映像区单元中。在该阶段，映像区的寄存器状态被刷新，而后将输入/输出端口的状态锁存。

在程序执行阶段，PLC 的 CPU 依次执行各条指令语句（遇到条件分支语句或者循环语句、子程序调用、中断等语句时，指令指针跳转方式同普通程序一样）。在这个阶段，外部输入信号的改变不会对程序的执行产生影响，因为在输入采样阶段的末尾，已经将输入端口的状态锁定。但是，除了输入端锁定的单元之外，其余单元中的状态和数据会随着程序的执行发生变化。

在输出处理阶段会用输出元件寄存器的状态对相应的输出锁存器进行刷新，从而改变输出端的状态。输出端可以通过控制与之连接的电子器件，驱动其他的硬件设备工作。这一阶段完成后，即转入下一个扫描周期。

PLC 的运行方式与普通的计算机程序或者电器控制的不同之处在于它通过依次执行程序语句的方式更新元件映像寄存器的状态。从理论上讲，PLC 的 CPU 只能按照串行的方式对程序代码进行执行。但是，从宏观来看，这些代码近似于同时完成。这是 PLC 扫描工作方式的独特之处。

一般控制系统中，PLC 系统是核心关键部分，它是具有逻辑控制、过程控制、运动控制、数据处理、联网通信等功能的多功能控制器。PLC 系统接收和处理被控制设施设备的各类传感器信号（$Signal_{Sensor}$），包括编码器（Coder）、位置检测（Location）、操作（Operat）和运动（Moving）等模拟信号（$AI$）与数字信号（$DI$），并通过 A/D 或 D/A 转换存入数据输入端口（PI），即

$$Signal_{Sensor} = \{AI_{Coder}, AI_{Location}, AI_{Operat}, AI_{Moving}, \ldots,$$
$$DI_{Coder}, DI_{Location}, DI_{Operat}, DI_{Moving}, \ldots \};$$

$PI \subseteq Signal_{Sensor}$。

PLC 程序根据控制逻辑、初始组态、任务和中断等对端口数据进行处理，并做出响应，更新系统组态（$V$），给出相应控制数据到数据输出端口（PO），经过 A/D 或 D/A 转换形成模拟（$AO$）与数字（$DO$）的驱动信号（$Signal_{Driver}$）驱动继电器（Relay）、电磁阀（Valve）和变频调速器（Transmission）等运动驱动机构，实现实时控制，即

$$Signal_{Driver} = \{AO_{Relay}, AO_{Valve}, AO_{Transmission}, \ldots,$$
$$DO_{Relay}, DO_{Valve}, DO_{Transmission}, \ldots\};$$

$PO \subseteq Signal_{Driver}$。

PLC 之间的通信通过总线网络端口进行。一般的 PLC 程序包括控制任务调度、控制逻辑处理、数据采集管理、I/O 与中断管理、数据处理与滤波、冗余管理、数据实时通信等部分。

PLC 运行时的循环扫描工作方式，使每个扫描周期分为编程器通信、输入扫描、内部处理、程序执行、输出处理 5 个阶段，PLC 通过依次执行程序语句的方式更新元件映像寄存器的状态。图 2.2 是 PLC 控制系统组成。

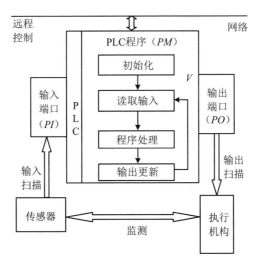

**图 2.2　PLC 控制系统组成**

对于 PLC 系统，它的特性由 $\{PI, V, PO\}$ 决定，即 PLC 系统输入、组态和输出决定了 PLC 的行为。

**定义 2.1** 一个 PLC 系统描述可定义为一个元组：

$PLCSYS=< PI, V, PO, R_{PI}, PM, v_0>$

$R_{PI}\subset\beta(PI)\in\{r_i\}$，$(i=1,2,\cdots)$

$PM(a, b): \beta(V)\times\beta(PO)\times R_{PI}\to\beta(V)\times\beta(PO)$

$v_0\in\beta(V)\times\beta(PO)$

其中：$PI$ 为非空的输入有限集合；$V$ 为 PLC 内部非空的有限组态集合；$PO$ 为非空的输出有限集合；$R_{PI}$ 为映射到一个输入子集，$\beta$ 为确认过滤的广义验证变换函数集，这里经过 $\beta$ 选出有效待处理输入子集，$r_i$ 为 $PI$ 的一个子集；$PM$ 描述 PLC 程序的不完全映射，这里 $a\in\beta(V)\times\beta(PO)$，$b\in R_{PI}$；$v_0$ 为 PLC 程序的一个初始状态。

该 PLC 系统运行模型描述揭示了 PLC 系统运行状态迁移的核心机理，将复杂控制对象运行统一到操作函数集的方法，使模型中 $\beta$ 函数集的 PLC 对象抽象具备了一致性约束条件。

## 2.2 PLC 程序组合检测体系

### 2.2.1 PLC 组合检测体系构成

一个 PLC 程序的正确性从宏观上或外部特征看，它应具有动态行为正确性、静态性质正确性和运行状态正确性；从微观上或内部特征看，它应具有编码正确性和控制时序正确性；而控制时序分为跨扫描周期和扫描周期内，它们影响的是动态行为和静态性质。在 PLC 程序正确性验证体系设计中，从代码层验证编码正确性，模型层验证动态行为（或跨扫描周期）正确性，规约层验证静态性质（或扫描周期内）正确性，运行层验证程序运行的正确性和可信性，即利用测试、模型检测、定理证明和可信检测技术互补构成组合检测体系。由于多层级的 PLC 程序检测，耗费的资源将是一个很大的开销，需要对检测进行规划管理，并对检测规划进行优化以提高检测效率。

PLC 程序组合检测体系设计如图 2.3 所示。该体系体现了 PLC 程序特

征、检测需求和检测要素，以及组合检测相关的理论技术基础，便于使用
和实现自动检测。

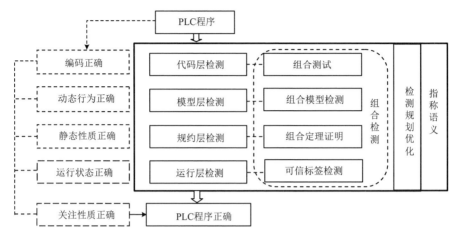

图 2.3　PLC 程序组合检测体系设计

因此，本书从 PLC 程序正确性检测、运行状态可信检测和检测优化等
方面开展理论技术研究阐述，解决 PLC 程序检测的覆盖性和效率问题。

## 2.2.2　PLC 程序组合检测方法学

为了确保 PLC 程序正确性，提出了从代码、模型、规约和可信 4 个层
次系统地验证正确性。这 4 个层次的正确性问题，可以分别使用测试技术、
模型检测、定理证明以及可信检测进行验证。测试技术、模型检测、定理
证明、可信检测 4 个相互补充的技术组成了 PLC 程序的组合检测体系构成
要素，检测规划优化提高整个组合检测体系的效率。

基于上述组合检测体系，PLC 程序正确性的组合检测方法学主要包括
以下几方面内容，如图 2.4 所示。

对于一个 PLC 程序，一般得到的是编程代码。要想获得它的模型以及
高层规约，必须提供一种从底层代码到上层模型以及顶层规约的转化手段。
首先研究 PLC 程序的形式化描述和指称语义的构造方法，由于 PLC 程序
中存在寄存器变量、位变量以及一系列的栈操作，因此需研究基于 $\lambda$-演算

的扩展定义 PLC 程序的指称语义。

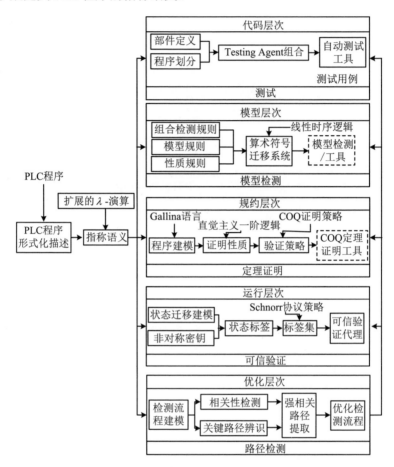

图 2.4　PLC 程序组合检测方法学示意图

　　代码层次的正确性是对编码实现的正确性要求。针对 PLC 程序，基于控制对象响应分解程序模块，利用组合测试，解决很多控制系统无法在真实环境中测试和测试覆盖性的问题，减小测试规模。通过直接运行的方式选取典型的用例执行测试，用以发现多数的非功能性错误，如跳转目标错误，运算上、下溢出错误等。由于测试方法本身不是一个完全的方法，非常依赖测试用例的选取，完整的控制时序和测试用例之外的错误很难被发现，会存在错误漏报情况。为弥补这种不足，研究从模型层次和规约层次进行检测验证。

模型层次正确性是对软件设计的正确性约束。从软件设计的角度，针对控制程序最为关键的跨扫描周期控制时序正确性验证，在模型层次发现设计中存在的缺陷和错误，验证 PLC 程序运行时的动态行为的正确性。由于 PLC 程序中存在寄存器类型的变量，进行建模检测的实际状态空间可能非常大，利用组合模型检测降低验证时的状态空间规模，避免"状态空间爆炸"，也可弥补因测试用例覆盖度不够存在的漏报问题。

规约层次正确性是对程序需求的约束，它约束的是 PLC 程序的正确设计和编码。利用定理证明对 PLC 程序的一个扫描周期内的正确性进行验证。对于使用模型检测发现的错误路径，可以针对扫描周期的分段或归并，通过验证检验该错误是否是一个误报。由于 COQ 是目前国际上定理证明领域的主流工具，它基于归纳构造演算，有着强大的数学模型基础和很好的扩展性，并有完整的工具集和全职研发团队，支持开源。所以，选用这一工具，为定理证明研究基于 COQ 的 PLC 程序建模和验证。

运行层次的可信性的目的是确认系统运行是否正确。如果 PLC 程序按程序逻辑正确完成控制组态的执行，则表示 PLC 程序的各状态迁移是按设定要求完成程序相应功能的，没有受到外部的攻击和干扰，运行的状态是可信的，否则 PLC 程序一定是未按设定的组态逻辑执行的。选用实现简单、验证速度快和为资源受限设备而设计的 Schnorr 证明机制，利用其数字签名协议和非对称密钥，将每个组态打上与运行时统相关的标签，PLC 程序输入经过组态迁移后，输出带有组态标签集的控制数据集，验证组态标签集证明可信正确，则输出控制数据可信。

优化层次是简化 PLC 程序组合检测流程、提高检测效率，以及正确分解 PLC 程序并行检测的保障。采用与工业生产研制常用一致的计划管理模型进行组合检测规划计划，基于网络化进度表活动有向图构建检测流程计划模型，附加检测要素，根据相关性进行检测流程计划的优化。优化方法是根据检测项之间、激励输入和响应输出的相关性，辨识计划模型中的关键路径，而其他路径的检测可并行开展；研究关键路径中检测项相关性强弱，解决关键路径优化策略问题，提取关键路径的强相关路径，对强相关检测项进行转移检测，分解为同步检测和异步检测，进一步分解和缩短关键路径，达到缩短整个检测周期的目标。

综上所述，PLC 程序组合检测方法学通过 PLC 程序的组合检测技术研究，对用户所关注 PLC 程序的功能正确性、程序性质正确性和运行状态正确性进行四个层次检测验证，并提供组合检测规划计划优化保证，从不同的层次确保 PLC 程序在这些正确性性质上的检测。

## 2.3 PLC 程序组合检测机理

PLC 程序组合检测方法学的基本思想就是分解日趋复杂的 PLC 程序，从不同层次、不同模型、不同模块进行组合检测。这一方法学需要从组合机理层面分析研究是否有效，在确定组合检测方法学有效后，开展多层次检测的理论技术研究。

根据 PLC 程序组合检测方法学的组合验证策略，利用 PLC 程序验证属性对构件模型进行约束建模，在设定环境下充分利用属性不同侧面，消减组合策略的复杂性。为避免简单地计算各检测的并发组合，增加状态爆炸的风险，研究基于带特性的状态转移系统的组合可达性分析方法，以确认组合检测的等效性。

### 2.3.1 PLC 程序组合检测流程

PLC 系统与外界环境存在物质、能量、信息交换，是一种开放系统。按照 PLC 系统模型和运行模型，PLC 程序可以抽象为由组合开放模块构成封闭的 PLC 程序，开放模块也可以是等价模型。PLC 程序每个模块或等价模型的构成和相互之间的关系决定了组合检测机制，是从局部推理整个 PLC 程序性质的基础。

如果一个时态逻辑表达式的含义总是能够由一个有穷状态系统的带标记的状态转换图确定，那么这样的结构就被称为 Kripke 模型[182]。基本上 Kripke 结构是一个可进行可达性分析的图，主要由 3 个要素组成：点、有向边及标记函数。点代表通常意义上的状态，它表示系统瞬间的一个快照；有向边代表状态之间的转移关系，描述系统的行为、性质随着抽象时间的变化；标记函数则在每个状态里，标记所关注的，以及该状态所满足的性质或条件，例如在时序逻辑 CTL 里，关注的是每个状态里为真的原子命题。

**定义 2.2**　PLC 程序的开放模块可以用 Kripke 模型公平模块（fair module）形式化定义为：

$$Om=(S, S_0, A, \varLambda, T, \varPhi)$$

其中：$S$ 为一个有穷状态集合；$S_0 \subseteq S$，是一个初始状态集合；$A$ 是一个有穷的原子命题（检测验证属性）集合；$\varLambda$ 是一个类型为 $S \rightarrow 2^A$ 的标记函数，它给出每个状态下为真的原子命题的集合；$T \subseteq S \times S$，是一个迁移关系；$\varPhi \subseteq 2^{S \times S}$，是一组状态对构成的集合，作为约束条件。

PLC 程序的原子命题集看作是 PLC 程序事件集，通过它，多个 PLC 模块之间相互通信，通信的方式类似于进程之间的交互模式。

PLC 程序组合检测的流程框架如图 2.5 所示，根据程序模块的组合约束条件集，每个模块或模型性质依序一个一个检测：第 $i$ 个模块任何环境下检测约束性质 $\varphi$ 是否成立 $<true>Om_i<\varphi>$，以及约束性质 $\varphi$ 环境下检测是否满足 $\psi$ 性质 $<\varphi>Om_i<\psi>$；组合检测集成每个模块 $Om=(Om_1, Om_2, \cdots, Om_i, \cdots)$ 的检测结果为一个完整约束下一致的完整性质 $<\varPhi>Om<\varPsi>$ 结果，$\varphi \in \varPhi$，$\psi \in \varPsi$。

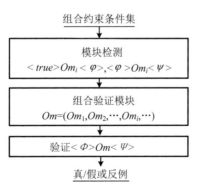

图 2.5　PLC 程序组合检测流程框架

这一框架的核心描述如下。

设两个 PLC 程序模块模型是 $Om$ 和 $Om'$，它们的组合是 $Om''$，有：

$S''=\{(s,s')|\ \varLambda(s)\cap A'=\varLambda(s')\cap A\}$，其中 $s\in S$，$s'\in S'$。

$S_0''=(S_0\times S_0')\cap S''$，

$A''=A\cup A'$，

$\varLambda''((s,s'))=\varLambda(s)\cup A'(s')$，

$T''((s,s'),(t,t'))$，当且仅当 $T(s,t)$ 和 $T'(s',t')$，

$\varPhi''=\{((P\times S')\cap S'',(Q\times S')\cap S'')|(P,Q)\in\varPhi\}\cup\{((S\times P')\cap S'',(S\times Q')\cap S'')|(P',Q')\in\varPhi'\}$，$(P,Q)$ 是 $Om$ 从 $P$ 到 $Q$ 的一个迁移。

PLC 程序模块通过它的事件集与环境相互作用和交互，当系统中只有该模块而没有其他模块时，则该模块处于最大环境组态，此时该模块自身组成了一个封闭系统。因此，时序逻辑语义（如 LTL、CTL 和 CTL*）即可定义相关模块。该语义与传统的 Kripke 模型结构语义不同，区别在于所有路径表达式仅用于公平约束中的公平路径。在最大环境组态下，模块 $Om$ 是否满足性质 $\phi$，需要判断 $Om|=\phi$ 是否为该模块的一个性质。

## 2.3.2 PLC 程序模块组合机制

### 1. PLC 程序模块组合机制构造

图 2.6 按照 PLC 程序特征描述了模块模型组合 $Om''=Om\|Om'$ 是如何工作的。

该机制描述为通过输入组合验证要求的闭包，输出组合验证结果的等价闭包。其中，$T_{proc}$ 是时间进程条件，以时态 $T$ 为约束控制触发一个公平模块状态的迁移和验证，$Om$ 和 $Om'$ 组合验证构造成递归结构。对应两个模块的组合，$Om$ 通过状态迁移输入 $Trans_{in}$（起始为系统初始状态输入），$Om$ 发生状态迁移，通过 $Trans_{ex}$ 输出迁移后形成新的状态 $S$。$Cmps$ 结合输入验证闭包 $A$ 和 $Om$ 发生的迁移状态在属性集 $\varPhi$ 约束下进行状态验证，验证结果导出的输出作为 $Om'$ 输入验证的状态条件，$Om'$ 按照 $Om$ 状态迁移验证模

式进行迭代验证。在 *Om* 迁移状态约束条件下，验证 *Om′* 给出的是状态迁移后的输出，即 *Om* 和 *Om′* 组合集成验证输入要求和输出验证结果，通过 $\Lambda$ 形成输出该组合验证闭包结果，并且等价于 *Om″*。

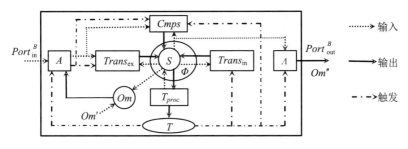

图 2.6　PLC 程序组合检测机制

该机制被定义为组合框架中各个组件之间的关系如下。

$A : Port_{in} \rightarrow Port_{in}^{B}$ 是 $Port_{in}$ 的一个闭包；

$Trans_{in} : S \rightarrow S'$；

$Trans_{ex} : A \times Port_{in}^{B} \rightarrow S$；

$Cmps : A \times Port_{in}^{B} \times Port_{in}^{B}\{Om\} \rightarrow S$；

$\Phi : \forall s \in S, \exists Trans_{in}(i) \leqslant s \leqslant Trans_{ex}(j)$；

$\Lambda : S \rightarrow Port_{out}^{B}$；

$T_{proc} : S \rightarrow T_{0,\infty}^{+}$ 是时间进程。

$A'' = \{(s, T_p) \mid s \in S, 0 \leqslant T_p \leqslant T_{proc}(s)\}$ 是整个组合状态集，$T_p$ 是最新状态迁移的持续时间。

时间和事件的环境组态有约束 $G(D, E)$，$g \in G$，$g ::= a|g \wedge g$，其中 $a : x \sim n$，$i \sim n$（$x \in T, i \in E$），$\sim \in \{=, \leqslant, \geqslant\}$。在事件进程中模块间相互约束。$T$ 是状态迁移的约束关系。

## 2. 组合检测机制策略

利用模块模型受 PLC 程序检测属性约束，不被允许的状态迁移可以精简，然后有界模型可进行组合检测验证。为了避免简化计算模块并发组合可能增加状态空间爆炸的风险，基于 PLC 的状态迁移特点，设计计算不可达迁移的组合可达分析方法。当两个模块在模块组合中相互关联时，采用状态空间博弈搜索对整个模块进行验证，验证前提为任意环境下<*true*>和某一环境<*C*>。

以时序性质进行检测的组合策略有如下 3 类[183, 184]。

（1）策略Ⅰ：简单组合策略。

$$<true>Om<\varphi>$$

$$<true>Om'<\psi>$$

$$\text{---------------------------}$$

$$<true>Om\|Om'<\varphi \wedge \psi>$$

（2）策略Ⅱ：假设/保证组合策略。

$$<true>Om<\varphi>$$

$$<\varphi>Om'<\psi>$$

$$\text{-----------------------------}$$

$$<true>Om\|Om'<\varphi \wedge \psi>$$

（3）策略Ⅲ：自循环组合策略。

$$<\psi>Om<\varphi>$$

$$<\varphi>Om'<\psi>$$

$$\text{-----------------------------}$$

$$<true>Om\|Om'<\varphi \wedge \psi>$$

PLC 程序具有时序特征，针对模块 $Om$，利用（$S\times S'$）$^*\times S\,|\rightarrow S'$ 形式的核心算法设计模块 $Om'$ 的组合策略 $\tau$。该核心算法描述如下。

如果状态迁移赛道是 $\lambda \in (S\times S')^*$，且 $s$ 是 $Om$ 下一个迁移目标状态，$Om'$ 在策略 $\tau$ 下将迁移到状态 $s'=\tau(\lambda, s)$，然后系统到达新的状态 $(s, s')$，在检测约束下检测它的状态迁移可达性。

设 $\pi=s_0s_1s_2\cdots$ 是 $Om$ 的一个运行叠加状态，对应 $\pi$，$Om'$ 在策略 $\tau$ 下也有一个运行叠加状态 $\pi'=s_0's_1's_2'\cdots$，这里 $s_i'=\tau(s_0s_0's_1s_1'\cdots s_{i-1}s_{i-1}'s_i)$ $(i\in \mathbb{N})$。

设 $A\supseteq A'$ 和一个二元关系 $H\subseteq S\times S'$，当且仅当下列条件成立，$H$ 是针对 $Om$ 的 $Om'$ 关系。

（1）∀ 任意 $t_0 \in S_0$，∃ 状态 $t_0' \in S_0'$ 使 $H(t_0, t_0')$ 成立。

（2）∃ 针对 $Om$ 的 $Om'$ 策略 $\tau$，∀ 任何 $(s, s') \in H$，存在：① $\Lambda(s) \cap A' = \Lambda(s')$；② 任何一个 $Om$ 由开始于 $s$ 的 $\pi = s_0 s_1 s_2 \cdots (s_0 = s)$ 公平运算给出。设 $\pi' = s_0' s_1' s_2' \cdots$ 是由策略 $\tau$ 的对应 $\pi$ 的 $Om'$ 运算，即 $\pi' = \tau(\pi)$。那么 $\pi'$ 是 $Om'$ 和 $s_0' = s'$ 的一个公平运算。同时对每个 $i \in \mathbb{N}$ 存在 $H(s_i, s_i')$。

为减少模块检测验证的状态空间要求，根据 PLC 程序的组成形式，采用分层结构组织组合检测计算，组合检测从下到上逐级计算，每个中间计算结果覆盖下一个层次模块。在保持等价语义的前提下，基于检测属性特征，可对约简模块模型从下到上逐级递归计算。这样检测规模可以大大减少，实现组合模型的可达性分析。

在策略 Ⅰ、Ⅱ 和 Ⅲ 的基础上，PLC 程序组合检测规则具有下列基本形式。

$$Om \models \varphi \qquad\qquad Om \models \varphi \qquad\qquad Om \parallel Om_\psi \models \varphi$$
$$Om' \models \psi \qquad\qquad Om' \parallel Om_\varphi \models \psi \qquad\qquad Om' \parallel Om_\varphi \models \psi$$

---------------------　　---------------------　　---------------------

$$Om \parallel Om' \models \varphi \wedge \psi \qquad Om \parallel Om' \models \varphi \wedge \psi \qquad Om \parallel Om' \models \varphi \wedge \psi$$

如果模块 $Om$ 在 PLC 程序检测运行时，直到每个状态的最新状态都满足检测性质 $\varphi$，则模块 $Om'$ 直到当前状态也满足状态 $\psi$。此外，$Om \parallel Om'$ 在初始状态要求满足性质 $\varphi$ 和 $\psi$。基于这些规则，循环依赖关系可以转化为假设/保证和自循环组合检查的递归依赖关系，可以有效地避免循环依赖关系的缺陷。图 2.7 所示的例子解释了组合检测过程。

图 2.7 所示的模块模型 $Om$ 由 4 个子模块 $Om_i$ $(i=1,2,3,4)$ 构成。$\varphi = \{\varphi_1, \varphi_2, \varphi_3, \varphi_4, \varphi_5\}$ 需要检测验证是否满足性质，$\varphi_j$ $(j=1,2,\cdots,5)$ 是从输入集到输出集的状态迁移属性，每个模块会有一个以上的组态迁移。在子模块两两迭代组合验证情况下分为 3 个层级验证，$Om_1$ 和 $Om_2$ 首先检测验证。检测过程中，$Om_1$ 和 $Om_2$ 相关迁移属性用 $\varphi_2$ 和 $\varphi_3$ 进行检测验证，并且检测验证结果映射到层级 1 获得 $Om'$。$Om'$ 具有 $Om_1$ 和 $Om_2$ 相关迁移属性的集合，即属性 $\varphi_1$、$\varphi_4$ 和 $\varphi_5$。此时，初始的 3 个层级变成 2 个层级。然后，$Om'$ 和 $Om_3$ 的属性继续对 $\{\varphi_2, \varphi_4, \varphi_5\}$ 进行检测验证，并将检测验证结果映射到层级 1'

获得 $Om''$。$Om''$ 具有 $Om'$ 和 $Om_3$ 相关迁移属性的集合,即属性 $\varphi_1$ 和 $\varphi_4$。最后,$Om''$ 和 $Om_3$ 被验证,类似于前面重复过程而获得 $Om'''$。$Om'''$ 的验证结果等价于 $Om$ 基于输入/输出集的验证模块组态。

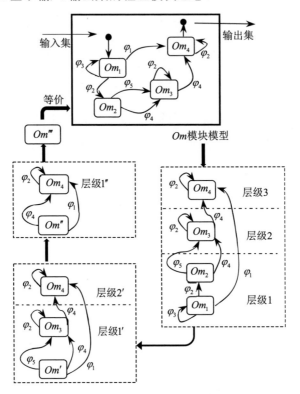

图 2.7　组合检测过程

## 2.4　PLC 程序组合检测研究内容

PLC 程序已经广泛地应用于嵌入式系统,尤其是在安全攸关系统由 PLC 所驱动的控制系统,往往是高度复杂、安全性要求高、价格昂贵的系统。目前,对控制系统关键环节一般都采取了措施,有的是采取了冗余办法,有的是增加监测点和故障处理软件,有的是加严了测试检查。虽然这些运行环节都经过了多次或长期的考验,但是也只是将风险降得尽可能低,所以没有经过正确性检测的系统,风险依然是存在的。

在这一背景下，本书以 PLC 编程语言为研究对象，定义了 PLC 程序的指称语义和模型，提出了基于组合的程序测试、模型检测以及定理证明方法，综合实现了 PLC 程序的正确性检验策略、规则和算法。在组合检测技术支持下，可以确保用户所关注的 PLC 程序性质的正确性。本书主要介绍七个方面的重点研究工作。

（1）基础层。提出了 PLC 程序正确性的检测体系和方法，为使该体系和方法中组合测试、模型检测、定理证明和可信验证技术具备一致的检测语义，抽象描述了典型 PLC 工作模式和系统模型及其 PLC 程序的语法、语义，研究划分了 PLC 程序的结构，通过研究体系结构的数学描述、组态定义、若干操作和相关函数定义等方法，并且引入 BNF 范式表示，利用扩展的 $\lambda$-演算为工具，研究"平板偏序"进行语法演算，实现从某一结构程序执行前组态到执行后组态的转换映射，在此基础上定义了 PLC 程序的指称语义及函数，建立了形式化描述，使多个层次检测技术互为补充具有统一的基础，也可以将其转化为其他的数学模型进行进一步的验证研究。

（2）代码层。针对 PLC 程序测试的适应性和存在的问题，分析了嵌入式软件特别是 PLC 程序的静态测试、真实环境测试、硬件检测器测试、插装测试和仿真测试的适应性问题，提出了一种基于组合机制的软件测试框架和测试方法。以"使用软构件替换功能部件"的组合测试策略，利用软件模拟外部环境及其指定部件，定义了等价指称语义的高级语言代码片段组成测试模块，用软件对组态进行描述和模拟，设计给出每条 PLC 程序代码模块对应的 Test Agent 代码（以下简称 TA 代码），并对每条基本语句进行等价转换定义。等价转换的模块部分包含了程序诊断信息，它的作用：一是克服了嵌入式软件运行环境难以重现的问题；二是提供了一种基于组合机制的测试方法，将 PLC 语句块归纳转化成为非常简短的高级语言语句模块。指称语义保证了这些模块间顺序、分支以及循环的组合正确性。因此，该框架和方法可以使原来的 PLC 程序测试问题分解为若干小的测试问题，解决真实环境中测试所存在的覆盖性、极限边界和无环境支持的测试问题，确保测试覆盖性。

（3）模型层。在目前针对硬件系统组合模型检测和组合模型检测理论的研究总结基础上，根据 PLC 程序的体系结构、形式化描述和定义的 PLC 程序指称语义，利用线性时序逻辑语法和语义，引入算术符号迁移系统，解决实际应用中基本的符号迁移系统不能精确地描述系统的问题。为了能够检验 PLC 电路跨扫描周期的时序性质，按照定义的操作语义，对外部映像约束下的一段独立 PLC 代码，设计对应的符号迁移系统的变元集合、谓词和迁移函数，进而给出了针对这种迁移系统模型检测的若干组合策略。

给出了一组针对 PLC 程序的组合检测规则，包括针对模型的规则和针对性质的规则，以及符号迁移系统的表示和基于组合策略的模型检测方法，本书中提出的 PLC 程序检测方法能够统一将 PLC 程序转化为符号迁移系统。这些规则中，有适用于所有程序的组合模型检测的压缩规则、合取规则、析取规则、次态规则和全局规则；也有专门针对 PLC 程序的切片规则、栈规则、步进规则、分支规则和循环规则。这些策略验证了 PLC 程序运行时的动态行为的正确性，减小了验证规模。

为确保检测策略的正确性，对给出的组合检测规则进行了数学证明。用 PLC 程序的例子，简要说明了如何应用这些检测策略进行 PLC 程序的验证。

（4）规约层。提出了一种基于定理证明技术的 PLC 程序正确性验证框架，验证 PLC 程序在一个扫描周期内程序的正确性质或静态性质。介绍了直觉主义逻辑及其一阶逻辑定义和定理证明工具 COQ，研究 PLC 程序语义的结构归纳转换，基于 COQ 的 Gallina 语言对 PLC 程序进行建模，利用 COQ 描述其指称语义，进而可以利用 COQ 工具证明程序在某个扫描周期内能够保持的性质。与模型检测技术相比，它的优势在于能够应对无穷状态空间。

（5）运行层。在运行层，为确保 PLC 运行实体，执行指令动作不超过预设的安全性质达到可信运行，需要验证控制指令执行和运行状态是否正确。按照 PLC 工作模式和系统模型的核心机理，PLC 系统从输入到输出的状态迁移正确，即可确认 PLC 程序运行可信。由于 PLC 系统的计算资源有限，虽然 Schnorr 证明机制占用资源少，但验证计算仍然会影响实时控制计算日趋复杂的 PLC 系统性能，为解决在 PLC 上验证计算资源极度受限问题、简化 PLC 现场级正确性验证计算资源部署，设计了高实时性的轻量纵向验证机制：基于 PLC 程序状态迁移抽象模型，PLC 程序仅执行标记每个状态标签，PLC 输出集为带有标签的控制输出，交付过程级或远程级验证，如未通过验证则交付远程级故障诊断决策，构建了可信验证机制。

（6）优化层。在优化层，为了缩短 PLC 程序检测周期，提高检测控制程序的设施设备利用率和效率，按照 PLC 程序检测系统构成要素，基于网络计划图叠加 PLC 程序检测工作，由检测计划模型构成检测流程模型。根据检测项、输入激励、输出响应等的相关性，形成检测流程优化框架，尽可能分解和缩短检测关键路径，缩短整个检测周期，提高 PLC 程序检测效率，也为集成检测奠定基础。

（7）应用层。针对发射场实例，开展了组合检测技术在航天发射场发射摆杆控制系统案例上的检测实验。在检测验证方面，选取航天发射摆杆控制系统 PLC 输出驱动模块组合测试，实现了边界极限条件或无环境支持时的测试；对系统安全性、活性和公平性 3 个正确性性质，通过模型检测对系统在采取和不采取组合措施情况下进行了验证，同时对这 3 个性质以及 3 个子性质进行了定理证明。实验结果说明了 PLC 程序组合检测技术对代码、模型、规约 3 层进行检测验证的支持，说明了 PLC 指称语义、组合测试框架、组合模型检测策略和组合定理证明的有效性。与已有工作相比进一步说明本研究的特点以及优势。

## 2.5　本章小结

本章的主要工作和主要结论如下[185-190]。

（1）根据 PLC 程序的特点，系统分析了 PLC 的工作模式，以数学逻辑方式描述了 PLC 系统模型，该模型反映了 PLC 系统的运行机理，即运行状态迁移,将复杂的控制系统对象运行简化并统一为操作函数集，为 PLC

程序组合检测原理奠定了基础。

（2）研究设计了 PLC 程序组合检测体系，该体系覆盖了 PLC 程序编码、动态行为、静态性质、运行状态的正确性检测，在统一指称语义的约束下，分为代码层、模型层、规约层和运行层的检测；对应方法分别是组合测试、组合模型检测、组合定理证明、可信标签检测，实现 PLC 程序组合检测。随着 PLC 程序规模复杂性的增加，组合检测规模也急速增大，需要对检测计划进行优化，降低检测成本和缩短检测周期。

（3）提出了 PLC 程序组合检测方法学，界定组合检测研究边界和关键要素，给定相关研究方法的基础理论和技术路径及相互关系，形成统一语义下不同层次检测验证和优化，确保 PLC 程序在不同层次检测性质上的正确性，解决 PLC 程序检测的覆盖性问题。

（4）从 PLC 程序组合检测流程出发，以 Kripke 模型定义了相关 PLC 系统的形式化运行模型，研究构建组合核心模型，基于 PLC 程序特点进行形式化组合机制构造；从组合检测机制策略上，基于 PLC 的状态迁移特点，设计组合状态迁移可达性分析的简单组合、假设/保证组合、自循环组合 3 项策略，并以形式化方法和一个例子描述组合检测的数学机制及实际组合检测过程，为全书组合检测的可行性奠定了基础。同时，也对全书需要研究的具体内容进行了梳理。

# 第 3 章

## PLC 程序指称语义

PLC 的生产厂商不同，导致 PLC 的型号、指令、系统和硬件形式等方面会有所不同，互相并不兼容，但都遵守国际电工委员会标准 IEC 61131-3。本章以典型的 PLC 为例，分析 PLC 的主要指令，研究主要指令（IL 指令集辅以梯形图程序）的语法语义，给出 PLC 程序的指称语义的定义。

# 3.1　PLC 主要编程指令简介

## 3.1.1　IEC 61131–3

IEC 61131-3 是由国际电工委员会(IEC)于 1993 年 12 月制定 IEC 61131 标准的第三部分，用于规范 PLC、DCS 和 SCADA 等编程系统的标准，应用 IEC 61131-3 可编制典型的 PLC 系统、嵌入式控制器、工业 PC 机甚至标准的 PC 机等程序，连接的传感器和执行器如果有合适的硬件（如现场总线板）也可应用。它的优点是被大多数 PLC 制造商接受，因此 IEC 61131-3 已经成为近年来 PLC 编程的唯一全球标准。

IEC 61131-3 国际标准规范提供了 3 种文本语言和 3 种图形语言编制 PLC 程序，文本语言包含指令集（Instruction List，IL）、结构文本（Structured Text，ST）、顺序功能图（SFC 文本版），图形语言包括梯形图（Ladder Diagram，LD）、功能块图（Function Block Diagram，FBD）、顺序功能图（SFC 图形版）[191]。

IEC 61131-3 提供的这些语言各有特点。结构文本代码相当于高级语言，由一系列语句和文本语言指令集的指令序列组成。结构文本中的语句由控制程序执行的结构文本关键字和表达式组成，其表达式由操作符/函数和操作数组成，在运行时求值计算并操作输出。在指令集语言中，一条指令由一个操作符或一个函数加上若干个操作数（形参）组成，操作符通常有一个（或没有）操作数，函数可以有一个或多个（或没有）形参。功能块图起源于信号处理领域，其中整数和/或浮点值是关键，它和来自机电中继系统领域的梯形图有共同的基本思想和要素。顺序功能图的定义是将一个复杂的程序分解成更小的可管理的单元，并描述这些单元之间的控制流。顺序功能图主要是一种图形语言，尽管也定义了文本描述，但是图形版本是一个更好的选择，因为可以更清楚地显示控制流程步骤的相关性和相互依赖关系。

不同国家和地区对 IEC 61131-3 编程语言的使用有着不同的习惯。德国程序员更喜欢指令集和结构文本；许多法国的 PLC 专家使用顺序功能图编制 PLC 程序；在美国和亚洲，梯形图和顺序功能图的组合是最受欢迎的编程平台[192]。5 种 PLC 编程语言中，指令集是类汇编程序设计语言，是其他语言的基础且普遍可用的，经常被用作通用的中间语言，其他 PLC 文本和图形语言都会被转化为指令集语言，进行编译或解释执行。因此，选择指令集作为 PLC 程序检测研究的基础。

### 3.1.2　PLC 主要硬件单元

不同机型的 PLC，常用的硬件单元有所不同，地址编号会因不同型号而不同。本书以典型的 PLC 一般构成为例[193, 194]，介绍其主要硬件设备的各类单元以及系统组成，地址编号也仅作为示例。为便于理解，用图形化语言梯形图作为辅助表示。

#### 1. 输入继电器单元（X）

输入继电器是专门用来接收 PLC 外部开关信号的元件。PLC 通过输入接口如图 3.1 所示为输入继电器 X1 的等效电路。

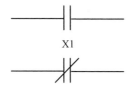

X1

图 3.1　梯形图表示的 PLC 常开触点和常闭触点

PLC 的输入继电器单元与输入端相连，负责接收外部输入信号，其编号同接线端口的编号。PLC 程序将外部输入信号（接通时为 1，断开时为 0）

读入并存储在输入映像寄存器中。在 PLC 内部一个输入继电器,有两种输入单元触点——常开触点和常闭触点(见图 3.1),前者的默认值为 0,后者的默认值为 1。输入单元的地址编码采用八进制,如 X000～X027。

### 2. 输出继电器单元(Y)

PLC 输出继电器单元的输出端口负责向外部输出信号。输出继电器线圈由 PLC 程序驱动,每个线圈状态传送给输出端口,输出继电器单元都可以连接外部负载,用对应触点驱动外部负载。输出单元的地址也采用八进制表示,如 Y000～Y267。

### 3. 辅助继电器单元(M)

辅助继电器单元可看作暂态单元,这是因为它们不与外界连接(既不能接收输入,又不能连接外部负载),只能够在程序运行时起作用。辅助继电器单元地址采用十进制编码,如有效范围为 M0～M499。具体而言,辅助继电器的类型可以分为 3 种:通用辅助继电器单元、断电保持辅助继电器单元以及特殊辅助继电器单元。为了简化模型,只考虑通用辅助继电器,其他是类似的。

### 4. 状态寄存器(S)

状态寄存器也称为状态器。这类寄存器的作用主要是接口状态以变量进行识别,体现在带有状态转移图的步进顺序控制程序中,用来标记系统当前的运行状态。状态寄存器可以分为 5 种类型:初始状态器(地址编号如 S0～S9);回零状态寄存器(地址编号如 S10～S19);通用状态寄存器(地址编号如 S20～S499);具有断电保持功能的状态寄存器(地址编号如 S500～S899);提供报警用的状态寄存器(地址编号如 S900～S999)。同样,为了简化模型,研究中主要考虑最一般的通用状态寄存器。

### 5. 定时器(T)

这类单元负责对时钟的累加情况进行计数。在典型的 PLC 中,提供了两类计时器：通用定时器和积算定时器。前者不具备断电保持能力，而后者具有断电保持能力。对于通用定时器，可以分为两种计时单位：100ms 和 10ms。100ms 计时器地址编号为 T0～T199，共 200 点；10ms 通用定时器地址编号为 T200～T245。积算定时器还具有以 1ms 为计时单位的，其地址范围为 T246～T249。

如图 3.2 所示的电路实现了一个计时电路——从触点 X0 接通后，经过 10s 后，线圈 Y0 的输出为 1。之所以是 10s，是因为指定的累计时间常数 K100，即 100ms × 1000。这里，K 和 H 分别表示十进制和十六进制的常数。

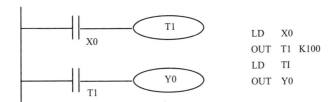

```
LD   X0
OUT  T1  K100
LD   TI
OUT  Y0
```

图 3.2　梯形图和指令表表示的计时器使用示例

注意，定时器是跨扫描周期的。即在下一个扫描周期，只要计数器没有被重置，计数器仍然会进行累加，直至到达设定值。对于积算定时器，即使中途掉电，在下次接通后也会继续计时。

### 6. 计数器（C）

与计时器类似，计数器也是以跨扫描周期的方式工作的，可以分为内部计数器和高速计数器两类。前者主要用来对来自内部信号（如输入 / 输出寄存单元、辅助寄存单元、状态器、计时器等的）的计数。

计数器主要包括 16 位增计数器（地址编号为 C0～C199）和 32 位减计数器（地址编号为 C200～C234）两类。在 16 位增计数器中，C0～C99 为通用型，无断电保持功能，C100～C199 为断电保持型。这类计数器随输入信号的上升沿进行计数，直至再次收到 RST 信号。在 32 位减计数器中，C200～C219 为通用型，C220～C234 为断电保持型。事实上，所有的 32 位减计数器都是可以双向计数的，它们的计数方向由辅助寄存器 M8200～M8234 设定（其中，M8200 对应 C100，M8201 对应 C101，以此类推），即对应的辅助继电器状态为 1 时是减计数器，状态为 0 时是增计数器。

此外，还存在一类称为"高速计数器"的单元，其地址编号为 C235～C255，它们的使用方式较为复杂。为了简化验证，可对其应用进行解耦设计，故不考虑这类计数器。

### 7. 数据寄存器（D）

数据寄存器是 PLC 用来存储数据的单元。一般的数据寄存器都是 16 位的，并且可以用两个数据寄存器联合存储一个 32 位数据。PLC 数据寄存器中存储的数据均是有符号数，最高位为符号位。数据寄存器可以分为通用数据寄存器、断电保持数据寄存器、特殊数据寄存器等。这里，只考虑没有断电保持功能的数据寄存器（地址编号为 D0～D199）。

### 8. PLC 指针（P）

在寄存器中，还有两类特殊的寄存器：存放跳转程序入口地址和存放中断处理程序入口地址的指针。前者的地址编号为 P0～P127，与条件跳转指令 CJ 或子程序调用指令 CALL 配合使用；后者主要用来存放中断处理程序的入口，为简化起见，这里不考虑中断。

## 3.1.3 PLC 主要编程指令集

### 1. 输入/输出指令

PLC 的输入指令（确切地说是与母线连接的指令），主要包括以下两种。

（1）LD：将常开触点与母线连接。

（2）LDI：将常闭触点与母线连接。

PLC 的输出指令主要是 OUT 指令。例如，下面的程序片段：

```
LD    X0
OUT   Y0
LDI   X1
OUT   Y1
```

所对应的梯形图如图 3.3 所示。

但是,使用 OUT 指令时,应当避免将输出线圈直接与左母线相连。即在没有栈操作或者步进指令时,输出指令之前必须有输入指令。

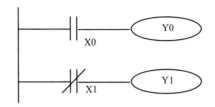

图 3.3　输入/输出指令梯形图示例

### 2. 串联指令

PLC 常用的串联指令主要包括下面两条。

（1）AND：与常开触点进行串联连接。

（2）ANDI：与常闭触点进行串联连接。

例如,下面的程序片段：

```
LD     X0
AND    M0
OUT    Y0
LD     X1
ANDI   M1
OUT    Y1
```

所对应的梯形图如图 3.4 所示。

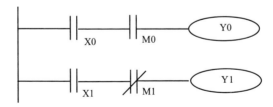

图 3.4　串联指令梯形图示例

### 3. 并联指令

PLC 中常用的触点并联指令包括下面两条。

（1）OR：与常开触点进行并联连接。

（2）ORI：与常闭触点进行并联连接。

例如，下面的程序片段：

```
LD    X0
OR    M0
OUT   Y0
LD    X1
ORI   M1
OUT   Y1
```

所对应的梯形图如图 3.5 所示。

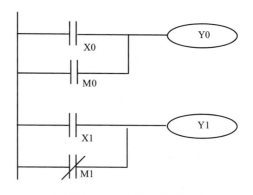

图 3.5　并联指令梯形图示例

### 4. 块操作指令

PLC 中除了提供基本的串联/并联操作指令之外，还允许以块为单位进行串联/并联操作。

（1）ANDB：与当前电路块进行串联连接。

（2）ORB：与当前电路块进行并联连接。

这两个指令在使用前，必须要求母线已经与若干元件连接，并且连续使用 ANDB、ORB 指令的次数不能超过 8 次，这是因为没有输出命令之前的 LD 或 LDI 命令只能嵌套使用 8 次。

例如，下面的代码片段所等价的梯形图如图 3.6 所示。

```
LD    X0
ORI   X1
LD    M1
OR    X2
ANDB
OUT   Y0
```

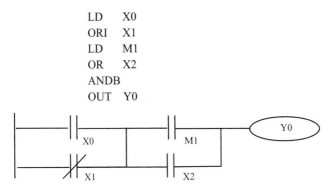

图 3.6　块操作串联指令梯形图示例

又如，下面的程序片段就等价于图 3.7 所示的梯形图。

```
LD    X0
AND   X1
LDI   X2
AND   X3
ORB
OUT   Y0
```

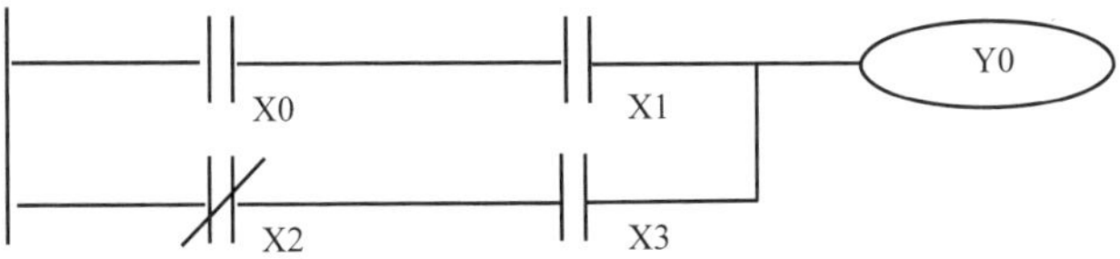

图 3.7　块操作并联指令梯形图示例

### 5. 取反指令

PLC 的取反指令为 INV，该指令的作用是将当前运算的结果取反。例如，下面的程序片段：

```
LD    X0
INV
OUT   Y0
```

对应的梯形图如图 3.8 所示。

图 3.8　取反指令梯形图示例

### 6. SET/RST 指令

SET 指令和 RST 指令是两个特殊的指令：前者用于将某特定元件置 1 并保持，后者将某特定元件置 0 并保持。其对应的梯形图如图 3.9 所示。

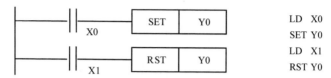

**图 3.9　SET/RST 指令梯形图示例**

考虑图 3.9 所示的梯形图及其对应的 PLC 指令，只有常开触点 X0 闭合时，输出线圈 Y0 的值才会变为 1，以后值不会改变，即使本扫描周期结束；只有常开触点 X1 闭合时，输出线圈 Y0 的值才为 0，以后值不会改变，即使本扫描周期结束。

因此，这里强调的是：SET 指令和 RST 指令都是跨扫描周期的。这也是在本章定义 PLC 操作语义的时候，需要将变量区分为全局变量和局部变量的原因——计时器/计数器单元、使用 SET/RST 命令置位的单元（包括输出线圈、临时寄存器、状态寄存器），对应于某个全局变量，这类变量的值在扫描周期结束后，不会发生改变；其余变量看作局部变量。

### 7. NOP 指令

NOP 指令为空操作指令，其作用是占用一个程序步，没有相应的梯形图表示。

### 8. END 指令

END 是主程序结束的标志。一般情况下，会把子程序或者中断处理程序放在 END 命令之后。同样，END 命令也没有对应的梯形图符号。

### 9. 步进指令

在 PLC 中，步进指令是为了实现顺序控制而设计的特殊指令。一般有两个步进指令—— STL 和 RET。顺序控制的目的在于将一个程序分为若干阶段。例如，下面的程序所示的梯形图如图 3.10 所示。

```
STL   S30
LD    X0
OUT   Y0
LD    X1
SET   S31
RET
STL   S31
OUT   Y1
OUT   Y2
```

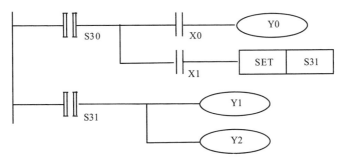

图 3.10　STL 指令梯形图示例

当前活动步为 S30 时，所有 LD/LDI 指令不再与左母线直接相连，而是与活动步对应的状态寄存器右边连接。当常开按钮 X1 接通时，S31 被激活。在 PLC 系统中，只有处于活动步内部的程序才会被扫描执行。在本研究中，只考虑一个活动步被激活的情况。

事实上，任何一个步进式程序都能很容易地改成非步进式程序（配合下面的栈操作指令或者 SET/RST 指令）。基于这样的考虑，在本研究的验证技术中，假设所有的步进指令均已被等价地消除。

## 10. 栈操作指令

PLC 中有一类非常重要的指令——栈操作命令 MPS/MRD/MPP。这类指令可以极大地简化程序语句序列，提高程序编写效率。

其中，MPS（Master PuSh）命令用来将当前运算结果压栈（通常 PLC 中内置 10 个左右的栈寄存器）；MRD（Master ReaD）命令用来读出当前栈顶数值；MPP（Master PoP）用来对当前栈寄存器进行弹栈操作。

考虑下面的 PLC 程序，其对应的梯形图如图 3.11 所示。

```
LD    X0
MPS
AND   X1
OUT   Y0
MRD
AND   X2
OUT   Y1
MPP
AND   X3
OUT   Y2
LD    X4
OUT   Y3
```

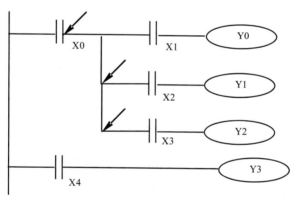

图 3.11　栈操作指令梯形图示例

事实上，还有其他的关于母线位置的操作指令：MC 和 MCR 命令。前者用于将母线右移至某个元件后面，后者用于恢复母线的位置。可以将其看作中间过程中没有读操作的进栈/出栈对。

### 11. 条件跳转指令

PLC 的条件跳转指令格式为 CJ <跳转地址>，其中跳转地址以某个地址标号，如 P0、P1 等。考虑如图 3.12 所示的梯形图，当 X0 的值为 1 时，在 CJ 指令和 P1 前的代码不会执行。在使用这类指令时应当注意，标号在程序中只能出现一次。

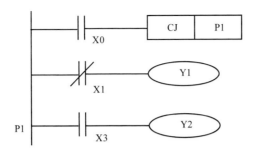

图 3.12　条件跳转指令梯形图示例

之所以将该命令称为"条件跳转命令"，是因为 CJ 命令对应的指令单元一般不与母线直接相连。事实上，它可以等价地看作高级语言中的 if 语句。

### 12. 循环指令

PLC 的循环指令由一对配对的 FOR 指令和 NEXT 指令构成。FOR 后面的操作数只能是立即数或某个数据寄存器。程序会将 FOR 与 NEXT 之间的指令执行操作数对应的次数。

### 13. 子程序调用/返回指令

子程序是功能上相对独立的程序模块。PLC 中子程序调用/返回命令分别为 CALL 和 SRET，其中 CALL 命令后跟子程序的入口地址（如 P0～P127）。注意，子程序一般放在 END 命令的后面，同时子程序的调用可以嵌套使用。

### 14. 算术/逻辑运算指令

PLC 中设定了若干与算术/逻辑运算相关的指令，它们的格式多数为：

$$[命令名]\ [S1.]\ [S2.]\ [D.]$$

其中：[S1.]和[S2.]分别是第一、第二源操作数（可以是某个数据寄存器，也可以是立即数）；[D.]表示目的操作数（必须是某个数据寄存器）。

算术指令包括下列几条。

（1）ADD 指令：将[S1.]和[S2.]相加的结果放到[D.]中。如 ADD D0 K2 D1。

（2）SUB 指令：将[S1.]和[S2.]相减的结果放到[D.]中。

（3）MUL 指令：将[S1.]和[S2.]相乘的结果放到[D.]中。

注意，这里[D.]是一个 32 位的寄存器，即两个 16 位寄存器的联合。例如：MUL K32 D0 D1 D2。

（4）DIV 指令：将[S1.]和[S2.]相（整）除的结果放到[D.]中，同时将余数放到[D+1.]中。

（5）INC [D.]：将[D.]中的操作数加 1。

（6）DEC[D.]：将[D.]中的操作数减 1。

（1）～（4）的 16 位指令均存在对应的 32 位版本：DADD、DSUB、DMUL、DDIV。（5）和（6）是 PLC 中两个单操作数的命令。

逻辑运算指令包括下列几个。

（1）WAND：将[S1.]和[S2.]执行按位与运算的结果放到[D.]中。

（2）WOR：将[S1.]和[S2.]执行按位或运算的结果放到[D.]中。

（3）WXOR：将[S1.]和[S2.]执行按位异或运算的结果放到[D.]中。

（4）NEG [D.]：当[D.]中的操作数按位取反。

（1）～（3）命令对应的 32 位版本分别为 DWAND、DWOR 和 DXOR。（4）是一个一元逻辑指令。

### 15. 比较与数据传送指令

PLC 中的比较指令有两个：CMP 和 ZCP。前者用于将两个数据进行比较，后者用于将某数和某个区间进行比较，即判断该数处于区间内/左侧/右侧。

CMP 指令的格式为：

$$CMP [S1.] [S2.] [D.]$$

其语义为比较[S1.]和[S2.]中 2 个值的大小。如果后者小于前者，则将[D.]～[D+2.]这 3 个寄存器的值置为 1；否则，置为 0。

ZCP 指令的格式为：

$$ZCP [S1.] [S2.] [S.] [D.]$$

其语义为判断[S.]与区间[[S1.],[S2.]]的关系，具体如下。

（1）如果[S.]小于[S1.]，则[D.]的值置为 1。

（2）如果[S.]大于等于[S1.]，则[D＋1.]的值置为 1。

（3）如果[S.]大于[S2.]，则[D＋2.]的值置为 1。

使用这个指令时应当注意，操作数[S1.]不能比[S2.]大。

PLC 的数据传送指令主要是 MOV 系列指令，包括 MOV 和 SMOV。MOV 指令的格式为：

$$MOV\ [S.]\ [D.]$$

其语义为将[S.]的值放置于[D.]。

此外，PLC 还提供了一类执行数据交换的指令——XCH，其格式为：

$$XCH\ [D1.]\ [D2.]$$

其语义为将[D1.]中的数据与[D2.]中的数据进行交换。

### 16. 其他指令

此外，PLC 中还提供了若干其他的命令，如数据变换命令、循环与移位命令、数据处理命令、编码／译码命令、高速处理命令等。由于这些命令与验证研究关系不大，这里不再介绍。

## 3.2　PLC 程序体系结构的定义

为了建立 PLC 程序的形式化描述，需要研究 PLC 程序的指称语义（denotational semantics），建立从输入组态（configuration）到输出组态的映射函数，是本研究中组合测试、模型检测及定理证明和运行检测的基础。目前，还没有一种指称语义可以同时支持测试、模型检测、定理证明和运行检测。

考虑典型的 PLC 程序需要处理的主要硬件设备单元[197]如下。

（1）输入继电器单元（X）、输出继电器单元（Y）、辅助继电器单元（M），为了简化模型，考虑通用辅助继电器，其他是类似的。

（2）状态寄存器（S），为了简化模型，主要考虑最一般的通用状态寄存器，其他寄存器可以转化为通用状态寄存器应用。

（3）定时器（T），是跨扫描周期的。计数器（C），也是以跨扫描周期的方式工作的，计数器可以分为内部计数器和高速计数器两种。高速计数器的使用方式较为复杂。为了简化验证，可不考虑这类计数器，通过解耦设计可以实现相同功能。

（4）数据寄存器（D），分为通用数据寄存器、断电保持数据寄存器、特殊数据寄存器等，考虑常用的通用数据寄存器。其他类型数据寄存器验证时，可通过标志位设置变换为通用数据寄存器。

（5）PLC 指针（P），为简化起见，这里不考虑中断。在有中断情况下，展开条件判断和跳转等效指令集实现。

在前一节中，给出了 PLC 程序的具体语法、语义。针对 PLC 程序的具体指令[194]，为了提供其较为精确的数学描述，这里对其体系结构进行如下描述。

（1）为每个输入/输出继电器单元、辅助继电器单元、状态寄存器 Z 引入一个变元 $V_Z \in \{0,1\}$。例如，输入单元 X0 对应 $V_{X0}$，输出单元 Y2 对应 $V_{Y2}$，辅助继电器 M2 对应 $V_{M2}$ 等。

（2）为每个数据寄存器单元、每个计数器单元 D 引入一个对应的变元 $V_D \in \mathbb{N}$（自然数域）。

（3）将指针值（如子程序跳转入口地址、条件跳转语句地址）视为常量。

（4）由于本研究中前三层的测试、验证技术不涉及实时问题，因此不考虑定时器的数学描述问题。实时运行检测采用分层验证方式，也与定时器无关。

（5）上述变元分为两种：全局变元和局部变元。其中，被 SET/RST 命令作用的单元以及计数器单元作为全局变元；其余作为局部变元。分别将全局变元和局部变元构成的集合记为 $GV$ 和 $LV$。

（6）对于计数器单元，由于其需要一个预定的计数值，并且该值可以多次设置，因此为每个计数器 C 设置一个临时变元 $E_C$。该变元的值受 OUT 指令影响。例如：OUT C0 K200，则 $E_C$ 被赋为 200。

（7）由于存在栈操作，需要一个用来记录目前母线栈变化的结构 SM $\in \{0,1\}^*$。考虑下列程序：

```
LD    X0
MPS
AND   X1
OUT   Y1
MRD
AND   X2
MPS
AND   X3
MPP
```

假设 $V_{X0}=1$, $V_{X1}=1$, $V_{X2}=0$, $V_{X3}=1$，那么在执行完上述程序处栈的值分别为：$\varepsilon$, 1, 1, 1, 1, 1, $1 \cdot 0$, $1 \cdot 0$, 1。其中，空串 $\varepsilon$ 表示的意义是栈为空。

（8）有大量类似于 AND/OR/ANDB/ORB/ANDI/ORI 的逻辑指令的执行结果依赖当前母线的连通状况；同时，这些指令的执行本身也会改变当前母线的连通。并且，块并联/串联命令依赖若干步之前的母线连通状况。因此，有必要为母线的当前连通状况设置一个栈。

用一个四元组 $<\omega_M, \omega_T, \sigma_G, \sigma_L>$ 表示当前的一个组态。其中，$\omega_M$ 和 $\omega_T$ 分别为母线栈和当前连通栈，$\sigma_G$ 和 $\sigma_L$ 分别为全局变量和局部变量赋值（指派）函数，即每个全局变量 $V$ 的当前值被指派为 $\sigma_G(V)$，每个局部变量 $V$ 的值被指派为 $\sigma_L(V)$。

由于组态中存在栈结构，下面给出其上的若干操作和相关函数定义：给定字母表 $\Sigma$，其上的一个栈是该字母表上的一个有穷字 $\omega \in \Sigma^*$。用空字母 $\varepsilon$ 表示空栈。用 $\omega^0$ 表示 $\omega$ 的首字母，称为 $\omega$ 的栈顶；若 $\omega = a_1 \cdot a_2 \cdot \cdots \cdot a_n$，则用 $\omega'$ 表示栈 $a_2 \cdot \cdots \cdot a_n$，即 $\omega'$ 是 $\omega$ 将栈顶元素弹出后得到的栈，以此类推；用 $a_0 \cdot \omega$ 表示向 $\omega$ 压入 $a_0$ 后得到的新栈，引入缩写：$\omega^1 = (\omega')^0$，$\omega^2 =$

$(\omega')^1=(\omega'')^0$, …。

习惯上，一般用符号 $V$（可能带有下标）表示变元；用符号 $C$（可能带有下标）表示常元。为了给出 PLC 程序的指称语义，引入下列以 BNF 范式表示的表达式：

$$
\begin{aligned}
e ::= &\ V \\
&|\ C \\
&|\ e+e\ |\ e-e\ |\ e\times e\ |\ e\div e \\
&|\ e\wedge e\ |\ e\vee e\ |\ e\oplus e\ |\ \neg e \\
&|\ e\&e\ |\ e|e\ |\ e^\wedge e\ |\ \bar{e}.
\end{aligned}
$$

其中：符号 +、−、×、÷ 分别对应算术运算加、减、乘、除；符号 ∧、∨、⊕、¬ 分别对应逻辑运算与、或、异或、非；符号 &、|、^、¯ 分别对应位运算的位与、位或、位异或、位非。

给定组态 $CF=<\omega_M,\ \omega_T,\ \sigma_G,\ \sigma_L>$，一个表达式 $e$ 在该组态下的语义值记作 $[\![e]\!]_{CF}$，归纳定义如下。

- $[\![C]\!]_{CF}=C$。
- $[\![V]\!]_{CF}=\begin{cases}\sigma_G(V),V\in GV\\\sigma_L(V),V\in LV\end{cases}$。
- $[\![e_1*e_2]\!]_{CF}=[\![e_1]\!]_{CF}*[\![e_2]\!]_{CF}$，其中 $*\in\{+,-,\times,\div,\wedge,\vee,\oplus,\&,|,^\wedge\}$，其运算定义与常规定义相同。
- $[\![!e]\!]_{CF}=![\![e]\!]_{CF}$，其中 $!\in\{\neg,\bar{\ }\}$，其运算定义与常规定义相同。

## 3.3　PLC 程序的指称语义定义

### 3.3.1　PLC 程序语句块的划分与定义

将数据域限定为自然数域 $\mathbb{N}$，用 $C$, $C_i$ ($i=1,2,\cdots$) 表示自然数常量（有符号）；用 $V$, $V_j$ ($j=1,2,\cdots$) 表示值为自然数的变量/变元；用 $\vec{C},\vec{C}_i$ ($i=1,2,\cdots$) 表示常量序偶集；用 $\vec{V},\vec{V}_j$ ($j=1,2,\cdots$) 表示变量序偶集。

引入一个常量 ¢，它表示"未定义值"。此外，定义一个"平板偏序"<，并且规定：对于任意的自然数 $C$，都有 $\phi<C$ 成立；但是，两个自然数之间关于该偏序不可比，如图 3.13 所示。这里的"<"关系是自反的。该偏序关系可以自然地提升至序偶（元组）、串以及函数上。

图 3.13　自然数上平板偏序

例如，对于序偶，有 $(\phi, 5)<(3, 5)$，$(3, \phi)<(3, 5)$，$(\phi, \phi)<(\phi, 5)$，$(\phi, \phi)<(3, \phi)$ 等。对于串，有 $0 \cdot \phi \cdot 3<0 \cdot 1 \cdot 3$ 等。对于函数，$F_1<F_2$ 当且仅当 $\forall X. F_1(X)<F_2(X)$ 成立。

用 $\mathbb{N}_\phi$ 表示集合 $\mathbb{N} \cup \{\phi\}$，可以进一步将"<"提升至由 $\mathbb{N}_\phi$ 上的表、（多元）函数构成的序偶上。一般用 $\vec{X}$，$\vec{X}_i\,(i=1,2,\cdots)$ 表示这样的一个序偶。显然，每个组态都是一个这样的序偶。

将一个完整的 PLC 语句按照语句块进行结构划分（总是假设子程序调用语句已经被等价地展开，步进指令已经转化为等价的母线操作指令），将其归为如下 4 类。

（1）基本语句块：只包含一条 PLC 指令的语句块。

（2）顺序合成语句块：由若干语句块顺序合成构成的语句块。

（3）分支语句块：由 CJ 语句引导的指令块（如下的形式），其中 $Cod_1$ 和 $Cod_2$ 都是指令块。

CJ L

$Cod_1$

L: $Cod_2$

（4）循环语句块：由 FOR 语句引导的指令块（如下的形式），其中 $Cod$ 是一个指令块。

FOR Z（或 K）

$Cod$

NEXT

对于每个（合式的）语句块 *Cod* 而言，其指称语义 *DS(Cod)* 是一个函数，它将一个组态映射为另一个组态。即若语句块 *Cod* 在执行之前的组态为 *CF*，则其执行后（若能正常结束）的组态为 *DS(Cod)(CF)*。为给出 *DS(Cod)* 的形式定义，使用扩展的 $\lambda$-演算为工具，该演算的语法定义为：

$$F ::= \vec{X}$$

$$|\ \Phi$$

$$|\ [\lambda \vec{X}\,.F]$$

$$|\ F \circ F$$

$$|\ F(F)$$

$$|\ \vec{X}\ ?F{:}F$$

$$|\ \mu\Phi.F\ .$$

其中：$\Phi$ 是函数变元，$[\lambda \vec{X}\,.F]$ 为 $\lambda$-抽象，例如，$F$ 有 $F_1$ 和 $F_2$ 两个元素，表示输入和输出，那么 $F_1 \circ F_2$ 为函数的合成，这里假定 $F_2$ 的输出类型与 $F_1$ 的输入类型匹配；$F_1(F_2)$ 为函数的应用，这里只允许 $F_2$ 的类型与 $F_1$ 的输入类型相同的情况；$\vec{X}\ ?F_1{:}F_2$ 为带条件选择函数，这里只允许 $\vec{X} \in \mathbb{N}_\infty$ 的情况，即若 $\vec{X} \in \mathbb{N} \setminus \{0\}$，则函数等价于 $F_1$，否则，函数等价于 $F_2$；$\mu\Phi.F$ 为最小不动点，这里一般要求 $\Phi$ 在 $F$ 中有出现。

计算形如 $\mu\Phi.F$ 的过程一般采用 Kleen 迭代，即计算方程 $\Phi \equiv F(\Phi)$ 的最小不动点（相对于偏序 "$\prec$"），其过程如下。

（1）令 $F_0 = F_\phi$，即整个函数值为 $\phi$ 的函数。

（2）令 $F_{i+1} = F[\Phi/F_i]$，即将 $F$ 中的 $\Phi$ 用 $F_i$ 代入。

（3）若 $F_k = F_{k+1}$，则停止迭代，令 $\mu\Phi.F = F_k$。

对于平板偏序，由于每个链都是有穷链，可以证明上述迭代必然在有穷步内终止。

此外，由于语义函数是从组态到组态的转换映射，因此函数的输入都是一个组态 $<\omega_M, \omega_T, \sigma_G, \sigma_L>$。$\lambda$-表达式采用简写：

在 $F$ 中设 $x := <\omega_M, \omega_T, \sigma_G, \sigma_T>$，$\lambda<\omega_M, \omega_T, \sigma_G, \sigma_L>.F \triangleq \lambda x$。

下面给出 *DS(Cod)* 的定义。首先讨论顺序合成语句、条件分支以及循环语句的情形。

（1）顺序合成：若 $Cod=Cod_1Cod_2$，则 $DS(Cod)= DS(Cod_2)\circ DS(Cod_1)$；

（2）条件分支语句：条件跳转指令 CJ　<跳转地址标号>，可以等价地看作高级语言中的 if 语句。若 $Cod=$CJ L; $Cod_1$; L: $Cod_2$，则

$$DS(Cod)=\lambda<\omega_M,\ \omega_T,\ \sigma_G,\ \sigma_L>.\ \omega_T^0?DS(Cod_2)(<\omega_M,\ \omega_T,\ \sigma_G,\ \sigma_L>): DS(Cod_1$$
$$Cod_2)。$$

（3）循环语句：由 FOR 和 NEXT 指令配对构成。若 $Cod=$FOR D; $Cod_1$; NEXT，且 $D$ 为（数据）寄存器中数据时，有

$$DS(Cod)=\mu\Phi.(\ \lambda<\omega_M,\ \omega_T,\ \sigma_G,\ \sigma_L>.\omega_T^0\wedge [\![V_D]\!] <\omega_M,\ \omega_T,\ \sigma_G,\ \sigma_L>?$$
$$\Phi\circ DS(\text{DEC } D)\ \circ DS(Cod_1)(<\omega_M,\ \omega_T,\ \sigma_G,\ \sigma_L>):<\omega_M,\ \omega_M^0,\ \sigma_G,\ \sigma_L>)。$$

当 $D$ 为常数时，有 $DS(Cod)=(DS(Cod_1))^D$，即 $DS(Cod_1)$ 自身合成 $D$ 次。

## 3.3.2　PLC 程序基本语句块的指称语义函数

下面研究基本语句块的指称语义函数，对 11 类语句进行分情况讨论。

### 1. 输入/输出指令 LD/LDI

（1）LD：将常开触点与母线连接。

（2）LDI：将常闭触点与母线连接。

若 $Cod =$ LD Z（这里，Z = X0, X1, M0, M1, …等继电器，下同），则

$$DS(Cod) =
\begin{cases}
\lambda < \omega_M,\omega_T,\sigma_G,\sigma_L > .< \omega_M,\sigma_G(V_Z)\cdot\omega_T,\sigma_G,\sigma_G >,V_Z\in GV \\
\lambda < \omega_M,\omega_T,\sigma_G,\sigma_L > .< \omega_M,\sigma_L(V_Z)\cdot\omega_T,\sigma_G,\sigma_L >,V_Z\in LV
\end{cases},$$

即将 $V_Z$ 的当前值压入连通栈。

若 $Cod =$ LDI Z，则

$$DS(Cod) =
\begin{cases}
\lambda < \omega_M,\omega_T,\sigma_G,\sigma_L > .< \omega_M,\neg\sigma_G(V_Z)\cdot\omega_T,\sigma_G,\sigma_G >,V_Z\in GV \\
\lambda < \omega_M,\omega_T,\sigma_G,\sigma_L > .< \omega_M,\neg\sigma_L(V_Z)\cdot\omega_T,\sigma_G,\sigma_L >,V_Z\in LV
\end{cases},$$

即将 $V_Z$ 的当前值取反后压入连通栈，上述是 Z 不为计数器单元的情形。否则，需要将 $\sigma_G(V_Z)$ 替换为 $(\sigma_G(V_Z)-\sigma_L(E_Z))?0:1$。以下在讨论串联/并联指令时，均依此处理，不再赘述。

## 2. 串联指令 AND/ANDI

（1）AND：与常开触点进行串联连接。

（2）ANDI：与常闭触点进行串联连接。

若 $Cod = $ AND Z，则

$$DS(Cod) = \begin{cases} \lambda < \omega_M, \omega_T, \sigma_G, \sigma_L > . < \omega_M, \omega_T^0 \wedge \sigma_G(V_Z) \cdot \omega_T', \sigma_G, \sigma_G >, V_Z \in GV \\ \lambda < \omega_M, \omega_T, \sigma_G, \sigma_L > . < \omega_M, \omega_T^0 \wedge \sigma_L(V_Z) \cdot \omega_T', \sigma_G, \sigma_L >, V_Z \in LV \end{cases},$$

即将连通栈的栈顶值与 $V_Z$ 进行与操作后的值压栈。这里需要说明的是：如果 $\omega_T$ 是空栈，则 $\omega_T^0$ 的值视为 1（下同）。

若 $Cod = $ ANDI Z，则

$$DS(Cod) = \begin{cases} \lambda < \omega_M, \omega_T, \sigma_G, \sigma_L > . < \omega_M, \omega_T^0 \wedge \neg \sigma_G(V_Z) \cdot \omega_T', \sigma_G, \sigma_G >, V_Z \in GV \\ \lambda < \omega_M, \omega_T, \sigma_G, \sigma_L > . < \omega_M, \omega_T^0 \wedge \neg \sigma_L(V_Z) \cdot \omega_T', \sigma_G, \sigma_L >, V_Z \in LV \end{cases}°$$

## 3. 并联指令 OR/ORI

（1）OR：与常开触点进行并联连接。

（2）ORI：与常闭触点进行并联连接。

若 $Cod = $ OR Z，则

$$DS(Cod) = \begin{cases} \lambda < \omega_M, \omega_T, \sigma_G, \sigma_L > . < \omega_M, \omega_T^0 \vee \sigma_G(V_Z) \cdot \omega_T', \sigma_G, \sigma_G >, V_Z \in GV \\ \lambda < \omega_M, \omega_T, \sigma_G, \sigma_L > . < \omega_M, \omega_T^0 \vee \sigma_L(V_Z) \cdot \omega_T', \sigma_G, \sigma_L >, V_Z \in LV \end{cases}°$$

若 $Cod = $ ORI Z，则

$$DS(Cod) = \begin{cases} \lambda < \omega_M, \omega_T, \sigma_G, \sigma_L > . < \omega_M, \omega_T^0 \vee \neg \sigma_G(V_Z) \cdot \omega_T', \sigma_G, \sigma_G >, V_Z \in GV \\ \lambda < \omega_M, \omega_T, \sigma_G, \sigma_L > . < \omega_M, \omega_T^0 \vee \neg \sigma_L(V_Z) \cdot \omega_T', \sigma_G, \sigma_L >, V_Z \in LV \end{cases}°$$

## 4. 块操作指令 ANDB/ORB

（1）ANDB：与当前电路块进行串联连接。

（2）ORB：与当前电路块进行并联连接。

若 $Cod = $ ANDB，则

$$DS(Cod) = \lambda < \omega_M, \omega_T, \sigma_G, \sigma_L > . < \omega_M, \omega_T^0 \wedge \omega_T^1 \cdot \omega'', \sigma_G, \sigma_L >°$$

若 $Cod = $ ORB，则

$$DS(Cod) = \lambda < \omega_M, \omega_T, \sigma_G, \sigma_L > . < \omega_M, \omega_T^0 \vee \omega_T^1 \cdot \omega'', \sigma_G, \sigma_L > 。$$

## 5. 取反指令 INV

若 $Cod = $ INV，则

$$DS(Cod) = \lambda < \omega_M, \omega_T, \sigma_G, \sigma_L > . < \omega_M, \neg \omega_T^0 \cdot \omega', \sigma_G, \sigma_L > 。$$

## 6. 输出指令 OUT

当 $Cod$ 为输出指令 OUT Z 时，它的情况比较复杂，需要区分目标寄存器的类型。

（1）若 $V_Z$ 是局部变元，则

$$DS(Cod) = \lambda < \omega_M, \omega_T, \sigma_G, \sigma_L > . < \omega_M, \omega_M^0, \sigma_G, \sigma_L \{V_Z / \omega_T^0\} > ,$$

即将当前连通栈的值置为母线栈的栈顶值，将 Z 的值设为当前连通栈的栈顶值。这里，$\sigma_L \{V_Z / \omega_T^0\}$ 是一个新的函数，它满足：

$$\sigma_L \{V_Z\}(V) = \begin{cases} \sigma_L(V), V \neq V_Z \\ \omega_T^0, V = V_Z \end{cases} 。$$

（2）若 $V_Z$ 是非计数器全局变元，则

$$DS(Cod) = \lambda < \omega_M, \omega_T, \sigma_G, \sigma_L > . < \omega_M, \omega_M^0, \sigma_G, \sigma_L > 。$$

这是因为，这种单元由 SET/RST 指令作用，OUT 指令并不能改变其值。

（3）若 $Cod = $ OUT Z C，其中 Z 为增计数器单元（C0～C199），$C$ 为某个常量，则

$$DS(Cod) = \lambda, < \omega_M, \omega_T, \sigma_G, \sigma_L > . (\omega_T^0 \& \sigma_G(V_Z) < C)?$$
$$< \omega_M, \omega_M^0, \sigma_G \{V_Z / \sigma_G(V_Z) + 1\}, \sigma_L \{E_Z / C\} > : < \omega_M, \omega_M^0, \sigma_G, \sigma_L > 。$$

（4）若 $Cod = $ OUT Z C，其中 Z 为某减计数器单元（C200～C219），$C$ 为某个常量，则

$$DS(Cod) = \lambda < \omega_M, \omega_T, \sigma_G, \sigma_L > . (\neg \omega_T^0 | \sigma_G(V_Z) \leqslant C \& \neg \sigma_L(V_{Z'}) | \sigma_G(V_Z) \geqslant$$
$$C \& \sigma_L(V_{Z'}))? < \omega_M, 1, \sigma_G, \sigma_L > : (\sigma_L(V_{Z'})? : < \omega_M, \omega_M^0,$$
$$\sigma_G \{V_Z / \sigma_G(V_Z) - 1\}, \sigma_L \{E_Z / C\} > < \omega_M, \omega_M^0,$$
$$\sigma_G \{V_Z / \sigma_G(V_Z) + 1\}, \sigma_L \{E_Z / C\} >)$$

其中 Z'是 Z 对应的辅助寄存器。

### 7. 置 1/0 并保持指令 SET/RST

前者用于将某特定元件置 1 并保持，后者将某特定元件置 0 并保持。

SET 指令和 RST 指令都是跨扫描周期的，所以在本章定义 PLC 操作语义的时候，需要将变量区分为全局变量和局部变量。计时器/计数器单元、使用 SET/RST 命令置位的单元（包括输出线圈、临时寄存器、状态寄存器），对应于某个全局变量，这类变量的值在扫描周期结束后，不会发生改变；其余变量看作局部变量。

（1）若 $Cod$ = SET Z，则

$$DS(Cod) = \lambda < \omega_M, \omega_T, \sigma_G, \sigma_L > . \omega_T^0 ? < \omega_M, \omega_M^0, \sigma_G \{V_Z / 1\}, \sigma_L >: < \omega_M, \omega_M^0, \sigma_G, \sigma_L >$$

（2）若 $Cod$ = RST Z，则

$$DS(Cod) = \lambda < \omega_M, \omega_T, \sigma_G, \sigma_L > . \omega_T^0 ? < \omega_M, \omega_M^0, \sigma_G \{V_Z / 0\}, \sigma_L >: < \omega_M, \omega_M^0, \sigma_G, \sigma_L >。$$

### 8. 空操作/主程序结束指令 NOP/END

（1）若 $Cod$ = NOP，则

$$DS(Cod) = \lambda < \omega_M, \omega_T, \sigma_G, \sigma_L > . < \omega_M, \omega_T, \sigma_G, \sigma_L >。$$

（2）若 $Cod$ = END，则

$$DS(Cod) = \lambda < \omega_M, \omega_T, \sigma_G, \sigma_L > . < 1, 1, \sigma_G, \sigma_L >,$$

即 END 指令具有恢复母线栈和连通栈的功能。

### 9. 栈操作指令 MPS/MRD/MPP

MPS 命令用来将当前运算结果压栈，MRD 命令用来读出当前栈顶数值，MPP 用来对当前栈寄存器进行弹栈操作。其他的关于母线位置的操作指令还有 MC 和 MCR 命令，前者用于将母线右移至某个元件后面，后者用于恢复母线的位置，可以将其看作中间过程中没有读操作的进栈/出栈对。

（1）若 $Cod$=MPS，则

$$DS(Cod) = \lambda < \omega_M, \omega_T, \sigma_G, \sigma_L > . < \omega_T^0 \cdot \omega_M, \omega_T, \sigma_G, \sigma_L >,$$

即将当前连通栈的栈顶值压入母线栈。

（2）若 $Cod$=MRD，则

$$DS(Cod) = \lambda < \omega_M, \omega_T, \sigma_G, \sigma_L > . < \omega_M, \omega_M^0, \sigma_G, \sigma_L >，$$

即将当前连通栈的内容替换为母线栈的内容。

（3）若 $Cod$=MPP，则

$$DS(Cod) = \lambda < \omega_M, \omega_T, \sigma_G, \sigma_L > . < \omega_M', \omega_M^0, \sigma_G, \sigma_L >，$$

即该命令与 MRD 唯一的不同之处在于还要对母线栈执行一次弹栈操作。

## 10. 算术运算指令 ADD/SUB/MUL/DIV/INC/DEC 与逻辑运算指令 WAND/WOR/WXOR/NEG

算术指令包括 ADD（相加）、SUB（相减）、MUL（相乘）、DIV（相除）、INC（加 1）、DEC（减 1）指令。

逻辑运算指令包括 WAND/DWAND（按位与）、WOR/DWOR（按位或）、WXOR/DXOR（按位异或）、NEG（按位取反）指令。

（1）若 $Cod$ = ADD Z1 Z2 Z，则
$$DS(Cod) = \lambda < \omega_M, \omega_T, \sigma_G, \sigma_L > . \omega_T^0 ? < \omega_M, \omega_M^0, \sigma_G, \sigma_L \{V_Z / \sigma_L(V_{Z1}) + \sigma_L(V_{Z2})\} > : < \omega_M, \omega_M^0, \sigma_G, \sigma_L >。$$

（2）若 $Cod$ = SUB Z1 Z2 Z，则
$$DS(Cod) = \lambda < \omega_M, \omega_T, \sigma_G, \sigma_L > . \omega_T^0 ? < \omega_M, \omega_M^0, \sigma_G, \sigma_L \{V_Z / \sigma_L(V_{Z1}) - \sigma_L(V_{Z2})\} > : < \omega_M, \omega_M^0, \sigma_G, \sigma_L >。$$

（3）若 $Cod$ = MUL Z1 Z2 Z，则
$$DS(Cod) = \lambda < \omega_M, \omega_T, \sigma_G, \sigma_L > . \omega_T^0 ? < \omega_M, \omega_M^0, \sigma_G, \sigma_L \{V_Z / \sigma_L(V_{Z1}) \times \sigma_L(V_{Z2})\} > : < \omega_M, \omega_M^0, \sigma_G, \sigma_L >。$$

（4）若 $Cod$ = DIV Z1 Z2 Z，则
$$DS(Cod) = \lambda < \omega_M, \omega_T, \sigma_G, \sigma_L > . \omega_T^0 ? < \omega_M, \omega_M^0, \sigma_G, \sigma_L \{V_Z / \sigma_L(V_{Z1}) \div \sigma_L(V_{Z2})\} > : < \omega_M, \omega_M^0, \sigma_G, \sigma_L >。$$

（5）若 $Cod$ = INC Z，则
$$DS(Cod) = \lambda < \omega_M, \omega_T, \sigma_G, \sigma_L > . \omega_T^0 ? < \omega_M, \omega_M^0, \sigma_G, \sigma_L \{V_Z / \sigma_L(V_Z) + 1\} > : < \omega_M, \omega_M^0, \sigma_G, \sigma_L >。$$

（6）若 $Cod = $ DEC Z，则

$$DS(Cod) = \lambda < \omega_M, \omega_T, \sigma_G, \sigma_L > . \omega_T^0 ? < \omega_M, \omega_M^0, \sigma_G, \sigma_L \{V_Z / \sigma_L(V_Z) - 1\} >:$$
$$< \omega_M, \omega_M^0, \sigma_G, \sigma_L > 。$$

（7）若 $Cod = $ WAND Z1 Z2 Z，则

$$DS(Cod) = \lambda < \omega_M, \omega_T, \sigma_G, \sigma_L > . \omega_T^0 ? < \omega_M, \omega_M^0, \sigma_G, \sigma_L \{V_Z / \sigma_L(V_{Z1}) \&$$
$$\sigma_L(V_{Z2})\} >:< \omega_M, \omega_M^0, \sigma_G, \sigma_L > 。$$

（8）若 $Cod = $ WOR Z1 Z2 Z，则

$$DS(Cod) = \lambda < \omega_M, \omega_T, \sigma_G, \sigma_L > . \omega_T^0 ? < \omega_M, \omega_M^0, \sigma_G, \sigma_L \{V_Z / \sigma_L(V_{Z1}) | \sigma_L$$
$$(V_{Z2})\} >:< \omega_M, \omega_M^0, \sigma_G, \sigma_L > 。$$

（9）若 $Cod = $ WXOR Z1 Z2 Z，则

$$DS(Cod) = \lambda < \omega_M, \omega_T, \sigma_G, \sigma_L > . \omega_T^0 ? < \omega_M, \omega_M^0, \sigma_G, \sigma_L \{V_Z / \sigma_L(V_{Z1}) \oplus$$
$$\sigma_L(V_{Z2})\} >:< \omega_M, \omega_M^0, \sigma_G, \sigma_L > 。$$

（10）若 $Cod = $ NEG Z，则

$$DS(Cod) = \lambda < \omega_M, \omega_T, \sigma_G, \sigma_L > . \omega_T^0 ? < \omega_M, \omega_M^0, \sigma_G, \sigma_L \{V_Z / \overline{\sigma_L(V_Z)}\} >:$$
$$< \omega_M, \omega_M^0, \sigma_G, \sigma_L > 。$$

上面只讨论 Z1、Z2 对应的变元均为局部变元的情形，其为全局变元时，只要将相应的 $\sigma_L$ 替换为 $\sigma_G$ 即可。但是，在 Z 相邻的后两个寄存器单元为 Z′ 和 Z″情况下，要求 $V_Z$、$V_{Z'}$、$V_{Z''}$ 一定是局部变元，否则它的值不会在这种语句中发生变化。

注意，算术/逻辑操作能够执行的前提是当前处于使能状态，也就是连通栈栈顶为 1。最后，所有的算术/逻辑操作一定是梯形图中行结束时的命令，因此它兼有 OUT 指令的功能——将当前连通栈的内容更新为当前母线栈的栈顶元素的值。

### 11. 比较/数据传输指令 CMP/ZCP/MOV/XCH

CMP 和 ZCP，前者用于将两个数据进行比较，后者用于将某数和某个区间进行比较，判断该数处于区间内/左侧/右侧。

数据传送指令是 MOV，数据交换指令是 XCH。

（1）若 $Cod = $ CMP Z1 Z2 Z，且与 Z 相邻的后两个寄存器单元为 Z′

和 $Z''$，则

$$DS(Cod) = \lambda <\omega_M, \omega_T, \sigma_G, \sigma_L> . \omega_T^0 ?(\sigma_L(V_{Z1}) < \sigma_L(V_{Z2}) ? <\omega_M, \omega_M^0, \sigma_G,$$
$$\sigma_L\{V_Z / 1, V_{Z'} / 1, V_{Z''} / 1\} >:< \omega_M, \omega_T, \sigma_G, \sigma_L\{V_Z / 0, V_{Z'} / 0, V_{Z''} / 0\} >):$$
$$<\omega_M, \omega_M^0, \sigma_G, \sigma_L> .$$

（2）若 $Cod =$ ZCP Z1 Z2 Z3 Z，且与 Z 相邻的后两个寄存器单元为 Z′ 和 $Z''$，并且 $\sigma_L(V_{Z1}) \leqslant \sigma_L(V_{Z2})$，则

$$DS(Cod) = \lambda <\omega_M, \omega_T, \sigma_G, \sigma_L> . \omega_T^0 ?(\sigma_L(V_{Z3}) < \sigma_L(V_{Z1}) ? <\omega_M, \omega_M^0, \sigma_G,$$
$$\sigma_L\{V_Z / 1, V_{Z'} / 0, V_{Z''} / 0\} >:(\sigma_L(V_{Z3}) > \sigma_L(V_{Z2}) ? <\omega_M, \omega_M^0,$$
$$\sigma_G, \sigma_L\{V_Z / 0, V_{Z'} / 1, V_{Z''} / 1\} >:< \omega_M, \omega_M^0, \sigma_G, \sigma_L\{V_Z / 0, V_{Z'} /$$
$$1, V_{Z''} / 0\} >):< \omega_M, \omega_M^0, \sigma_G, \sigma_L> .$$

这里只写出了 $V_{Z1}$、$V_{Z2}$、$V_{Z3}$ 为局部变元的情况。但是，同样要求 $V_Z$、$V_{Z'}$、$V_{Z''}$ 一定是局部变元。

（3）若 $Cod =$ MOV $C$ Z，且 $C$ 为常数，则

$$DS(Cod) = \lambda <\omega_M, \omega_T, \sigma_G, \sigma_L> . \omega_T^0 ?<\omega_M, \omega_M^0, \sigma_G, \sigma_L\{V_Z / C\} >:$$
$$<\omega_M, \omega_M^0, \sigma_G, \sigma_L> .$$

（4）若 $Cod =$ MOV Z′ Z，且 Z′是存储单元，则

$$DS(Cod) = \lambda <\omega_M, \omega_T, \sigma_G, \sigma_L> . \omega_T^0 ?<\omega_M, \omega_M^0, \sigma_G, \sigma_L\{V_Z / \sigma_L(V_{Z'})\} >:$$
$$<\omega_M, \omega_M^0, \sigma_G, \sigma_L> .$$

同样，当 $V_{Z'}$ 是全局变元时，只需将式中的 $\sigma_L(V_{Z'})$ 替换为 $\sigma_G(V_{Z'})$ 即可。

（5）若 $Cod =$ XCH Z Z′，则

$$DS(Cod) = \lambda <\omega_M, \omega_T, \sigma_G, \sigma_L> . \omega_T^0 ?<\omega_M, \omega_M^0, \sigma_G, \sigma_L\{V_Z / \sigma_L(V_{Z'})\}$$
$$\{V_{Z'} / \sigma_L(V_Z)\} >:< \omega_M, \omega_M^0, \sigma_G, \sigma_L> .$$

## 12. 步进指令

一般有两个步进指令：STL 和 RET。目的在于顺序控制，将一个程序分为若干阶段。在 PLC 系统中，只有处于活动步内部的程序才会被扫描执行。在本研究中，只考虑一个活动步被激活的情况。

事实上，任何一个步进式程序都能很容易地改成非步进式程序（配合下面的栈操作指令或者 SET/RST 指令）。基于这样的考虑，在本研究的验

证技术中，假设所有的步进指令均已被等价地消除。

### 13. 其他指令

条件跳转指令 CJ、循环指令 FOR…NEXT 和子程序调用 CALL/返回 SRET 指令直接在语句块中应用。而其他的指令，如数据变换指令、循环与移位指令、数据处理指令、编码/译码指令、高速处理指令等，由于这些指令在验证/测试研究关系不大或可以等价替换，本书不展开讨论。

## 3.4 本章小结

本章的主要工作和主要结论如下[196-199]。

（1）本章简要介绍了 IEC 61131-3 标准，这是 PLC 程序编程的标准，介绍了标准中的编程文本和图形语言特点，并选择最基础的指令集语言作为 PLC 程序检测研究基础。以典型的 PLC 为例，简要介绍了典型 PLC 主要硬件单元，以及相应编程语言操作，并针对研究需要，选取硬件单元的工作模式或等效系统。

（2）对 PLC 主要编程指令集进行介绍，同时为便于直观理解，用梯形图对指令集进行了描述，研究指令集组成及其 PLC 程序的语法、语义，研究其体系结构的数学描述、组态定义、若干操作和相关函数定义等方法。

（3）基于扩展的 $\lambda$-演算，研究 PLC 程序指令集，给出了指令集的指称语义，构建了 PLC 程序指令集对应的每条指令的指称语义函数。制定了一个完整的 PLC 语句按照语句块进行结构划分规则，实现语义函数从组态间的转换映射，为研制检测工具提供将程序指令自动等效转换为指称语义函数的基础。

本章的内容是 PLC 测试、验证以及证明的基础。在给出了 PLC 程序的指称语义之后，就可以将其转化为其他的数学模型，如模型检测技术中需要用到的迁移系统（数学模型），以及基于 COQ 定理证明中需要的 Gallina 描述等。

# 第 4 章

## PLC 程序的组合测试

对于嵌入式程序，对其执行测试时不仅需要可执行程序，还需要能够提供相应的运行环境。而嵌入式程序运行环境与编制程序的宿主计算机（一般是 PC）往往存在巨大的差异。为了解决这个问题，首先研究软件测试技术的特点，综合分析 PLC 嵌入式软件测试的研究现状，提出了一种针对 PLC 程序的组合测试方法。该方法使用软件模拟其运行环境；同时，用软件替换其他 PLC 部件，实现测试覆盖。

## 4.1　软件测试技术概述

软件测试主要目的是对质量或可接受性做出判断，发现软件中存在的潜在问题[200]。主要的测试方法有静态测试和动态测试。静态测试[201]利用手工的方法或辅助软件工具检查和分析源代码，确保程序逻辑正确和避免编程错误。动态测试基本上关心的是软件的行为，而不是软件的具体结构以及具体实现。为确定程序行为的集合范围，需要设计相应的测试用例[202]。

有两种基本方法标识测试用例：功能性测试和结构性测试[203]，即"黑盒测试"和"白盒测试"。功能性测试是任何程序都看作从输入定义域到输出值域的函数映射，一般不需要关心程序结构组成等。结构性测试是测试对象的代码实现是已知的，并被用来标识测试用例。

软件测试技术的关键度量指标在于测试的覆盖率，即有多少比例的代码或者可能的执行行为在测试过程中被测试用例所覆盖。

## 4.2　PLC 嵌入式软件测试技术的适应性研究分析

嵌入式实时系统作为应激式的实时应用是由硬件和软件混合实现的，运行在目标系统（控制系统 PLC）上的软件是在宿主计算机上编制的，然后交叉编译链接后生成目标代码，最终下载到目标 PLC 上运行。PLC 程序不是采用 C/C++、汇编等通用的编程语言，而是采用 IL 系列等编程语言，与其他嵌入式软件不同的是不能在宿主机上运行。由于 PLC 程序是在定制的硬件配置下开发的，所以开发者和测试者所面对的界面、环境、工具和技术是完全不同的[204]。目前，一般要通过搭建实际的软硬件运行环境，有时甚至要求在真实环境中才能完成对该类软件的系统测试，其测试代价高，且无法保证完全的测试覆盖率[205]。

静态测试利用手工方法或辅助软件工具检查和分析源代码，确保程序逻辑正确和避免编程错误。一般的静态测试应该检查代码正确性，包括算法逻辑、模块和调用接口、内存使用、错误处理、表达式、常量与全局变量的引用、符号定义和冗余代码等，需要分析控制流、数据流、接口特征和其他的相关度量等[206]。然而，PLC 使用的编程语言是难以阅读的，且不能在其他环境中运行。目前，还没有相应的辅助工具可以利用，手工的方法难以发现错误。

为确认 PLC 程序各种功能是否具备以及是否满足要求，发现运行时错误，包括变量溢出、除数为 0、数组越界、寻址错误和无限循环等，需要对 PLC 程序进行动态功能覆盖测试。但是，PLC 程序或实时嵌入式软件的测试问题仍未得到有效解决，现有的一些嵌入式软件测试方法代价高。已有的一些仿真测试环境或工具只是针对具体的特定系统，如果控制硬件、端口或控制流改变等都需要重建或重新开发。

由于对自动控制嵌入式类软件进行测试的技术手段比较少，因此尚无法对该类软件进行直接测试、验证[207]。目前，除静态测试外，还有下列主要测试方法。

## 1. 在真实环境中测试

在真实环境中运行在 PLC 上，根据 PLC 输出信号和控制系统动作判断是否存在错误和满足需求。如果输出信号有错或控制系统误动作，软件或硬件有可能存在错误。这种情况下，需要从被测系统中分离硬件故障，然后在宿主机上检查和去除软件中的错误。这种测试方法代价太高，正确性和完整性难以保证。

## 2. 通过硬件检测器的测试

由于 PLC 程序是通过输入信号感知和监测控制系统的状态，通过输出信号控制控制系统的动作，所以利用硬件检测工具为 PLC 输入信号和检查输出信号，判断程序运行状态是否正确。

PLC 的接口有数字和模拟两类信号，硬件检测器工作时启动 PLC 程序，输入模拟的控制系统信号给 PLC，捕捉 PLC 的输出信号，该输出信号是 PLC 程序根据控制功能驱动的。通过分析这些输出信号，判断是否符合要求。这种方法只能进行部分功能测试，不能进行全面测试，它获得的仅是部分功能正确性结果，而不能获得确切的测试结果，信号需要人工判读，准确性难以保证。这些工具作为硬件测试是有效的，但不符合软件测试的需要。

## 3. 通过在 PLC 程序中插装测试模块的测试

程序插装是一种插入测试模块到被测软件中的测试方法[208]，它的插装过程是静态的，而测试数据的收集是动态的，测试时由黑盒测试用例和白盒覆盖测试用例驱动。这是一种有效的测试方法，连接了静态分析和动态测试、黑盒测试和白盒测试。

应用这种方法需要做四步工作：PLC 程序预处理、探针设计、程序插装和测试数据分析。程序插装后使源目标代码相对地址改变，有可能超出地址范围限制，为避免源目标代码逻辑混乱，预处理必须修改短跳转指令和地址偏移量，编译的宏调用需要转换成等价程序，并完整嵌入到调用位置。由于探针插入后，代码规模迅速增加，使得在时间和空间受限的 PLC 程序可能无法正确运行。为了保存探针测试过程的动态记录，充足的测试记录存储空间需要在 PLC 中预置。插装探针的测试数据通过专门程序传送到宿主计算机，然后分析这些测试数据。

这种方法存在三个问题：一是程序插装使代码增加和时间延迟变长，会导致 PLC 程序运行时序的混乱；二是探针程序有可能由 PLC 程序中更高级别的中断处理程序所中断，在这种情况下，探针将失效和丢失它的测试数据；三是有时目标内存空间限制了程序插装，改变了的 PLC 程序也不能反映原有的真实状态，冗余的代码也是不能被发现的。

### 4. 仿真环境中的测试

为了解决硬件检测器和程序插装两种方法存在的问题，一些嵌入式软件测试方法集成了这两种方法，用较少的插入方案，引入测试数据收集和传输的硬件仪器。例如，AMC 的基于插装技术的 CodeTEST[209]，在源代码中编译时插入插装标记，通过目标硬件总线和接口，当嵌入式软件运行时硬件探针可以捕捉到这些标记和测试数据，并传送到宿主计算机，该方法较适合电路板级的嵌入式软件。虽然这些方法减少了插装对被测嵌入式软件的影响、改善了测试结果，但是不同 PLC 品牌在指令集、内建结构和编程方式上都不同，需要开发不同的硬件探针，目前还没有这样的产品或技术，这些应用仍然不适合 PLC 程序。

最有效的测试方式是建立一个实时控制系统的仿真环境。通常仿真测试环境的构建方式有软件原型、硬件原型和混合原型。

（1）软件原型应用纯软件方法建立测试环境，使被测软件和测试环境在同一个系统中运行，以测试用例驱动测试。其优点是对不同的被测系统有很好的灵活性，方便重组。但它需要花很长时间建立与测试系统一致的原型，PLC 程序也不能在宿主计算机上运行，因此 PLC 程序不能应用该方法测试。

（2）硬件原型使用等效硬件系统建立测试环境，等效硬件和目标部件在输入/输出方面具有相同的系统功能，这种测试更真实。但这种仿真不是很方便，有时难以开发出集成的等效硬件，而且其测试数据是静态数据，没有 PLC 需要的实时测试数据，也不能完全仿真目标系统的所有动作和功能。

（3）混合原型利用仿真器、模拟器、软件建模和宿主计算机注入数据建立测试环境，结合了软件原型和硬件原型的优点[210]。目标系统直接连接和给出控制信号到硬件原型部件，这些部件返回同真实系统一样的真实信号，宿主计算机基于控制模型和过程，可注入测试数据到目标系统。在仿真测试环境中可以灵活地增加或去除测试数据、功能和仿真器等，这种仿真形成一个真实、灵活和有效的闭环测试环境。如在 PLC 程序测试中应用，需要为不同的控制部件和对象开发大量的仿真器和模拟器。虽然它的缺点是开发仿真器和模拟器成本高，但是目前仍是测试嵌入式软件的有效方式。

因此，开展对控制系统软件测试技术的研究，将 PLC 程序从真实系统测试环境中隔离出来，在不连接硬件的情况下，进行单独的软件测试，实现软硬件故障的分离，以降低目前该类软件的测试成本，提高测试覆盖率、效率和质量。

## 4.3 基于组合的 PLC 测试技术

### 4.3.1 PLC 程序组合测试框架

针对 PLC 程序测试中存在的上述问题，提出了一种关于这类程序的组合测试框架。该框架的主要思想是为测试指定代码的功能，首先利用软件模拟外部环境和指定部件，然后对这些子部件的功能正确性进行测试。PLC 程序组合测试框架如图 4.1 所示。

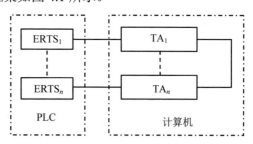

**图 4.1 PLC 程序组合测试框架**

为了对 PLC 程序进行测试，首先需要对程序进行划分，即将 PLC 程序分为若干个模块 $ERTS_1, \cdots, ERTS_n$，与 $ERTS_i$ 对应的是一个供测试用的软件模块 $TA_i$（testing agent，测试代理）。事实上，$TA_i$ 是与 $ERTS_i$ 具有等价指称语义的高级语言代码片段。

因此，构造外部环境以及每个 ERTS$_i$ 对应的测试代码 TA$_i$ 就是本框架的核心工作。

外部环境实际上是模拟 PLC 程序所涉及的组态——包括各个寄存器的变量值，以及连通栈、母线栈的情况。在第 3 章中，定义了一个四元组 <$\omega_M$, $\omega_T$, $\sigma_G$, $\sigma_L$> 表述一个组态。因此，在使用软件对组态进行模拟时，需要完成下列任务。

（1）建立两个栈结构（Stack 类型，可以用链表或者动态数组模拟）的变量 $S\_M$ 和 $S\_T$。它们至少包括下面方法：

void pop();　用以弹出栈顶的值；

bool top();　用于读取栈顶的值；

void push(bool);　用于压栈；

void copy(Stack);　用另外一个栈结构的内容替换当前栈的内容；

void cat(Stack);　将另外一个栈的内容压入当前栈的栈顶；

bool is_empty();　判断当前栈是否为空；

void clear();　将当前栈的内容清空。

（2）为每个寄存器单元创建一个变量（可以直接使用对应的寄存器作为相应的变量名），该变量的类型为下列两种结构之一：

struct Bit_Reg {bool val;　bool global}; 或 struct Data_Reg{int val; bool global};

其中，前者对应位类型寄存器（如 X、Y 等），后者对应数据型寄存器（如 D、C 等）。寄存器的当前值存储在 val 字段中，判断是否为全局变量，存储在 global 字段中。是否全局变量的确定原则——使用 SET/RST 命令设置的寄存器或涉及计数的寄存器为全局寄存器；其余的为局部寄存器。

## 4.3.2　PLC 代码块的 TA 代码

### 1. PLC 代码块对应的 TA 代码

依据 PLC 程序组合测试框架，现在给出每条 PLC 代码块 *Cod* 对应的

TA 代码 $TA(Cod)$。

（1）如果 $Cod$ 是 $Cod_1$ 和 $Cod_2$ 的顺序合成，则 $TA(Cod)$就是 $TA(Cod_1)$ 与 $TA(Cod_2)$的顺序合成。

（2）如果

CJ L

$Cod = Cod_1$

L: $Cod_2$

那么，$TA(Cod) =$

if (S_M.top())

$TA(Cod_2)$ ;

else

$\{TA(Cod_1); TA(Cod_2)\}$

（3）如果

FOR D

$Cod = Cod'$

NEXT

那么，$TA(Cod) =$

while(D.val){

TA($Cod'$);

D.val--;

}

如果

FOR K

$Cod = Cod'$

NEXT

那么，$TA(Cod)$为 for (int i =0; i<K; i++)　　$TA(Cod')$;

## 2. 每条基本语句的转化过程

（1）若 *Cod* = LD Z，则 *TA(Cod)* = S_T.push(Z.val);

若 *Cod* = LDI Z，则 *TA(Cod)* = S_T.push (! Z.val);

这里，"!"为高级语言的逻辑取非运算，对应于"¬"操作。

（2）若 *Cod* = AND Z，则 *TA(Cod)* =

{ bool tmp=S_T.pop();

S_T.push(tmp && Z.val);

}

若 *Cod* = ANDI Z，则 *TA(Cod)* =

{ bool tmp=S_T.pop();

S_T.push(tmp && !Z.val);

}

（3）若 *Cod* = OR Z，则 *TA(Cod)* =

{ bool tmp=S_T.pop();

S_T.push(tmp || Z.val);

}

若 *Cod* = ORI Z，则 *TA(Cod)* =

{ bool tmp=S_T.pop();

S_T.push(tmp || !Z.val);

}

（4）若 *Cod* = ANDB，则 *TA(Cod)* =

{ bool　tmp_1 = S_T.pop();

bool tmp_2 = S_T.pop();

S_T.push(tmp_1 && tmp_2);

}

若 *Cod* = ORB，则 *TA(Cod)* =

{ bool　tmp_1 = S_T.pop();

```
        bool   tmp_2 = S_T.pop();
        S_T.push(tmp_1 || tmp_2);
        }
```

（5）若 *Cod* = OUT Z，则 *TA(Cod)* =

```
        { bool tmp1 = S_M.top();
        bool tmp2 = S_T.top();
        S_T.clear();
        S_T.push(tmp1);
        if (tmp2 && ! Z.global())
                Z. val = tmp2;
        }
```

若 *Cod* = OUT Z C，则 *TA(Cod)* =

```
        { bool   tmp1 = S_M.top();
        bool   tmp2 = S_T.top();
        S_T.clear();
        S_T.push(tmp1);
        if (! Z.global())
            cout << "error! "<< ERR_COD_NOT_GLB;
        if (tmp2)
            Z. val = C;
        }
```

（6）若 *Cod* = INV，则 *TA(Cod)* =

```
        { bool tmp=S_T.pop();
        S_T.push(!tmp);
        }
```

（7）若 *Cod* = SET Z，则 *TA(Cod)* =

```
        { bool tmp1 = S_M.top();
        bool tmp2 = S_T.top();
```

S_T.clear();

S_T.push(tmp1);

if(! Z.global())

　　cout << "error! "<< ERR_COD_NOT_GLB;

Z. val = 1;

}

若 $Cod$ = RST Z，则 $TA(Cod)$ =

　　{ bool tmp1 = S_M.top();

　　bool tmp2 = S_T.top();

　　S_T.clear();

　　S_T.push(tmp1);

　　if(! Z.global())

　　　　cout << "error! "<< ERR_COD_NOT_GLB;

　　Z. val = 0;

　　}

（8）若 $Cod$ = NOP，则 $TA(Cod)$ 为空语句；若 $Cod$ = END，则 $TA(Cod)$ =

　　{ S_T. clear();

　　S_M.clear();

　　S_T.push(1);

　　S_M.push(1);

　　}

（9）若 $Cod$ = MRD，则 $TA(Cod)$ = S_T.copy(S_M);

　　若 $Cod$ = MPS，则 $TA(Cod)$ =M_S.push(M_T.top());

　　若 $Cod$ = MPP，则 $TA(Cod)$ =

　　　　{

　　　　M_T.copy(S_M);

　　　　M_S.pop();

　　　　}

（10）若 $Cod$ = ADD Z1 Z2 Z，则 $TA(Cod)$ =

```
{ bool tmp = modify_top();
if (tmp)
    Z.val = Z1. val + Z2.val;
}
```

其中，子过程 modify_top() 的代码如下：

```
{ bool tmp = S_T.top();
 S_T.clear();
 S_T.push(S_M.top());
 return tmp;
}
```

对于 $Cod$ = SUB Z1 Z2 Z、MUL Z1 Z2 Z、DIV Z1 Z2 Z、WAND Z1 Z2 Z、WOR Z1 Z2 Z 以及 WXOR Z1 Z2 Z 的情况 $TA(Cod)$ 基本类似，只需要将"+"替换为相应的代数、逻辑运算即可。

（11）若 $Cod$ = INC Z，则 $TA(Cod)$ =

```
{ bool tmp = modify_top();
if (tmp)     Z.val ++;
}
```

若 $Cod$ = DEC Z，则 $TA(Cod)$ =

```
{ bool tmp= modify_top();
if(tmp) Z.val--;
}
```

若 $Cod$ = NEG Z，则 $TA(Cod)$ =

```
{ bool tmp = modify_top();
if(tmp) Z.val = ~Z.val;
}
```

（12）若 $Cod$ = CMP Z1 Z2 Z，且与 Z 相邻的两个后继寄存器为 Z' 和 Z"，则 $TA(Cod)$ =

```
{ bool tmp = modify_top();
if(tmp){
    if (Z2.val<Z1.val)
        Z.val = Z'.val=Z".val = 1;
    else
        Z.val = Z'.val=Z".val = 0;
    }
}
```

若 *Cod* = ZCP Z1 Z2 Z D，则 *TA(Cod)* =

```
{ bool tmp = modify_top();
    if(Z1.val > Z2.val)
        cout <<"error:"<<ERR_CODE_RANG;
    if(tmp){
        if(Z.val< Z1.val)
            D.val =1;
        else
            D.val=0;
        if(Z.val>= Z1.val)
            D'.val = 1;
        else
            D'.val = 0;
        if(Z.val>Z2.val)
            D".val =1;
        else
            D".val=0;
    }
}
```

（13）若 *Cod* = MOV D Z，则 *TA(Cod)* =

  { bool tmp = modify_top();

   if(tmp) Z.val = D.val;

   }

（14）若 *Cod* = XCH Z1 Z2，则 *TA(Cod)* =

  { bool tmp = modify_top();

   if(tmp) {

    int swap = Z1.val;

    Z1.val = Z2.val;

    Z2.val=swap;

    }

   }

  在上面的代码中，已经部分包含了程序诊断信息。例如，在使用 SET/RST 命令时，必须保证操作数已经被设置为全局变量。在使用 ZCP 命令时，保证了两个参数寄存器的数值相对大小等。

  这样，对 PLC 程序的测试问题，就转化成了在当前的模拟组态下对各个 TA 代码的测试问题。每个 TA 代码都是非常简短的代码。对于这些代码片段，或按顺序、分支以及循环的指称语义进行组合后，可以运行在宿主机上便于使用标准的测试过程，可以对其施加各种测试方法，如结构化测试和功能测试等。

## 4.4　本章小结

  嵌入式软件 PLC 程序的测试主要问题在于对运行环境的模拟和不能在宿主机上运行。本章提出一种以测试代理和软件模拟硬件的组合测试框架，构建了 PLC 程序等价指称语义的高级语言代码片段和组态外部环境。其主要思路在于：归纳给出各条 PLC 基本指令块对应的 TA 代码；进而将 PLC 程序的测试转化成为针对 TA 代码的测试，运行在宿主机上便于测试。

　　这些 TA 代码与 PLC 的基本指令分别对应，这使得测试以及错误定位相对简单。同时，这些 TA 代码间的组合正确性由顺序、分支以及循环的指称语义保证。因此，这可以使原来的测试问题分解为若干小的测试问题，并可进行边界极限条件测试，确保测试的覆盖率[211, 212]。

# 第 5 章

## PLC 程序的组合模型检测

本章讨论 PLC 程序的模型检测技术。在第 3 章中，给出了 PLC 程序的指称语义，在本章将进一步在此基础上将 PLC 程序转化成为可供模型检测工具使用的指称语义描述。本章首先介绍线性时序逻辑的基本语法语义，以及模型检测问题的形式定义和可以利用的模型检测工具；其次由 PLC 程序定义公式到模型的转化过程；再次设计针对 PLC 的组合模型检测算法，并给出组合规则正确性证明；最后给出一个例子说明组合策略的应用。

## 5.1　组合模型检测的主要思路

为了尽可能地排除程序的缺陷和验证程序正确性，主要的方法有测试方法和形式化验证方法。但是，测试方法具有不完全性，形式化验证的模型检测方法面临的最大问题在于"状态空间爆炸"，而形式化验证的基于定理证明验证方法，对于验证人员的要求高，实用性较差[32, 33, 66, 67]。目前，为进行形式化验证，根据系统的组合结构对待验证模型进行分解，首先检测各子模块，然后综合从子系统的性质推理导出整个系统的性质，这种方法是降低模型检测复杂度的有效手段。

针对硬件系统组合模型检测研究，K. L. McMillan[213]研究了微处理器的乱序执行单元和多处理机的 Cache（高速缓冲存储器）一致性协议进行组合模型检测，将组合验证方法应用于验证许多大型硬件设计，但是手工定义模块组合和断言划分，降低了模型检验方法的自动化优势；D. Giannakopoulon 等[214]研究自动化的组合验证方法，自动分析失效的假设，加以改进后，可重新开始组合验证，但是成功与否，在很大程度上依赖对相关抽象变量的选择。在组合模型检测理论研究方面，M. Abadi 等[215]给 TLA 逻辑新增一个时态算子，对逻辑进行语义扩充，构造一种组合验证框架；Jeltsch 等[216]利用相似的时态算子，扩充了逻辑语义，构建的组合推理规则适应于一般验证；J. Morse 等[217]构建的组合验证规则，用具有过去算子的 LTL 逻辑定义语法；M. Viswanathan 等[218]为给出更一般的组合验证框架，广义地定义 LTL 中的一些验证循环规则，对不动点理论进行扩充定义语义，使其在 Moore 机上，或类似模型上也同样可以适用；P. Maier 等[219] 为了构建这些验证规则，定义了一个基于格的抽象框架；周益龙等[220] 综合系统功能需求和硬件模块分别建立各层的 Kripke 结构模型，将层次模型进行组合得到系统组合抽象模型，验证智能系统、缓解模型检测中的状态空间爆炸。

上述研究的出发点各不相同、问题范围仍很有限，无法在 PLC 程序验证中整合应用，没有实现从子系统性质完整地导出系统整体性质，不具有 PLC 程序验证的实用性。针对 PLC 程序的特点，研究了一种基于组合策略的模型检测技术。它将 PLC 程序分解为若干个"模块"；对每个模块执行性质检测，然后采取相应的"组合规则"对整个模型进行性质检测，以实现对 PLC 程序进行性质检测和正确性验证。

在参考文献[221]中，Clarke 等给出如下两个组合策略。

$$M_1\big|\Sigma_2 = P_1, \qquad M_2\big|\Sigma_1 = P_2,$$
$$A \in L(\Sigma_2), \qquad B \in L(\Sigma_1),$$
$$\frac{P_1\|M_2 \vDash A}{M_1\|M_2 \vDash A} \qquad \frac{M_1\|P_2 \vDash B}{M_1\|M_2 \vDash B}$$

上式说明，如果整个模型可以分解为 $M_1$ 和 $M_2$，而两者的字母表分别为 $\Sigma_1$ 和 $\Sigma_2$。若性质 $A$ 中包含的原子命题只出现在 $\Sigma_2$ 中，且 $P_1\|M_2$（即 $M_1\,|\,\Sigma_2$ 与 $M_2$ 的组合模型）满足 $A$，则有 $M_1\|M_2$ 也满足 $A$。同样，若 $B$ 中包含的原子命题只出现在 $\Sigma_1$ 中，且 $M_1\|P_2$ 满足 $B$，则 $M_1\|M_2$ 也满足 $B$。

另外一类组合是针对待检测性质的。在参考文献[222]中，Kesten 等给出了一类将公式进行分解的"组合"检测算法——通常，在验证一个公式 $A$ 是否关于模型 $M$ 成立时，需要构造 $\neg A$ 对应的模型并与 $M$ 进行合成，即构建 $M_{\neg A}\|M$；但当 $\neg A$ 形如 $f(B)$ 时，则有 $M_{\neg A} = M_f\|M_B$ 成立，此时可以进行组合检测。

因此，组合模型检测的主要思想是：要证明 $M \vDash A$ 成立，首先选择某个规则 $R$，将上面的目标分解为若干个子目标。这些子目标中，或者是能够从语法上直接得到的结论（如 $A \in L(\Sigma_2)$），或者是若干个形如 $M_1 \vDash A_1, \cdots,$

$M_n \vDash A_n$ 的子目标。其中每个 $M_i$ 都是规模小于 $M$ 的模型，每个 $A_i$ 都是比 $A$ 结构简单的公式。

本章根据 PLC 程序的体系结构、形式化描述和定义的 PLC 程序指称语义，研究给出了若干针对 PLC 程序的组合检测规则——包括针对模型的规则和针对性质的规则，以及符号迁移系统的表示和基于组合策略的模型检测方法。这些规则中，有若干通用规则，即适用于所有程序的组合模型检测规则；也有若干专门针对 PLC 程序的规则。

## 5.2　线性时序逻辑语法、语义

在模型检测理论中，一般使用各种时序逻辑[223]作为规约语言。时序逻辑可以分为两大类：定义在线性时间上的时序逻辑[224, 225]和定义在分支时间上的时序逻辑。前者以线性时序逻辑（linear temporal logic，LTL）为代表[226]，后者以计算树逻辑（computation tree logic，CTL）为代表[227]。由于 LTL 较为简洁、直观，本研究主要采用这种逻辑作为规约语言。

LTL 最早由 Z. Manna 和 A. Pnueli 等提出。本书用到的 LTL 公式为其子集，用 $P$ 表示原子命题集合，其中的元素用 $p, q, \cdots$ 表示，用 $\bot$ 表示"逻辑非"，则本子集 LTL 公式用 BNF 范式表示：

$$
\begin{aligned}
A ::=\ & p \\
& |\ \bot \\
& |\ A \rightarrow A \\
& |\ \mathbf{X}\, A \\
& |\ A\, \mathbf{U}\, A
\end{aligned}
$$

此外，定义派生的逻辑连接词 ¬、⊤、∨、∧、↔ 同常，即

$$
\begin{aligned}
\neg A &\triangleq A \rightarrow \bot \\
\top &\triangleq \neg \bot \\
A \vee B &\triangleq \neg A \rightarrow B \\
A \wedge B &\triangleq \neg (A \rightarrow \neg B)
\end{aligned}
$$

$$A \leftrightarrow B \triangleq (A \rightarrow B) \land (B \rightarrow A)$$

定义派生的时序连接子 **F**、**G**、**R** 如下。

$$\mathbf{F}\, A \triangleq \top \mathbf{U}\, A$$

$$\mathbf{G}\, A \triangleq \neg \mathbf{F} \neg A$$

$$A\, \mathbf{R}\, B \triangleq \neg (\neg A\, \mathbf{U}\, \neg B)$$

直观上讲，**X**$A$ 表示"$A$ 在下一个时刻成立"；**F**$A$ 表示"$A$ 在将来某个时刻成立"；**G**$A$ 表示"$A$ 一直成立"；$A$**R**$B$ 表示"$B$ 在将来某个时刻成立，并且在此之前 $A$ 一直成立"。

下面给出 LTL 语义的形式定义。一个执行是一个函数 $\sigma : \mathbb{N} \rightarrow 2^P$，给定执行 $\sigma$ 以及 $i \in \mathbb{N}$，归纳定义 LTL 公式语义如下。

- $\sigma, i \vDash p$ 当且仅当 $p \in \sigma(i)$；
- $\sigma, i \nvDash \bot$；
- $\sigma, i \vDash A \rightarrow B$ 当且仅当 $\sigma, i \nvDash A$ 或者 $\sigma, i \vDash B$；
- $\sigma, i \vDash \mathbf{X}\, A$ 当且仅当 $\sigma, i{+}1 \vDash A$；
- $\sigma, i \vDash A\, \mathbf{U}\, B$ 当且仅当 $\exists j \geqslant i.\, \sigma, j \vDash B \land \forall i \leqslant k < j.\, \sigma, k \vDash A$。

由此可以得到下列结论。

- $\sigma, i \vDash \mathbf{F}\, A$ 当且仅当 $\exists j \geqslant i.\, \sigma, j \vDash A$；
- $\sigma, i \vDash \mathbf{G}\, A$ 当且仅当 $\forall j \geqslant i.\, \sigma, j \vDash A$；
- $\sigma, i \vDash A\, \mathbf{R}\, B$ 当且仅当 $\forall j \geqslant i.\, \sigma, j \nvDash B \rightarrow \exists i \leqslant k < j.\, \sigma, k \vDash A$。

## 5.3 线性时序逻辑的模型检测问题

一个符号迁移系统[228]$M$ 一般用一个元组 $<\vec{V}^M, \rho^M, I^M, \vec{T}^M>$ 表示，其中：

$\vec{V}^M \subseteq P$ 是一组系统中的布尔变元；

- 记 $P' = \{p' | p \in P\}$，则 $\rho^M$ 是一个由 $P \cup P'$ 中的变元构成的布尔公式，为 $M$ 的迁移函数；
- $I^M$ 为由 $P$ 中的变元构成的布尔公式，为 $M$ 的初始条件；

- $\vec{T}^{M}$ 为一组由 $P$ 中的变元构成的布尔公式，为 $M$ 的公平约束。

事实上，对于每个 $i \in \mathbb{N}$，$\sigma(i) \subseteq P$ 都可以看作一个变元指派。因此，引入定义如下。

若 $B$ 是由 $P$ 中变元构成的布尔公式，则称 $\sigma(i)$ 满足 $B$（记作 $\sigma(i) \Vdash B$），是指对每个 $p \in P$，若 $p \in \sigma(i)$，则将其替换为 T，否则将其替换为 ⊥ 后，有 $B$ 等价于 T。

若 $B$ 是由 $P \cup P'$ 中变元构成的布尔公式，则称联合指派 $(\sigma(i), \sigma(j))$ 满足 $B$（记作 $(\sigma(i), \sigma(j)) \Vdash B$），是指对每个 $p \in P$，若 $p \in \sigma(i)$，则将其替换为 T，否则将其替换为 ⊥；同时，若 $p \in \sigma(j)$，则将 $P'$ 替换为 T，否则将 $P'$ 替换为 ⊥ 后，有 $B$ 等价与 T 成立。

称 $\sigma$ 是 $M$ 中的一个执行，如果 $\sigma(0) \Vdash I^{M}$，并且 $(\sigma(i), \sigma(i+1)) \Vdash \rho^{M}$ 对于每个 $i \in \mathbb{N}$ 都成立，此外，对于每个 $B \in \vec{T}^{M}$，都有无穷多个 $i$ 使得 $\sigma(i) \Vdash B$ 成立。

例如，考虑符号迁移系统 $M$，其中 $V^{M} = \{p, q\}$，$\rho^{M} = p \leftrightarrow \neg q'$，$I^{M} = p \wedge \neg q$，$\vec{T}^{M} = \varnothing$。则 $M$ 可如图 5.1 所示。

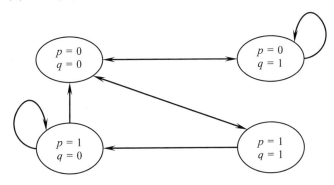

图 5.1　符号迁移系统示例

按照定义，$M$ 中存在一条执行 $\sigma = (1, 0)^{\omega}$。这里，序偶 $(1, 0)$ 表示将 $p$ 指派为真，将 $q$ 指派为假。换句话说，对于每个 $i \in \mathbb{N}$，有 $\sigma(i) = \{p\}$。

以下，用 $L(M)$ 表示符号迁移系统 $M$ 中所有执行构成的集合。给定两个符号迁移系统 $M_i = \langle \vec{V}^{M_i}, \rho^{M_i}, I^{M_i}, \vec{T}^{M_i} \rangle$（$i=1,2$），那么

$$M_1 \| M_2 = <\vec{V}^{M_1} \bigcup \vec{V}^{M_2}, \rho^{M_1} \wedge \rho^{M_2}, I^{M_1} \wedge I^{M_2}, \vec{T}^{M_1} \bigcup \vec{T}^{M_2} >$$

称为 $M_1$ 与 $M_2$ 的合成。并且，有如下的结论成立：

若 $\vec{V}^{M_1} = \vec{V}^{M_2}$，则 $L(M_1 \| M_2) = L(M_1) \bigcap L(M_2)$ 成立。

于是，对于任意 LTL 公式 $A$ 以及符号迁移系统 $M$，则关于 $M$ 和 $A$ 的模型检测问题就是要验证是否有 $\forall \sigma \in L(M).\sigma,0 \vDash A$ 成立。若成立，则记 $M \vDash A$，否则记 $M \nvDash A$。

基本的符号迁移系统中包含的变元均为布尔变元。但是，在实际的应用中，往往不能精确地描述系统。因此，需要更加一般的变元类型。这里引入算术符号迁移系统的概念。

在一个算术符号迁移系统 $M = <\vec{V}^M, \rho^M, I^M, \vec{T}^M>$ 中，$\vec{V}^M$ 中包含的变元类型不再限定为布尔类型，而是有界的整数（布尔类型看作整数的子类型）；$\rho^M, I^M, \vec{T}^M$ 中允许出现逻辑/算术/关系运算操作符，但其结果的类型必须是布尔类型。

例如，考虑一个"模 4 循环计数电路"对应的算术迁移系统，其变元集合中仅包含一个整型变量 $x$，其迁移条件为 $x' = (x+1) \bmod 4$，初始条件 $x=0$，公平限制集合为空。令 $p=1 \leqslant x \leqslant 4$，则下面的 $\sigma$ 就是该系统的一个运行，其中 $\sigma(i) = \begin{cases} \{p\}, i \bmod 4 \in \{1,2,3,4\} \\ \varnothing, \text{ 其他} \end{cases}$。

事实上，许多模型检测工具，如 SPIN[229]和 NuSMV，支持的都是算术符号迁移系统。从上面的示例可以看出，这种系统中的原子命题通常是由关于整型变元的关系表达式构成的，如 $x=1, y \leqslant z, x \oplus y = z$ 等。

## 5.4 模型检测工具

### 5.4.1 模型检测工具分类

主要模型检测工具大致可分为如下三类。

（1）第一类：面向属性的模型检测形式化验证工具，如 NuSMV、SPIN、

KRONOS、VIS、HyTech 等。这类工具一般针对特定类型的系统（如时序电路、网络协议、实时系统等），选用不同的模型（自动机、Petri 网）描述系统的行为，选用不同的逻辑语言（LTL、CTL、定时计算树逻辑 TCTL、$\mu$-演算）描述系统的属性，从而验证模型是否满足属性。这些工具一般都定义了自己专用的输入语言，验证前需要将系统或模型用专用语言描述出来，然后输入工具中进行验证。针对软件系统模型进行验证方面，由于软件系统的状态空间非常庞大，如果不进行专门的模型处理，就会使检测状态空间爆炸，导致这类模型检测方法和工具无法使用。

（2）第二类：面向系统分析和建模的模型检测形式化验证工具，如 UPPAAL、CPN、CWB、STeP 等。这类工具基本按照商业标准开发，主要用于对系统进行分析，建立 Petri 网或自动机模型，模拟检验系统的运行，应用于具有有限控制结构和实时时钟的非确定性过程集合的系统建模，模拟系统运行，主要针对电信和网络领域应用。模型检测只是部分功能，验证协议、时序等。

（3）第三类：面向源程序验证的模型检测形式化验证工具，如 BLAST、CPAchecker 、SLAM、VeriSoft、Jchecker、Murphi、JPF 等。用于对各种语言编写的程序进行验证，它的主要优点是用源程序直接作为输入，不需要转换，但处理过程比较复杂。如 BLAST 不仅涉及 MsC 语言的大部分内容（控制流自动机、BDD 符号表示、一阶逻辑），还用到定理证明器、编译辅助工具等。面向程序验证的检测难点在于其复杂度很高、抽象难度大，容易造成检测状态空间爆炸问题，应用这类工具需要研究谓词抽象和反例引导的抽象求精技术等，以有效地帮助进行软件抽象模型的构造和修正。

国际上各种模型检测工具非常多，国内学者和研究机构也对模型检测或验证工具进行了诸多研究开发[230-233]。研究选择所用工具为 PLC 程序形式化模型检测验证奠定了基础。下面仅对一些主要的模型检测验证工具特点进行简要介绍，详细的技术内容可参考各工具相应的技术文档。

## 5.4.2　面向属性验证的工具

### 1. 符号化模型检测器和新符号化模型检测器

符号化模型检测器（symbolic model verifier，SMV[234]）是卡耐基梅隆大学于 1992 年开发的，是基于 OBDD 的、面向硬件的模型检测工具，现有多个版本，已成为流行的分析并发有限状态系统的常用模型检测工具，但目前该工具已经停止继续开发和更新。SMV 主要通过自身编写语言以等式关系描述系统状态迁移，基于 OBDD 结构的各种算法，应对的求解状态空间得到了提升，对 CTL 语言的最大和最小不动点进行计算，求解问题解。

新符号化模型检测器（new symbolic model verifier，NuSMV[39]）是布鲁诺·凯斯勒基金会（Bruno Kessler Foundation）、卡耐基梅隆大学、瑞士日内瓦大学和意大利特兰托大学（University of Trento）的联合团队，对基于 BDD 模型检测器 SMV 的重新编程开发和扩展，增加了基于 SAT 的检测算法，提高了健壮性。NuSMV 已被设计成一个开放的模型检测体系架构，软件体系架构的不同组件和功能已经实现了模块相互独立、同步和异步模型功能分区，便于使用人员对 NuSMV 进行修改和扩展，结合可达性分析验证不变性质。它可以可靠地用于工业设计的验证、作为定制验证工具的核心和形式化验证技术的测试平台，以及其他研究领域。NuSMV 2 已经进行了开源，结合了基于 BDD 的模型检测组件和基于 SAT 的模型检测组件，包括一个基于 RBC 的有界模型检测器，该有界模型检测器可以连接到 Minisat SAT 求解器[235]或 ZChaff SAT 求解器[236]，便于用户的模型检测功能扩展。以此为基础，该研究团队又针对同步有限状态和无限状态系统，推出了专用的 NuXMV 新模型检测器。

在功能上，NuSMV 可以表述同步和异步有限状态系统，以及 CTL 和 LTL 中规约分析，使用基于 BDD 和 SAT 的模型检测技术；其启发式算法可以提高效率，并部分控制状态爆炸；用户可以通过文本界面与检测器进行交互，也可以通过批处理模式进行模型检测。在实现上，NuSMV 以标准 C 语言开发，具有 POSIX（portable operating system interface，可移植操作系统接口）兼容性；用内存问题检查器 Purify 对内存泄漏进行了检测；系统代码全部加上了注释；NuSMV 使用了科罗拉多大学最新开发的 BDD 包，并提供通用接口链接最新的 SAT 求解器；这些工作使 NuSMV 具有很强的鲁棒性、可移植和高效率，且易于被开发人员以外的人理解。因此，NuSMV 是一个功能较全、有效开源应用的模型检测工具。

## 2. SPIN 模型检测工具

简明过程元语言解释器（simple Promela interpreter，SPIN[229]）由美国贝尔实验室于 1980 年开始开发，主要用来对多进程软件应用程序、协议一致性等进行辅助分析和验证，综合了原型仿真、穷举验证器、证明近似系统和群验证驱动等验证模式，也是一个开源系统，以标准 C 语言编写。主要应用于检测分布式系统逻辑设计错误和有关进程规约的逻辑一致性，不能验证实时系统。

SPIN 用高阶过程元语言 Promela（process meta language）描述待检测系统，提供了嵌入式 C 代码直接描述模型，也可以作为面向程序验证的检测工具。SPIN 模型检测验证采用的是 on-the-fly（动态产生）策略，即避免建立模型全状态空间，只在检测出模型与性质自动机有交集、没有反例时，才建立对应状态节点，这样形成一个约简状态，尽量避免状态空间爆炸。SPIN 可作为完整的 LTL 模型检测系统，支持正确性验证需求、高阶时序特性、安全性和活性，以及并发 C 代码的 Promela 模型检测验证。验证的正确性属性能被指定是系统或进程的断言不变式、LTL 要求、形式化 Büchi 自动机（基于 LTL 将系统模型和性质规约都转换为无穷字上的自动机），或 SPIN 没有句式要求的更宽泛的一般 $\omega$-正则性质。

SPIN 支持验证的进程数可以动态增减、集合和缓冲消息传递、共享内存通信、同步和异步通信的混成系统、来自多变的 $\pi$-演算；该工具支持随机、交互和引导的原型模拟，以及基于深度优先搜索、广度优先搜索或有界上下文切换的穷举和部分证明技术，并且利用了高效的部分降阶技术和类似 BDD 的状态存储技术，验证运行更加优化。其提供了根据用户需求自动生成系统部分状态，无须用户构建完整的状态迁移图。

### 3. 其他模型检测工具

#### 1）KRONOS 模型检测工具

KRONOS[237]是在法国格勒诺布尔-阿尔卑斯大学（Université Grenoble Alpes）Verimag 实验室于 1992 年开始开发的，主要对实时系统进行验证，2002 年已不再维护，并改用 COQ 定理证明工具进行嵌入式系统开发的正确性验证。KRONOS 主要用来验证嵌入式系统和实时系统，如实时通信协议、异步时序电路、混合系统等。以时间自动机为模型描述系统，以 TCTL 语言（时间 CTL）描述系统属性，分别以文本方式输入到工具中，可实现对安全性、活性等属性的验证。但是没有提供图形用户界面，面向高级用户，使用者需要有较丰富形式化方法的基础。

KRONOS 主要的模型结构和算法是连续时钟值采用差分有界矩阵（difference bounds matrix，DBM）表示，离散变量值用 BDD 表示；用 on-the-fly 算法动态建立验证空间，用固定点算法、基于图的前向和后向搜索算法计算 CTL 公式的可满足性，用自动机最小优化算法抽象积自动机，因而在时间自动机复合应用上效率较高。

#### 2）VIS 模型检测工具

VIS（verification interacting with synthesis，综合交互验证）是由美国加州伯克利分校（University of California，Berkeley）和科罗拉多大学（University of Colorado）开发的模型检测工具，针对有限状态硬件系统的形式验证、综合和模拟，综合有限状态模型并验证这些系统的属性[238]。

VIS 应用 Verilog 硬件描述语言前端支持公平 CTL 模型检测、语言空性检测（language emptiness checking）、组合与序列等价检测、基于循环仿真与模型分级综合，VIS 有一个编译器将 Verilog 转换成中间格式，便于扩展 Verilog 的子集综合、不确定性硬件线变量构造和符号化变量，或将 HDL 语言描述的系统转到 VIS 验证。在 Büchi 自动机公平约束下，检测公平 CTL

模型；通过不违背公平约束的可达状态集序列，语言空性检测可以将一组不良行为表示为模型系统的另一个组件执行语言控制。这种调试跟踪的方法，模型检测时是系统的行为不满足性质检测，语言空性检测时是可见系统的有效行为检测。

基于 BDD 惯例，VIS 可检测两个设计组合的等价性验证，提供系统完整性检测。同样，VIS 还可以测试两种设计的序贯等价性，通过构建乘积有限状态机，从乘积有限状态机的初始状态集出发，检测是否会出现两个对应输出值不同的状态。VIS 也提供了基于循环仿真形式的传统仿真设计验证。

3）HyTech 模型检测工具

HyTech（hybrid technology tool，混合技术模型检测工具）[239]最早由美国康奈尔大学于 1996 开发，后来加州大学伯克利分校加入不断改进，主要用于对嵌入式系统的线性混合系统（linear hybrid system）进行验证和分析。线性混合系统是具有离散和连续分量的自动机集合，在时间自动机的基础上计算一个线性混合系统满足时间要求的线性变量条件，其时间要求通过符号模型检查验证。如果验证失败，HyTech 生成诊断错误跟踪。该工具在 2003 年后停止了开发和更新。

## 5.4.3　面向系统分析和建模的工具

### 1. UPPAAL 模型检测工具

UPPAAL[40]是由瑞典乌普萨拉大学（Uppsala University）和丹麦奥尔堡大学（Aalborg University）于 1994 年联合开发的，提供对实时系统（如嵌入式系统、电路、协议等）用时间自动机网络和扩展数据类型建模，以及仿真和验证的集成环境。它用于为有限控制结构与实值时钟的非确定性过程集合、通过通道或共享变量进行通信的系统建模，主要应用领域包括实时控制器和通信协议，特别是时序方面关键领域。UPPAAL 的主要特点是注重模型检测的易用性和效率。

在易用性方面，UPPAAL 使用友好的图形化编辑工具建立时间进程模型（用整数变量表示的时间自动机），然后对系统的模型进行模拟，以及对可达性进行验证。为了方便建模和调试，UPPAAL 模型检查器可以自动生成诊断跟踪报告，该报告解释了系统描述满足（或不满足）检测属性的原因。该工具可以将由模型检测器生成的诊断轨迹自动加载到模拟器，而模拟器可以对诊断轨迹进行可视化展现，供模型检测研究。

在效率方面，UPPAAL 用专用语言进行自动机建模或设计描述，应用符号化技术简化模型描述语言，具备简单数据类型（如有界整数、数组等）的不确定性保护命令语言，将系统行为描述为带有时钟和数据变量的自动机网络。它的模拟器同时也是验证工具，在早期设计（或建模）阶段可以检查系统可能的动态行为，从而在模型检测器对系统全面验证之前提供一种代价不高的故障检测方法，提高模型检测器效率。模型检测器利用动态搜索技术，减少模型检测验证的无效运行时间和解决状态空间约束的问题，可以通过搜索系统的状态空间检查不变性和可达性属性，即根据约束表示的符号状态进行可达性分析，但是不能验证所有 CTL 或 LTL 逻辑。

在针对实时系统设计验证方面，采用了统计模型检测（statistical model checking），利用设计统计数据评估系统设计的正确性，这是基于简单易用、不用建立或转换专门模型，在数据对比层面进行设计仿真和性质检测，在此方面已不属于模型检测范畴。

### 2. CPN 模型检测工具

CPN[240]（coloured Petri nets，着色 Petri 网）工具最初由丹麦奥胡斯大学（Aarhus University）的 CPN 小组在 2000—2010 年开发，从 2010 年开始，CPN 工具被移交给荷兰埃因霍芬理工大学（Eindhoven University of Technology）的 AIS 小组负责开发维护。CPN 工具按照工业标准开发，用户较多，主要适用于对网络协议、工作流软件、电路、安全和访问控制系统进行验证，以分层 Petri 网结构的模型描述系统，并检测验证系统的可达性、活性、公正性等属性。

基于 Petri 网描述系统方式，CPN 主要解决 Petri 网在复杂系统行为描述上的困难，对 Petri 网令牌元素定义颜色集，使一个令牌可表达颜色集个数的含义，所对应的定义得到扩展，从而形成着色 Petri 网，可以描述具有更为复杂的系统行为模型。CPN 工具采用其 CPN ML 编程语言构建模型，CPN ML 是基于标准元语言（ML）扩充了变量、函数、颜色、应用等定义，遵循标准元语言的基本操作和函数规则。

CPN 工具有 4 个子模块：编辑模块用于构建、修改、检查子 Petri 网模块；模拟器模块可交互式或自动模拟 Petri 网运行；图状态检查模块用于检查模型所有可达状态；性能分析模块分析形成模型属性检测报告（属性也用 CPN ML 语言描述）。CPN 工具不仅支持基础的着色 Petri 网建立模型，也支持具有时间和分层的着色 Petri 网建立模型，并提供了丰富的模型分析工具集，如状态监视器、状态空间分析等，增强了模型分析和验证能力。为减轻检测状态爆炸问题，可以通过将状态进行标记后做等价关系转化以简化状态空间，将无限或规模太大的检测状态空间化简为有限状态，但这种抽象加简化的方法增加了模型失真的风险。

### 3. CWB 模型检测工具

CWB[241]（Edinburgh concurrency workbench，爱丁堡并发工作平台）是英国爱丁堡大学（University of Edinburgh）和美国北卡罗来纳州立大学（North Carolina State University）相继开发的模型检测工具，适用于并发系统运行检测与分析的自动化工具，可以多样化不同的进程语义描述等价关系、前序关系和模型检测，能分析给定程序的状态空间及检测多种语义的等价性和时序性，但其建模语言存在局限性且模型检测方法复杂，用户需要熟悉进程代数和相应操作语义定义，其易用性比上述工具差。

用 CWB 建模时，使用 TCCS（temporal calculus of communication system，通信系统时序演算）语言或 SCCS（synchronous calculus of communication system，通信系统同步演算）语言定义系统行为，分析这些系统行为，如分析一个进程的状态空间或检测各种语义等价性和前序；以模态逻辑定义命题，检测一个进程是否满足以此逻辑定义的规约。

它的 CCS 是一种用于描述和分析并发或时序通信系统的形式化模型，将并发和时序看作一个互补的概念，其认为各种系统都由几个代理组成，以受控的状态空间引导方式，交互式仿真一个代理的行为。对一个 CCS 的进程是否满足其模态性质进行模型检测，CWB 自动推导逻辑公式识别非等价的进程。CCS 可以应用在包括各种协议的描述和验证方面，纯粹 CCS 进程每次通信都只做一次交互，其中没有建模数据传递，在应用中需要针对应用领域进行扩展[242]。

### 4. STeP 模型检测工具

STeP[243, 244]（Stanford temporal prover，斯坦福时间证明器）是由美国斯坦福大学（Stanford University）研制开发的基于时序规约反应式系统形式化验证工具，适用于与环境保持交互的全时行为规约约束的系统，且不限于有限状态系统，用推演方法联合模型检测可验证参数化（$N$-组件）电路设计、参数化（$N$-进程）程序和具有无限数据域的程序等更多类型的系统。STeP 用模型检测器处理系统的验证问题，用定理证明器将结果汇总处理。

STeP 的验证规则降低待验证系统的时序性质到一阶逻辑验证条件，验证图表提供了可视化语言，通过分层构建证明更多细节，递增引导、组织和显示证明过程。由于演绎验证总是依赖搜索发现验证路径，对于给定的验证计划和规约、匹配归纳不变式和中间过程断言。STeP 提供了自动不变式生成技术，用户能够提供一个直观的高层不变式，从而使系统获得更强、更详细、自上而下的不变式。同时根据分析验证计划文本自动获取自底向上的不变式。通过联合这两种方式，STeP 可以演绎出足够详细的不变式应用在整个验证过程中。STeP 也提供了一整套简化和决策程序，自动检测验证许多种类的一阶时序公式的有效性，足以处理绝大多数出现在推演过程中的验证条件。

STeP 主要由模型检测器和自动证明器组成，提供了时序逻辑简化器、公平迁移系统、验证图表和交互式证明器等套件。模型检测器与自动定理器接受时序逻辑公式通过简化器输入，以及反应式系统（简化编程语言 SPL 程序）和硬件描述通过公平迁移系统等输入，模型检测器验证给定需检测程序的正确性或提交反例；自动定理器基于验证规则、自底向上不变式生成器、不变式强化增殖和一阶逻辑证明，在验证图表和交互式证明器的用户交互下，进行给定需检测程序的正确性验证或提供待检测系统程序调试指导。

## 5.4.4　面向源程序验证的工具

面向源程序验证的工具非常多，针对 C 语言、Java 语言、Ada 语言和.NET 应用等不同应用方面进行研制开发，有的为系统解决源程序检测验证问题，有的解决源程序安全性、进程调度等所关注的检测验证问题。这里简要介绍几个主要的检测验证工具。

### 1. 针对 C 语言程序模型检验的工具

1）BLAST

BLAST[245]（Berkeley lazy abstraction software verification tool，伯克利懒惰抽象软件验证工具）是由美国国家科学基金会资助、美国加州大学伯克利分校开发的 C 语言程序软件模型验证工具，检查软件是否满足它使用的交互行为属性。BLAST 利用反例驱动的自动抽象精化构造一个抽象模型，并对该模型的安全性质进行检验。该抽象是动态构造的，仅达到所需的精度。

BLAST 基于反例引导的抽象求精框架对 C 语言程序进行模型构造、检测求精和检测验证，采用懒惰抽象技术[246]有效提高了检测效率。在抽象、验证和反例驱动精化的模型检测过程中，调用抽象反例没有具体对应的抽象状态，即核心状态，决定使用哪些谓词细化抽象模型，然而懒惰抽象技术并没有构建一个全新的抽象模型，而是从核心状态提炼当前的抽象模型。这种按需精化可能会细化已经构建好的抽象模型的部分，但也只在必要时才会这样做，即可以在不重新访问抽象模型的某些部分的情况下验证所需的属性。懒惰抽象技术通过构建、验证和改进程序的抽象模型，将抽象、验证和反例驱动精化的模型检测过程三个步骤集成在一起，直到建立所需的属性或找到一个具体的反例，避免了从一个循环迭代到下一个循环迭代的重复工作。在系统给出"程序正确"结果时，其证明不是一个全局谓词集上的抽象模型，而是一个其谓词在不同状态之间变化的抽象模型。

目前，BLAST 项目团队已停止对 BLAST 系统进行维护，并对其以 Java 重新实现 BLAST 的功能，模型验证工具名称改为 CPAchecker（configurable software verification platform，可配置软件验证平台）[247]。

2）CPAchecker

CPAchecker 的可配置程序分析（CPA）提供了在同一个形式化环境下表达不同验证方法的概念基础。CPA 形式体系具有一个界面，供程序分析定义抽象域、后算子、融合算子、停止操作。CPAchecker 提供了相应的工具实现框架，允许在 CPA 框架中程序分析表达的无缝集成。在相同的试验环境下，比较不同的试验验证方法变得容易，其结果也更有意义。

CPAchecker 在开始程序分析前，将输入待检测源代码程序转换为一个句法树，进而转换成控制流自动机（CFA），使用 C 开发工具集的解释器，具有 Eclipse 平台全功能的 C 和 C++插件（Eclipse 是一个开放源代码的、基于 Java 的可扩展开发平台）。CPAchecker 系统架构为 SMT 类（satisfiability modulo theories，可满足性模型理论）求解器和插值程序提供了接口，CPA 运算器可以以一种简洁而方便的方式编写，目前 CPAchecker 采用 MathSAT[248]作为 SMT 求解器，CSIsat[249]和 MathSAT 作为插值程序；其使用 CBMC（康奈尔有界模型检测器）[250]作为错误路径可能性的位精确检查器，使用 JavaBDD[251]的 Java 库作为操作 BDD 的包，并提供一个 Octagon（$\pm x \pm y \leq c$ 形式的不变式）[252]表示的接口。CPA 算法是 CPAchecker 的核心，执行可达性分析、CPA 抽象数据类型对象的运算，CPA 算法集包括 Octagon CPA、显式（explicit）CPA 和谓词 CPA。

3）SLAM C 语言程序模型检测工具

SLAM[253]是微软研究院的通过静态分析调试系统软件研究项目，目标是用模型检测方法验证 C 语言程序的时序安全属性，主要用在设备驱动程序验证上，检测程序是否符合应用程序接口使用规则，所提供的工具集具有两个独特的特点，一是不要求编程者对源程序进行注释，二是通过反例驱动精化减少验证过程中虚假错误消息干扰。SLAM 扩展利用了程序分析、模型检测和自动演绎的结果。

SLAM 用 SLIC（specification language for interface checking，接口检测规约语言）描述时序安全属性，可以定义安全自动机监测一个程序的函数调用和返回执行行为，读取 C 语言程序状态以显示函数调用/返回接口、维护运行历史和一个坏状态出现的标志，以用于各类 Windows 驱动属性验证，包括从简单的锁定属性到处理完整程序、即插即用和能源管理等复杂性质验证。

SLAM 验证过程将原 C 语言程序迭代抽象为可靠的布尔程序进程，进行分析和精化，直至可达执行路径发现错误。创建抽象后的程序仅剩下布尔变量，但具有 C 源程序的所有控制流结构，每个布尔变量保持了 C 源程序的谓词状态，验证中自动使用了谓词抽象技术、可达性分析、反例驱动精化布尔程序等。验证过程以有限状态协议为基础进行管理，通过这一协议状态机制梳理出从代码到精化真正的错误，验证代码的正确性。

SLAM 工具集中的 C2bp、Bebop、Newton 3 个工具分别负责完成 C 语言程序的抽象、检测和抽象精化验证工作。C2bp 将 C 程序每个子程序分别转换为布尔程序，使其能够扩展适应大型程序；Bebop 对布尔程序进行可达性分析，结合 BDD 形式的中间数据流分析，在每个程序节点有效表述布尔程序的可达状态；Newton 发现精化布尔程序附加谓词，分析 C 程序中路径的可行性。

目前，工具集新增了 PREfast for Drivers 工具扫描检测驱动程序代码的并发性问题、IRQL（中断请求级别）处理合适性，以及许多其他驱动程序的问题；Static Driver Verifier（静态驱动验证器）工具模拟一个恶劣环境，系统地测试所有的代码路径，寻找驱动模型的违例。这两个补充工具提供了快速和深入的驱动程序测试，已经通过 MSDN 和 Windows 驱动组件在 Windows 内部和第三方开发者中广泛获得应用。

4）VeriSoft C 语言程序模型检测工具

VeriSoft[254]是美国贝尔实验室（Bell Laboratories）研制开发的，探测用 C 或 C++成熟编程语言编写的由数个并发进程组成的系统状态空间，自动检测进程之间的协调性问题，主要应用在检测系统状态空间的死锁、活锁、差异和违反用户指定的断言等问题。在升级为 Verisoft XT 版本后，转而采用微软的验证工具作为其内核，目前项目停止了开发维护。

VeriSoft 将并发系统定义为有限进程集和有限通信对象集，每个进程按照 C 或 C++编写的程序执行一系列操作，进程与其他进程之间通过通信对象进行通信。通信对象共享变量、信号量和先进先出（FIFO）缓存，一个进程运行在一个给定的通信对象上，也称为可见操作，同一个通信对象上的不同进程是互斥的，对每个进程下一个操作运行都是可见操作[255]。

VeriSoft 工具系统探测并发系统状态空间，每个被分析的并发系统进程映射到一个 UNIX 进程，系统进程的执行由外部进程的调度程序控制，调度程序观测系统内进程运行的可见操作，也可以挂起它们的运行。通过恢复在全局状态下的被选系统进程运行（下一个可见操作），调度程序可以在并发系统状态空间中探测两个全局状态之间的迁移。通过重新引到系统，调度程序可以探测状态空间中的备选路径。调度程序包含了新的搜索算法，在内存里不保存任何中间状态，设置状态空间缓存，存储深度优先搜索的全局状态，建立了已有状态空间修剪技术的偏序方法；对有限的非循环状态空间，通过探测死锁和断言违反情况确保终止探测，避免验证结果有任何不完整的风险。可以系统有效地测试任何并发系统的正确性，及其状态空间是否是无循环的。当检测出错误时，交互式图形仿真器/调试器可以回放出错场景，交互检测每个进程变量值。在手动仿真模式，用户可以用同样的调试工具集探测系统状态空间中的任何路径。

5）其他工具

Jchecker[256]是清华大学软件学院自行研发的 C 程序软件模型检测工具，它基于谓词抽象理论，采用基于谓词抽象和反例引导的抽象求精框架，能够针对 C 程序源码抽象出模型并完备地搜索其状态空间，以此验证程序的安全属性。Jchecker 通过在运行时计算插值扩展谓词数量，自适应地不断精化抽象模型到合适的颗粒度，从而达到最大限度缩减状态空间的目的。其中将程序语句的语义与谓词相对应，程序模型的变迁规则被解释为谓词集合；将程序抽象为 CFA，用前向搜索进行抽象精化，基于 Craig 插值理论[257]获取新谓词，并且设置谓词条件避免系统过抽象和尽量消除伪反例路径；用反向搜索确认反例的真伪，反向搜索通过计算最弱前置条件获取的每个节点前一个状态空间，与前向搜索空间求交，如交集为空则是伪反例。

CBMC（C 语言程序有界模型检测器）[250]是美国卡内基梅隆大学（Carnegie Mellon University）研发的，用于 C 和 C++语言程序检测验证，CBMC 的变体 JBMC 用于分析 Java 程序字节码。CBMC 主要验证内存安全性，包括数组边界、指针安全、异常、未定义行为各种变体、用户指定断言等检查，并能检查 C 和 C++与其他语言（如 Verilog）的一致性。验证是通过在程序中展开循环，并将结果等式传递给判定程序来完成的。CBMC 自带一个基于 MiniSat 的内置位向量公式求解器，提供了对外部 SMT 求解器的支持，推荐的求解器有 Boolector[258]、MathSAT、Yices 2[259]和 Z3[260]。

## 2. 针对 Java 程序模型检验的工具

1）JPF Java 状态空间模型检测验证工具

JPF[261, 262]（Java path finder）由美国国家航空航天局（NASA）艾姆斯研究中心（Ames Research Center）研制开发，是 Java 字节码的显式状态软件模型检测器。JPF 类似于一个 Java 虚拟机，理论上与普通虚拟机一样以所有可能方式运行，在所有可能的运行路径上检测属性违例，如死锁或未处理的异常等。JPF 自动形成验证报告给出跟踪缺陷的每一步和导致错误的整个执行过程。

JPF 为各种 Java 字节码运行验证技术构建的通用框架，提供了一组丰富的配置和抽象机制，在没有进行特定程序和属性抽象情况下，检测状态空间对 Java 程序类型、大小等有许多限制。JPF 可以通过回溯和状态匹配模拟非确定性，回溯使 JPF 可以恢复之前的执行状态，检测是否还有未探测的选择。在状态存储得到优化，回溯是一种更有效的机制，无须从头开始重新执行程序检测进一步的选择。JPF 检测程序运行状态时，由堆快照和进程栈快照进行状态匹配，检测每一个新的状态，发现一个相等的状态即停止搜索执行路径，回溯到最近的未探索的非确定性选择，缩减了不必要的状态空间搜索工作。

当软件变得复杂或规模变大，马上面临模型检测状态空间爆炸，JPF 采用可配置的搜索策略、减少存储状态的数量、降低状态存储代价 3 种方式解决这一问题。可配置的搜索策略基于用户定义属性和类配置，通过引导搜索使用启发式排序和过滤相关的可能后续状态集，更快地检测有无缺陷，减少计算资源。在启发式选择的可配置搜索基础上，为减少存储状态的数量，设置阈值确定选择集的存储；利用偏序约简（partial order reduction）缩减状态空间，对于与验证属性无关的组件，从状态追踪主虚拟机（JVM）交给非状态追踪的虚拟机（VM）运行，释放检测状态空间。为降低状态存储代价，JPF 使用状态折叠（state collapsing）技术，即当检测状态转换的状态更改，不是直接存储更改状态，而是存储变更索引到状态组件特定的池（哈希表），降低状态变化的内存需求。

目前，JPF 研发团队一直在进行体系架构的简化、增强可扩展性、检测模型库抽象、检测代价和时间模型等研究，提供持续优化的 Java 软件模型检测工具。

2）Bandera Java 源程序检测验证模型工具

Bandera[263]主要由肯萨斯州立大学研制开发，Bandera 项目的目标是将 Java 编程语言处理技术与新的开发技术集成，从 Java 源程序代码中抽象提取安全、紧凑的有限状态模型，提供自动化支持，提取有限状态模型，转换系统的描述作为 SMV、SPIN 等工具的输入。

Bandera 将源代码表示的非有限状态软件系统，应用复杂的程序分析、抽象和转换技术，弥合不同的成熟模型检测验证工具输入之间的语义鸿沟。Bandera 工具集被设计成一个开放的体系结构，根据时序规约将 Java 源程序进行切片抽象、抽象装订合成、抽象经验模型库存取，抽象后的 Java 源程序进入模型构建器，对特定的验证属性可构建专用模型，按照模型检测验证工具的需要，提供 PVS[264]、Promela（SPIN）和 SMV 等语义转换器。

### 3. 针对其他程序模型检验的工具

1）Murphi 程序模型检测器

Murphi[265]基础版本是美国斯坦福大学开发的，它是一个枚举（显式状态）模型检测器。Murphi 在微处理器行业中广泛应用，尤其是在验证缓存一致性协议方面。待验证的程序需要用 Murphi 语言输入描述，Murphi 语言是一种类似 Unity[266]中的"保护→动作"（guard→action）标记符，可在一个无限循环中重复执行；Murphi 语言支持常用的数据类型（子例、枚举类型、数组和记录），以及更高级多重集或标量集等类型；Murphi 形式化验证器基于显式的状态枚举，可以作为状态空间的深度优先或宽度优先搜索，状态保存在哈希表中，在哈希表中生成的状态没有扩展。在此基础上，由不同的研究团队开发了 CMurphi、Preach、Eddy Murphi、Distributed Murphi、POD-Hashing Murphi 等十多个版本，以改进原始版本的 Murphi 和适应不同的应用对象。由于需要枚举状态进行验证，因此对于复杂系统检测验证时耗时和精准控制都较难掌控。

2）FLAVERS ADA/Java 语言程序模型检测工具

FLAVERS[267]（flow analysis for verification of systems，系统流程分析验证）由马萨诸塞州大学（University of Massachusetts）开发，用于 ADA 或 Java 语言程序的有限状态验证，采用增量精度优化的数据流分析技术，开发了许多工具提供建立运行检测分析构件。

FLAVERS 用自动语言处理工具为待检测程序建立一个语法树，为程序中每个任务建立一个控制流图，数据流分析时汇集所有语法树和控制流图，生成程序模型的追踪流图，验证属性以量化的正则表达式指定。规约包含了属性的基本要素，它是属性中引用的事件集合，在程序全部执行或不执行时是该属性是否成立的标志，以及描述事件序列的正则表达式。以量化正则表达式描述的属性提交 FLAVERS，在句法检查通过后，被转译为一个有限状态机形式；同时，任务自动机自动建立每一个任务中控制流允许事件的所有可能排序模型，以及变量自动机建立程序中所选变量执行行为模型。所有这些组成了系统的内部构件，可以自动地有效分析并发 ADA 程序，并以图形化方式显示供演示探讨。

FLAVERS 在输出结果中显示违反属性的程序模型示例追踪，需要分析人员确定这些运行是否真实，以决定程序运行属性是否成立或可行。对于实际上不会产生的不可行运行，需要进行必要的可行性约束以禁止这个运行和相关的运行集，再在随后运行的数据流分析中进一步探测。在分析中，从一个较小但不精确的模型开始，通过增加可行性约束以提高模型精度。

FLAVERS 在验证 ADA/Java 并发程序安全属性、追踪缺陷原因、不完整程序的互操作性假设等方面，系统模型更小，且随着被验证系统规模增大，模型规模增长较慢；FLAVERS 并发程序系统模型基于源代码中的语法识别、用户指定事件，而不是变量的值，验证不需要对系统的整个状态空间进行枚举，降低了状态空间需求。

### 5.4.5　模型检测验证工具选择

在综合分析模型检测工具基础上，对于 PLC 程序的编程语言自成标准、不同控制对象多样、智能控制逻辑复杂、开环闭环控制可同时存在等状态迁移情况，面向源程序的模型检测验证工具主要针对 C 语言/Java 语言程序研究较多，相对检测状态空间爆炸的风险较高，且 C 语言/Java 语言和 PLC 语言标准体系也不同，应用这类工具验证 PLC 程序模型需要改造、转化，困难较多。

由于 PLC 程序不便于直接进行模型检测验证，在本研究的统一抽象指称语义下，通过模型构建建立 PLC 程序检测模型进行验证。面向系统分析和建模的工具，针对的目标对象在通信领域应用较多，系统的仿真分析功能较为丰富，而模型检测只是其部分功能，这类建模工具构建的模型也与 PLC 程序的指称语义模型不同，因此也不适合应用在研究中作为 PLC 程序模型检测工具支撑。

面向属性的模型检测形式化验证工具适应形式化模型的范围较广，对于本研究形式化指称语义模型提供了较好的支持。这些模型检测工具中，NuSMV 作为 SMV 的升级版本，与类似工具相比，具有开源、容易修改、方便定制、便于扩展和持续开发等优势，其前后端可明确分离，用户可以不用专门考虑模型输入语言。基于 NuSMV/SMV 的应用研究较多，可为本研究提供较多的参考。因此，选择 NuSMV 作为 PLC 程序模型检测验证工具。

## 5.5　PLC 程序的符号迁移系统表示

在第 3 章中定义了 PLC 的操作语义——给定一段 PLC 代码 $Cod$，其语义函数 $DS(Cod)$ 将 $Cod$ 执行前的组态映射为执行后的函数。

对于 PLC 程序而言，虽然其中的程序是串行执行的，但是从外部来看，只有到刷新阶段才会真正更新某些寄存器映像的值。因此，可以将一段独立的 PLC 代码在一个扫描周期内的执行看作在前一算术符号系统中的一步迁移。

前面定义用一个四元组 $<\omega_M, \omega_T, \sigma_G, \sigma_L>$ 表征一个组态。其中，$\omega_M$、$\omega_T$ 分别刻画了母线栈和连通栈，$\sigma_G$、$\sigma_L$ 分别负责对全局变元和局部变元进行指派。

事实上，每段 PLC 代码都可以对应一个算术符号迁移系统。其中包括如下变元。

（1）为每个输入/输出继电器单元、辅助继电器单元、状态寄存器 Z 引入一个变元 $x_Z \in \{0,1\}$。注意区别这里与在定义 PLC 组态时使用的变元不同（定义组态时的对应变量为 $V_Z$）。

（2）同样，为每个数据寄存器单元 D 引入一个对应的整型变元 $x_D$。此外，对于每个计数器单元 C，还要设定一个变元 $z_C$，其作用与定义语义时的局部变元 $E_C$ 相同。

（3）对于母线栈和连通栈，分别引入两个整型变元 $y_M$ 和 $y_T$。

于是，$Cod$ 对应的符号迁移系统的变元集合

$$\vec{V}^{Cod} = \{x_Z | V_Z \in GV \bigcup LV\} \bigcup \{x_D | V_D \in GV \bigcup LV\} \bigcup \{z_C | E_C \in LV\} \bigcup \{y_M, y_T\}$$

接下来，定义函数 $Val:\{0,1\}^* \to \mathbb{N}$ 如下：

$$Val(x) = \begin{cases} 0, & x = 0 \\ 2 \times (y) + c, & x = c \cdot y, \quad y \in \{0,1\}^*, c \in \{0,1\} \end{cases}$$

对于每个组态 $CF = <\omega_M, \omega_T, \sigma_G, \sigma_L>$，分别用 $PRJ_1(CF)$, $PRJ_2(CF)$, $PRJ_3(CF)$, $PRJ_4(CF)$ 表示其 4 个分量 $\omega_M, \omega_T, \sigma_G, \sigma_L$。此外，定义谓词

$$Enc(CF) \triangleq \begin{bmatrix} y_M = Val(PRJ_1(CF)) \\ \wedge y_T = Val(PRJ_2(CF)) \\ \wedge \forall V_Z \in GV.PRJ_3(CF)(V_Z) = x_Z \\ \wedge \forall V_D \in LV.PRJ_4(CF)(V_D) = x_D \\ \wedge \forall E_C \in LV.PRJ_4(CF)(E_C) = z_C \end{bmatrix}$$

以及

$$Enc'(CF) \triangleq \begin{bmatrix} y'_M = Val(PRJ_1(CF)) \\ \wedge y'_T = Val(PRJ_2(CF)) \\ \wedge \forall V_Z \in GV.PRJ_3(CF)(V_Z) = x'_Z \\ \wedge \forall V_D \in LV.PRJ_4(CF)(V_D) = x'_D \\ \wedge \forall E_C \in LV.PRJ_4(CF)(E_C) = z'_C \end{bmatrix}$$

于是，迁移函数定义为：

$$\rho^{Cod} = \forall CF \in Cfg.Enc(CF) \to Enc'(DS(Cod)(CF))$$

由于一般假设 PLC 电路的左母线是常通的，所以要求初始状态中母线栈和连通栈为 1，即

$$I^{Cod} = (y_M = 1) \wedge (y_T = 1) \wedge I'$$

其中，$I'$ 是根据具体的编程目标而额外附加的约束条件。此外，一般

取公平约束 $\vec{T}^{Cod} = \varnothing$。

事实上，由于母线栈和连通栈的存在，导致 PLC 程序中组态的数目是潜在无穷的，这使得按上述方法得到的迁移函数 $\rho^{Cod}$ 是一个一阶逻辑公式。但是，由于 PLC 的模型检测问题只考虑电路跨扫描周期的性质——将一段程序完整扫描一次作迁移系统的一次迁移。而对于大多数情况，在程序执行前后组态中（分别设为 $<\omega_{M}, \omega_{T}, \sigma_{G}, \sigma_{L}>$ 和 $<\omega'_{M}, \omega'_{T}, \sigma'_{G}, \sigma'_{L}>$）母线栈和连通栈中的内容均为原始状态，即

$$\omega_{M} = \omega_{T} = \omega'_{M} = \omega'_{T} = 1$$

这样，在实际进行编码时，就可以仅考虑寄存器单元的变化。由于程序中所涉及的寄存器数目是有限的，所以组态的数据也是有限的。

例如，考虑下面的计数电路（见图 5.2）：

$$\begin{array}{ll} \text{LD} & \text{X0} \\ \text{AND} & \text{C0} \\ \text{RST} & \text{C0} \\ \text{LD} & \text{X0} \\ \text{OUT} & \text{C0} \quad \text{K4} \end{array}$$

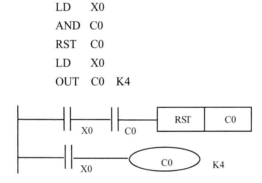

图 5.2　计数电路梯形图

其功能就是一个模 4 的计数器电路。按照前述定义，可以得到这样一个算术符号迁移系统 $<\vec{V}^{Cod}, \rho^{Cod}, I^{Cod}, \varnothing>$。

（1）$\vec{V}^{Cod} = \{z_{X0}, x_{C0}, z_{C0}, y_{M}, y_{T}\}$。

（2）初始条件 $I^{Cod} = \{y_{M} = 1) \wedge (y_{T} = 1)$。

（3）对 $\rho^{Cod}$ 化简整理后，可以得到

$$\rho^{Cod} = (z_{X0} \rightarrow x'_{C0} = (x_{C0} + 1)\%4) \wedge (\neg z_{X0} \rightarrow x'_{C0} = x_{C0})$$

上式虽然比严格按照操作语义得到的 $\rho^{Cod}$ 要弱，但是在初始条件 $\rho^{Cod}$ 约束下，所有可达状态之间的迁移约束可以恰好使用上式描述（在后面将给

出严格的不变式证明）。因此，可以看出对程序的逻辑运行起决定性作用的变量只有 $z_{X0}$ 和 $x_{C0}$。

（4）公平约束 $\vec{T}^{Cod} = \varnothing$。

下文记由 $Cod$ 得到的符号迁移系统 $<\vec{V}^{Cod}, \rho^{Cod}, I^{Cod}, \vec{T}^{Cod}>$ 为 $M^{Cod}$。

## 5.6　PLC 程序的组合模型检测

下面讨论 PLC 程序的模型检测方法。

从上一节可知：给定一段 PLC 代码 $Cod$，可以得到一个算术符号迁移系统 $M^{Cod} = <\vec{V}^{Cod}, \rho^{Cod}, I^{Cod}, \vec{T}^{Cod}>$。

对于任意的 LTL 公式 $A$，都可以构造一个符号迁移系统 $M^A$ 满足

$$\forall \sigma. \sigma, 0 \models A \leftrightarrow \sigma \in L(M^A)$$

于是，只需要检测当且仅当 $M \models A$ 是否有 $L(M^{Cod} \| M^{\neg A}) = \varnothing$ 成立。

关于 $M^A$ 的构造，Kesten 等的工作成果可供利用[185]。该方法可以归纳构造关于一个 LTL 的符号迁移系统。

**定理 5.1**　对于任意的 LTL 公式 $A$，以及执行 $\sigma$，有 $\sigma, 0 \models A$ 当且仅当 $\sigma \in L(M^A)$。

**证明**：对 $A$ 采用结构归纳法即可。

这里给出的公式对应的符号迁移系统是一种基于公式结构的归纳构造[268]。注意 $M^{Hp}\{p:=C\}$ 与 $M^{Hp} \| M^C$ 并在迁移函数中添加合取项 $p \leftrightarrow I^C$ 得到的符号迁移系统等价。后者恰好是参考文献[185]中给出的组合构造的变形，而且，这里的方法引入的命题变元数量更少。

首先，利用德摩根律（De Morgan's Laws）和时序算子的对偶性，可以将 ¬ 内移，使其只出现在命题之前，即得到公式的否定范式。这里，先给出 $A$ 中不含嵌套时序连接词时的构造。

（1）若 $A = p \in P$，则 $M^A = <\{p\}, \top, \neg p, \varnothing>$；

（2）若 $A = \neg p \in \overline{P}$，则 $M^A = <\{p\}, \top, \neg p, \varnothing>$；

（3）若 $A = p \wedge q$，其中 $p, q \in P$，则 $M^A = <\{p, q\}, \top, p \wedge q, \varnothing>$；

（4）若 $A = p \vee q$ ，其中 $p, q \in P$ ，则 $M^A = <\{p, q\}, \top, \ p \vee q, \varnothing>$；

（5）若 $A = \mathbf{X} p$ ，其中 $p \in P$ ，则 $M^A = <\{p, r\}, \neg r \rightarrow p', \neg r, \varnothing>$；

（6）若 $A = \mathbf{F} p$ ，其中 $p \in P$ ，则 $M^A = <\{p, r\}, \neg r \rightarrow p \vee \neg r', \neg r, \{r\}>$；

（7）若 $A = \mathbf{G} p$ ，其中 $p \in P$ ，则 $M^A = <\{p\}, p \rightarrow p', p, \varnothing>$；

（8）若 $A = p \mathbf{U} q$ ，其中 $p, q \in P$ ，则 $M^A = <\{p, q, r\}, \neg r \rightarrow q \vee (p \wedge \neg r'),$ $\neg r, \{r\}>$；

（9）若 $A = p \mathbf{R} q$ ，其中 $p, q \in P$ ，则 $M^A = <\{p, q\}, q \rightarrow (p \vee q'), q, \varnothing>$。

下面说明当 $A$ 带有嵌套时序算子公式时，如何构造 $M^A$。在此之前，首先定义符号迁移系统的代入。

对于任意的符号迁移系统 $M = <\vec{V}^M, \rho^M, I^M, \vec{T}^M>$，原子命题 $p \in P$ 以及 $P \setminus \{p\}$ 上的布尔公式 $J$，并假设 $J$ 中出现的命题集合为 $\vec{V}'$，同时用 $J'$ 表示将 $J$ 中每个原子命题 $q$ 替换为 $q'$ 后得到的公式。这里，用 $M\{p := J\}$ 表示迁移系统

$$<\vec{V} \setminus \{p\} \bigcup \vec{V}', \rho^M\{p := J\}, I^M\{p := J\}, \vec{T}^M\{p := J\}>。$$

其中：$\rho^M\{p := J\}$ 表示将 $\rho^M$ 中的 $p$ 替换为 $J$，将 $p'$ 替换为 $J'$ 所得到的公式；$I^M\{p := J\}$ 表示将 $I^M$ 中的 $p$ 替换为 $J$ 所得到的公式；$\vec{T}^M\{p := J\}$ 表示将 $\vec{T}^M$ 中每个公式中的 $p$ 替换为 $J$ 后得到的公式集合。于是：

$$M^{C \vee D} = M^{p \vee q}\{p := C\}\{q := D\};$$

$$M^{C \wedge D} = M^{p \wedge q}\{p := C\}\{q := D\}。$$

其中 $p, q \in P$ ，且 $p$ 和 $q$ 不在 $C$ 和 $D$ 中出现。

若 $\mathbf{H} \in \{\mathbf{X}, \mathbf{F}, \mathbf{G}\}$，则 $M^{\mathbf{H}C} = M^{\mathbf{H}p}\{p := I^C\}$，其中 $p \in P$，且 $p$ 不在 $C$ 中出现。若 $\mathbf{T} \in \{\mathbf{U}, \mathbf{R}\}$，则 $M^{C\mathbf{T}D} = M^{p\mathbf{U}q}\{p := I^C\}\{q := I^D\}$，其中 $p, q \in P$，且 $p$ 和 $q$ 不在 $C$ 和 $D$ 中出现。

## 5.6.1　通用的组合检测规则

下面定义一组适用于 PLC 程序的通用组合检测规则，当然它们也适用于 PLC 程序的检测算法。

## 1. 压缩规则

$$\frac{M\big|_{\vec{V}} \models A, \; A \in L(\vec{V})}{M \models A}$$

其中，$A \in L(\vec{V})$ 表示 $A$ 中所出现的变元均在 $V$ 中。设 $M = <\vec{V}^M, \rho^M, I^M, \vec{T}^M>$ 且对每个 $B \in \vec{T}^M$ 都有 $B \in L(\vec{V})$，则

$$M\big|_{\vec{V}} = <\vec{V}^M \cap \vec{V}, \Omega(\vec{V}^M \setminus \vec{V}).\rho^M, \omega(\vec{V}^M \setminus \vec{V}).I^M, \vec{T}^M>$$

其中，算子 $\Omega$ 和 $\omega$ 归纳定义如下。

$\Omega p.C = (p \to C\{p' := 0\} \vee C\{p' := 1\}) \wedge (\neg p \to C\{p' := 0\} \vee C\{p' := 1\})$，

$\Omega\vec{U}.C = \Omega p_1.\Omega p_2.\cdots\Omega p_n.C$，其中 $\vec{U} = \{p_1, p_2, \cdots, p_n\}$。

$\omega p.C = C\{p := 0\} \vee C\{p := 1\}$，

$\omega\vec{U}.C = \omega p_1.\omega p_2.\cdots\omega p_n.C$，其中 $\vec{U} = \{p_1, p_2, \cdots, p_n\}$。

该规则在组态有限情况下，用该有限组态即可导出整体性质，压缩目标是变元。

## 2. 合取规则

$$\frac{M_1 \models A_1, \; M_2 \models A_2, \; A_1 \in L(\vec{V}^{M_1}), \; A_2 \in L(\vec{V}^{M_2})}{M_1 \parallel M_2 \models A_1 \wedge A_2}$$

该规则是子模型性质都满足迁移系统的执行集合，子模型组合后也符合合取的这些性质。

## 3. 析取规则

$$\frac{M \models A_1}{M \models A_1 \vee A_2} \qquad \frac{M \models A_2}{M \models A_1 \vee A_2}$$

该规则是模型都符合各子性质，则必然符合析取的各子性质。

## 4. 次态规则

$$\frac{\mathbf{O}M \models A}{M \models \mathbf{X}A}$$

这里，$\mathbf{O}M = <\vec{V}^M, \rho^M, \mathbf{O}I^M, \vec{T}^M>$，其中，对任意的 $I \in B(V)$，$\mathbf{O}I$ 定义如下。如果 $\vec{V}^T = \{v_1, \cdots, v_n\}$，$\exists v.I = (I\{v := 1\} \vee I\{v := 0\})\{v' := v\}$，则 $\mathbf{O}I =$

$\exists v_1, \cdots, \exists v_n . I$ 。

### 5. 全局规则

$$\frac{\Diamond M \models A}{M \models G A}$$

其中，$\Diamond M = <\vec{V}^M, \rho^M, \mu I.(I^M \vee \mathrm{O}I), \vec{T}^M >$。这里，$\mu I.(I^M \vee \mathrm{O}I)$ 的计算过程如下。

（1）令 $I_0 = 0$；

（2）对每个 $k$，令 $I_{k+1} = I^M \vee \mathrm{O}I_k$；

（3）若存在 $l$，使得 $I_{l+1} \leftrightarrow I_l$，则停止迭代，令 $\mu I.(I^M \vee \mathrm{O}I) = I_l$。

次态规则和全局规则都用于约简目标性质——前者在于消除 **X** 连接子，后者在于消除 **G** 连接子，这是一类特殊的组合检验策略。这两条规则的主要过程是将初始模型进行变换——次态规则将初始条件 $I^M$ 替换成为 $\mathrm{O}I^M$，全局规则将 $I^M$ 替换成为 $\mu I.(I^M \vee \mathrm{O}I)$。事实上，$\mathrm{O}I^M$ 恰好刻画了 $M$ 中从初始状态出发，经过一步迁移所能够到达的状态集合；而 $\mu I.(I^M \vee \mathrm{O}I)$ 恰好描述了所有能够"初始可达"状态所构成的集合。

## 5.6.2　PLC 程序特有的组合规则

下面给出若干针对 PLC 程序特有的组合规则。

### 1. 切片规则

设 $Cod'$ 是 $Cod$ 的一个切片，即 $Cod'$ 中的语句序列是 $Cod$ 的子序列。则

$$\frac{\vec{V}^{M^{Cod}} \setminus \vec{V}^{M^{Cod'}} \bigcap IV(A) = \emptyset, M^{Cod'} \models A}{M^{Cod} \models A}$$

其中，$IV(A)$ 为所有能够影响 $A$ 中变元计算结果的变元所构成的集合。这条规则与压缩规则的不同之处是前者的目标在于压缩变元，后者的目标在于压缩程序。

## 2. 栈规则

设 $Cod = Cod_1$; $Cod_2$; $Cod_1$;$Cod_3$，其中 $Cod_1$ 是以某个母线连接命令起始的语句块，不含输出指令（如 OUT、SET、ADD 等）；$Cod_2$ 和 $Cod_3$ 中没有栈操作和母线操作；$Cod_2$ 以某条输出指令结束，且其中的任何输出目标单元不在 $Cod_1$ 中出现。设 $Cod' = Cod_1$; MPS; $Cod_2$; MRD; $Cod_3$，则

$$\frac{M^{Cod} \models A}{M^{Cod'} \models A}$$

设 $Cod'' = Cod_1$; MPS; $Cod_2$; MPP; $Cod_3$，则

$$\frac{M^{Cod} \models A}{M^{Cod''} \models A}$$

这两条规则的作用在于消去 PLC 程序中的栈操作指令。上面的规则还可以推广至具有多个 MRD 指令的情形。

## 3. 步进规则

设 $Cod = Cod_1$; STL Z; $Cod_2$; RET; $Cod_3$，以及 $Cod' = Cod_1$; $Cod_2'$; $Cod_3$。其中，$Cod_2'$ 是将 $Cod_2$ 中每个 LD U 替换为 LD Z; AND U；将每个 LDI U 替换为 LD Z; ANDI U 后得到的程序段，则

$$\frac{M^{Cod'} \models A}{M^{Cod} \models A}$$

这条规则的作用在于消除步进指令。比较该规则和栈规则，就可以发现步进指令可以使用栈操作替代。

## 4. 分支规则

设 $Cod = Cod_1$; CJ P; $Cod_2$; P: $Cod_3$，$Cod' = Cod_1$; OUT Y; $Cod_3$。则

$$\frac{M^{Cod'} \models A, \rho^{Cod_2} \Vdash Stb(IV(A))}{M^{Cod} \models A}$$

其中，Y 是一个新的输出单元。同时，对每个集合 $\vec{V}$，公式 $Stb(\vec{V})$ 定义为：

$$\wedge_{v \in \vec{V}} (v = v')$$

这条规则说明了这样一个事实：如果 $Cod_2$ 对应的迁移函数保持 $IV(A)$

中的变量，并且 $Cod'$ 保持 $A$（即在 $Cod_2$ 不执行的情况下，性质 $A$ 被保持），那么 $Cod$ 对应的迁移系统仍然满足 $A$。

事实上，增加一条 OUT　Y 命令的目的仅仅在于能够让 $Cod_3$ 开始于某条母线连接命令。

此外，总是假设 $Cod_2$ 是一个完备的语句块，即开始于某条母线连接指令，结束于某条输出指令。

### 5. 循环规则

这里，根据循环条件的类型，区分下面两种情况。

对于循环条件是常量的情形，设 $Cod = Cod_1$; FOR K; $Cod_2$; NEXT; $Cod_3$，其中，$K$ 是一个常量。设 $Cod' = Cod_1$; $(Cod_2)^K$; $Cod_3$，其中 $(Cod_2)^K$ 是程序段 $Cod_2$ 的 $K$ 次顺序执行的缩写。那么

$$\frac{M^{Cod'} \models A}{M^{Cod} \models A}$$

对于循环条件是变量的情形：设 $Cod = Cod_1$; FOR D; $Cod_2$; NEXT; $Cod_3$，其中 D 对应某个数据寄存器。对任意的 $i \in \mathbb{N}$，令 $Cod_i = Cod_1$; $(Cod_2)^i$; $Cod_3$。则

$$\frac{M^{Cod_0} \models A, \forall i.(L(M^{Cod_{i+1}}) \subseteq L(M^{Cod_i}))}{M^{Cod} \models A}$$

这里，条件 $\forall i.(L(M^{Cod_{i+1}}) \subseteq L(M^{Cod_i}))$ 强调了模型语言的单调性，即随着实际执行循环次数的增多，模型中可能的执行越少。事实上，这是一个非常强的前提要求，在实际的应用中，一般只能采用归纳的方法证明这个条件。

## 5.7　组合模型检测的正确性

这里证明前一节给出的组合检测策略的正确性。

### 5.7.1　通用的组合检测规则

#### 1. 压缩规则

证明：假设前提条件成立，即有 $M\big|_{\vec{V}} \models A$，$A \in L(\vec{V})$ 成立，反设 $M \nvDash A$。

则必然存在某个执行 $\sigma \in L(M)$，使得 $\sigma,0 \not\models A$。令 $\sigma' = \sigma|_{\vec{V}}$，即对于任意的 $i \in \mathbb{N}$，有 $\sigma'(i) = \sigma(i) \bigcap \vec{V}$。因为 $A \in L(\vec{V})$，对 $A$ 使用公式结构归纳法，可以证明：

$$\sigma,0 \not\models A \Leftrightarrow \sigma',0 \not\models A$$

现在根据 $M|_{\vec{V}}$ 的构造证明 $\sigma' \in L(M|_{\vec{V}})$。

首先，注意到 $M|_{\vec{V}}$ 的初始条件为 $I^{M|_{\vec{V}}} = \omega(\vec{V}^M \setminus \vec{V}).I^M$，由其定义，不难得到：对于任意的 $i \in \mathbb{N}$，$\sigma'(i) \Vdash I^{M|_{\vec{V}}}$ 当且仅当 $\sigma'(i)$ 存在某个在 $\vec{V}^M$ 上的扩张 $\sigma'(i) \bigcup \tau(i)$，使得 $\sigma'(i) \bigcup \tau(i) \Vdash I^M$。其中：

$$(\sigma'(i) \bigcup \tau(i))(v) = \begin{cases} \sigma'(i)(v), v \in \vec{V} \\ \tau(i)(v), v \in \vec{V}^M \setminus \vec{V} \end{cases}$$

事实上，由于 $\sigma(0) \Vdash I^M$，因此对于 $i=0$ 而言，可以令 $\tau(0) = \sigma(0)|_{\vec{V}^M \setminus \vec{V}}$。于是，有 $\sigma'(0) \Vdash I^{M|_{\vec{V}}}$。

此外，由于 $M$ 的迁移条件为 $\rho^{M|_{\vec{V}}} = \Omega(\vec{V}^M \setminus \vec{V}).\rho^M$，由算子 $\Omega$ 的定义可以得到：对于任意的 $i \in \mathbb{N}$，$(\sigma'(i), \sigma'(i+1)) \Vdash \rho^{M|_{\vec{V}}}$ 当且仅当

$$\forall \tau(i).\exists \tau(i+1).(\sigma'(i) \bigcup \tau(i), \sigma'(i+1) \bigcup \tau(i+1)) \Vdash \rho^M。$$

对于 $i=0$，有 $\tau(0) = \sigma(0)|_{\vec{V}^M \setminus \vec{V}}$。并且，当 $\tau(i) = \sigma(i)|_{\vec{V}^M \setminus \vec{V}}$ 时，由于

$$(\sigma(i), \sigma(i+1)) \Vdash \rho^M$$

因此，可继续令 $\tau(i+1) = \sigma(i+1)|_{\vec{V}^M \setminus \vec{V}}$。这说明，对于任意的 $i \in \mathbb{N}$，有

$$(\sigma'(i), \sigma'(i+1)) \Vdash \rho^{M|_{\vec{V}}}$$

成立。

此外，注意到 $M|_{\vec{V}}$ 的公平约束集合仍为 $\vec{T}^M$，而要求对每个都有 $B \in L(\vec{V})$，因此

$$\forall i \in \mathbb{N}.(\sigma(i) \Vdash B \leftrightarrow \sigma'(i) \Vdash B)。$$

所以对于每个 $B \in \vec{T}^M$，都有无穷多个 $i \in \mathbb{N}$ 使得 $\sigma'(i) \Vdash B$ 成立。

这样，就有 $\sigma' \in L(M|_{\vec{V}})$ 成立。但是这与 $M|_{\vec{V}} \models A$ 矛盾。因此，假设不成立，即必然有 $M \models A$ 成立。

## 2. 合取规则

证明：假设有 $M_1 \models A_1$ 和 $M_2 \models A_2$ 成立，同时注意到

$$M_1 \| M_2 = <\vec{V}^{M_1} \bigcup \vec{V}^{M_2}, \rho^{M_1} \wedge \rho^{M_2}, I^{M_1} \wedge I^{M_2}, \vec{T}^{M_1} \bigcup \vec{T}^{M_2}>$$

于是，对于任意的 $\sigma \in L(M_1 \| M_2)$，有

（1）因为 $\sigma(0) \Vdash I^{M_1} \wedge I^{M_2}$，所以 $\sigma(0)|_{\vec{V}^{M_1}} \Vdash I^{M_1}$ 且 $\sigma(0)|_{\vec{V}^{M_2}} \Vdash I^{M_2}$；

（2）因为对每个 $i \in \mathbb{N}$，有 $(\sigma(i), \sigma(i+1)) \Vdash \rho^{M_1} \wedge \rho^{M_2}$，故 $(\sigma(i)|_{\vec{V}^{M_1}}, \sigma(i+1)|_{\vec{V}^{M_1}}) \Vdash \rho^{M_1}$ 且 $(\sigma(i)|_{\vec{V}^{M_2}}, \sigma(i+1)|_{\vec{V}^{M_2}}) \Vdash \rho^{M_2}$；

（3）因为对每个 $B \in \vec{T}^{M_1} \bigcup \vec{T}^{M_2}$，存在无穷多个 $i \in \mathbb{N}$，使得 $\sigma(i) \Vdash B$，因此，若 $B \in \vec{T}^{M_1}$，则 $\sigma(i)|_{\vec{V}^{M_1}} \Vdash B$；若 $B \in \vec{T}^{M_2}$，则 $\sigma(i)|_{\vec{V}^{M_2}} \Vdash B$。

综上所述，$\sigma|_{\vec{V}^{M_1}} \in L(M_1)$，并且 $\sigma|_{\vec{V}^{M_2}} \in L(M_2)$。由于要求 $A_1 \in L(\vec{V}^{M_1})$，$A_2 \in L(\vec{V}^{M_2})$，所以有 $\sigma, 0 \Vdash A_1$ 且 $\sigma, 0 \Vdash A_2$，即 $\sigma, 0 \Vdash A_1 \wedge A_2$。

## 3. 析取规则

正确性显然，证明略。

## 4. 次态规则

证明：任取 $\sigma \in L(M)$，令 $\sigma' = \sigma(1), \sigma(2), \cdots$，现在证明 $\sigma' \in L(OM)$。注意到 $OM = <\vec{V}^M, \rho^M, OI^M, \vec{T}^M>$，只需要证明 $\sigma'(0) \Vdash OI^M$，即 $\sigma(1) \Vdash OI^M$ 即可。

由 $O$ 算子的定义，$\sigma(j) \Vdash OI^M$ 当且仅当存在某个 $\sigma(i)$，使得 $(\sigma(i), \sigma(j)) \Vdash \rho^M$ 并且 $\sigma(i) \Vdash I^M$。对于 $j=1$，令 $i=0$ 即可，因为假设 $\sigma \in L(M)$。

## 5. 全局规则

证明：取 $\sigma \in L(M)$，对每个 $i \in \mathbb{N}$，令 $\sigma^i = \sigma(i), \sigma(i+1), \cdots$，现证明 $\sigma^i \in L(\Diamond M)$。

考虑到 $\Diamond M = <\vec{V}^M, \rho^M, \mu I.(I^M \vee OI), \vec{T}^M>$，而 $\sigma^i(0) = \sigma(i)$，因此只需证明 $\forall i \in \mathbb{N}. \sigma(i) \in \mu I.(I^M \vee OI)$ 即可。

回顾一下 $\mu I.(I^M \vee OI)$ 的计算过程：

（1）令 $I_0=0$；

（2）对每个 $k$，令 $I_{k+1} = I^M \vee OI_k$

（3）若存在 $l$，使得 $I_{l+1} \leftrightarrow I_l$，则停止迭代，令 $\mu I.(I^M \vee OI) = I_l$。

容易验证：对于每个 $k>l$，必然有 $I_k = I_l$。因此，有 $\mu I.(I^M \vee OI) = \vee_i I_i$ 成立。

现在对 $i$ 进行归纳，证明如下结论：

$\forall i \in \mathbb{N}. \sigma(i) \Vdash I_{i+1}$。

首先，当 $i=0$ 时，由定义得 $I_{i+1} = I^M \vee O0 = I^M$。因为 $\sigma \in L(M)$，所以有 $\sigma(0) \Vdash I^M$。因此结论成立。

假设有 $\sigma(k) \Vdash I_{k+1}$ 成立，则对于 $i=k+1$，有 $I_{i+1} = I^M \vee OI_{k+1}$。如前所述，因为 $\sigma(k) \Vdash I_{k+1}$ 且 $(\sigma(k), \sigma(k+1)) \Vdash \rho^M$，所以必有 $\sigma(k+1) \Vdash OI_{k+1}$，从而有 $\sigma(k+1) \Vdash I_{i+1} = I_{(k+1)+1}$。

## 5.7.2  PLC 程序特有的组合检测规则

### 1. 切片规则

设 $A$ 中出现的变元集合为 $\vec{V}$，以及 $IV(A) = \vec{U}$。于是有 $\vec{V} \subseteq \vec{U}$。根据 PLC 程序语义的定义，可以得出 $DS(Cod)$ 和 $DS(Cod')$ 具有如下性质。

对于任意的 $C = <\omega_M, \omega_T, \sigma_G, \sigma_L>, C' = <\omega_M', \omega_T', \sigma_G', \sigma_L'> \in CF$，如果 $C \approx_{\vec{U}} C'$，即

（1）$\omega_M = \omega_M'$；

（2）$\omega_T = \omega_T'$；

（3）对于任意的 $v \in \vec{U} \cap GV$，有 $\sigma_G(v) = \sigma_G'(v)$；

（4）对于任意的 $v \in \vec{U} \cap LV$，有 $\sigma_L(v) = \sigma_L'(v)$。

那么，必然有 $DS(Cod)(C) \approx_{\vec{U}} DS(Cod')(C')$ 成立。事实上，只需对输出性 PLC 指令（如 OUT、算术/逻辑/比较操作）作讨论即可得到上述结论。

由 $Enc$、$Enc'$ 的定义，可以证明 $\rho^{Cod}$ 和 $\rho^{Cod'}$ 之间具有如下关系：

$$\forall \sigma, \sigma'.\forall i, j.(\sigma(i)\big|_{\vec{U}} = \sigma'(j)\big|_{\vec{U}}) \wedge (\sigma(i+1)\big|_{\vec{U}} = \sigma'(j+1)\big|_{\vec{U}})$$
$$\rightarrow ((\sigma(i),\sigma(i+1)) \Vdash \rho^{Cod} \leftrightarrow (\sigma'(j),\sigma'(j+1)) \Vdash \rho^{Cod'})$$

因此，可以得到 $L(M^{Cod})\big|_{\vec{U}} = L(M^{Cod'})\big|_{\vec{U}}$。由于 $A \in L(\vec{V}) \subseteq L(\vec{U})$，所以有 $M^{Cod'} \models A$ 当且仅当 $M^{Cod} \models A$。

## 2. 栈规则

设 $Cod = Cod_1; Cod_2; Cod_1; Cod_3$，并且 $Cod' = Cod_1; MPS; Cod_2; MRD; Cod_3$。根据 PLC 程序语义，如果 $Cod_1$ 是以某个母线连接命令起始的语句块，不含输出指令；$Cod_2$ 和 $Cod_3$ 中没有栈操作和母线操作；$Cod_2$ 以某条输出指令结束，且其中的任何输出目标单元不在 $Cod_1$ 中出现，那么有

$$DS(Cod_1; Cod_2; Cod_1) = DS(Cod_1; MPS; Cod_2; MRD)$$

于是，进一步有 $DS(Cod) = DS(Cod')$ 成立，于是，$L(M^{Cod}) = L(M^{Cod'})$。因此，如果 $M^{Cod} \models A$，那么一定有 $M^{Cod'} \models A$。

## 3. 步进规则

该规则正确性的证明与栈规则正确性的证明类似：若 $Cod = Cod_1;$ STL Z; $Cod_2$; RET; $Cod_3$，$Cod' = Cod_1; Cod_2'; Cod_3$，其中 $Cod_2'$ 是将 $Cod_2$ 中每个 LD U 替换为"LD Z; AND U"；将每个 LDI U 替换为"LD Z; ANDI U"后得到的程序段。那么，可以证明：

$$\forall C \in CF.DS(Cod)(C) = DS(Cod')(C)$$

所以，由 $Enc$ 函数以及 $Enc'$ 函数的定义，可以得到 $L(M^{Cod}) = L(M^{Cod'})$。因此，对于任意的 LTL 公式 $A$，$M^{Cod} \models A$ 当且仅当 $M^{Cod'} \models A$。

## 4. 分支规则

证明：设 $Cod = Cod_1;$ CJ P; $Cod_2$; P: $Cod_3$，$Cod' = Cod_1;$ OUT Y; $Cod_3$。其中，$Y$ 是一个新的输出单元，在 $Cod$ 中不出现。

假设规则的前提条件成立，即

$$M^{Cod'} \models A \text{ 且 } \rho^{Cod_2} \Vdash Stb(IV(A))$$

则由 $Stb$、$Enc$ 以及 $Enc'$ 函数的定义，可以立即得到

$$\forall C \in CF.DS(Cod_2)(C) \approx_{IV(A)} C$$

于是，根据顺序 PLC 程序的语义合成定义，可以得到

$$\forall C \in CF.DS(Cod)(C) \approx_{IV(A)} DS(Cod')(C)$$

进而，根据 $Enc$、$Enc'$ 函数的定义，对于任意的执行 $\sigma$，有

$$\sigma_{IV(A)} \in L(M^{Cod}) \leftrightarrow \sigma_{IV(A)} \in L(M^{Cod'})$$

所以，$M^{Cod} \models A$ 当且仅当 $M^{Cod'} \models A$。

### 5. 循环规则

证明：若 $Cod = Cod_1;\ FOR\ K;\ Cod_2;\ NEXT;\ Cod_3$ 以及 $Cod' = Cod_1;\ (Cod_2)^K;\ Cod_3$，其中 $K$ 为某常量。则根据 PLC 程序的语义定义，有

$$\forall C \in CF.DS(Cod)(C) = DS(Cod')(C)$$

再根据 $Enc$ 和 $Enc'$ 的定义，可得 $M^{Cod} = M^{Cod'}$。于是，在这种情况下，该规则的正确性显然成立。

假设 $Cod = Cod_1;\ FOR\ D;\ Cod_2;\ NEXT;\ Cod_3$，其中 D 对应某个数据寄存器，同时 $Cod_i = Cod_1;\ (Cod_2)^i;\ Cod_3$。

如果 $M^{Cod_0} \models A$，且 $\forall i.(L(M^{Cod_{i+1}}) \subseteq L(M^{Cod_i}))$，则无论在 $Cod$ 执行前 D 中数据为何值，一定有某个 $k$ 使得 $Cod = Cod_k$，因此 $L(M^{Cod}) \subseteq L(M^{Cod_0})$。所以，这时仍然有 $M^{Cod} \models A$ 成立。

## 5.8　检测策略的案例分析

如何应用上述检测策略，考虑下面一个例子，程序 $Cod$ 如下。

```
（1）LD     X0
（2）AND    C0
（3）RST    C0
（4）LD     X0
（5）OUT    C0   K4
（6）LDI    C0
（7）CJ     L1
（8）LD     X0
（9）MPS
```

（10）OUT　C0

（11）MRD

（12）SET　C1

（13）MPP

（14）OUT　C1

（15）LD　　X0

（16）CJ　　L2

（17）L1:　　LD　X0

（18）RST　C1

（19）L2:　　OUT C1

其含义是一个由两个计数变量的模 $n$ 计数器，在这个例子里取 $n=4$，在一个周期里，由这两个变量控制每个阶段 PLC 控制器的行为，主要体现在外部 I/O 行为的不同。这个例子可用于具有周期行为的控制，例如压缩机控制，具体周期和具体 I/O 行为可通过改变变量参数实现。

如果记（1）～（5）行对应的程序为 $Cod_1$，（6）～（7）行对应的程序为 $Cod_2$，（8）～（14）行程序为 $Cod_3$，（15）～（16）行程序为 $Cod_4$，（17）～（18）行程序为 $Cod_5$，（19）行程序为 $Cod_6$，那么就有 $Cod = Cod_1; Cod_2; Cod_3; Cod_4; Cod_5; Cod_6$ 成立。

现在对模型及 LTL 公式 $f \triangleq \mathbf{G}(z_{X0}) \rightarrow \mathbf{GF}(z_{C1})$ 进行组合检测，即检测是否有 $M^{Cod} \models f$ 成立，这一过程可由下述步骤完成。

**步骤一**　由于 $Cod_3$ 是一段关于栈操作的程序，令 $Cod'_3$ 为下列程序：

　　　　　LD　　X0

　　　　　OUT　C0

　　　　　LD　　X0

　　　　　SET　C1

　　　　　LD　　X0

　　　　　OUT　C1

令 $Cod'=Cod=Cod_1; Cod_2; Cod'_3; Cod_4; Cod_5; Cod_6$，于是根据栈规则有 $M^{Cod} \models f \Leftrightarrow M^{Cod'} \models f$。

**步骤二**　由于 $Cod_2$ 和 $Cod_4$ 为条件分支语句，则考虑由 $Cod''=Cod_2; Cod'_3; Cod_4; Cod_5; Cod_6$ 所构成的程序，由分支规则知：

$$\begin{cases} M^{Cod''} \models f \Leftrightarrow M^{Cod'_3;Cod_6} \models f, \rho^{Cod'} \Vdash V_{C0} = 1 \\ M^{Cod''} \models f \Leftrightarrow M^{Cod_4;Cod_6} \models f, \rho^{Cod'} \Vdash V_{C0} = 0 \end{cases}$$

**步骤三** 进一步注意到，$Cod_1$ 事实上是一个模 4 的计数器电路（见图 5.2），按照定义可以得到 $<\vec{V}^{Cod}, \rho^{Cod}, I^{Cod}, \varnothing>$。

（1）$\vec{V}^{Cod} = \{z_{X0}, x_{C0}, z_{C0}, y_M, y_T\}$。

（2）初始条件 $I^{Cod} = \{y_M = 1\} \wedge (y_T = 1)$。

（3）对 $\rho^{Cod}$ 化简整理后，可以得到

$$\rho^{Cod} = (z_{X0} \to x'_{C0} = (x_{C0} + 1)\%4) \wedge (\neg z_{X0} \to x'_{C0} = x_{C0})$$

上式虽然比严格按照操作语义得到的 $\rho^{Cod}$ 要弱，但是在初始条件 $\rho^{Cod}$ 约束下，所有可达状态之间的迁移约束可以恰好使用上式描述。因此，对程序的逻辑运行起决定性作用的变量只有 $z_{X0}$ 和 $x_{C0}$。

（4）公平约束 $\vec{T}^{Cod} = \varnothing$。

由函数 $Enc$、$Enc'$、$Stb$ 的定义以及综合模 4 计数电路的迁移函数，以及 $Cod' = Cod_1; Cod''$ 立即可以得到

$$\rho^{Cod} = \rho^{Cod'} = (\neg z_{X0} \to Stb(\vec{V}^{Cod})) \wedge (z_{X0} \to (x'_{C0} = (x_{C0} + 1)\%4))$$
$$\wedge (z_{X0} \to (z_{C0} \leftrightarrow (x_{C0} = 0))) \wedge (z_{X0} \to (z_{C1} \leftrightarrow (x_{C0} = 0)))$$

其中：变元集合为 $\vec{V}^{Cod} = \{z_{X0}, x_{C0}, z_{C0}, x_{C1}, z_{C1}, y_M, y_T\}$；初始条件为 $I^{Cod} = \{y_M = 1\} \wedge (y_T = 1) \wedge (x_{C0} = 0)$。

**步骤四** 由于 $M^{Cod} \models f \Leftrightarrow M^{Cod} \Vert M^{G(z_{X0})} \models \mathbf{GF}(z_{C1})$ 而易知 $M^{Cod} \Vert M^{G(z_{X0})}$ 的迁移函数为：

$$\rho' = (x'_{C0} = (x_{C0} + 1)\%4) \wedge (z_{C0} \leftrightarrow (x_{C0} = 0)) \wedge (z_{C1} \leftrightarrow (x_{C0} = 0))$$

同时，由于母线栈和连通栈在每个扫描周期结束后状态均等同于初始状态，于是可以将变量 $y_M$ 和 $y_T$ 忽略。于是，$M' = M^{Cod} \Vert M^{G(z_{X0})}$ 系统迁移图可以（显式的）表示如图 5.3 所示。

**步骤五** 由全局规则，$M' \models \mathbf{GF}_{z_{C1}}$ 只需证明 $\Diamond M' \models \mathbf{F}_{z_{C1}}$。经计算 $\Diamond M'$ 的初始条件为 1，即 $s_0, s_1, s_2, s_3$ 均为初始状态。因此只需证明，对于 $\Diamond M'$ 中的每个状态 $s \in \{s_0, s_1, s_2, s_3\}$，都有 $\Diamond M', s \models F_{z_{C1}}$ 成立即可。

**步骤六** 易证，在 LTL 中有 $\mathbf{F}_{z_{C1}} \leftrightarrow z_{C1} \vee \mathbf{XF}_{z_{C1}}$ 成立。显然，$\Diamond M', s_0 \models z_{C1}$ 成立；以下只需证明对每个 $s \in \{s_1, s_2, s_3\}$，都有 $\Diamond M', s \models \mathbf{XF}_{z_{C1}}$ 即可。

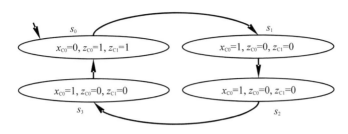

**图 5.3　系统状态迁移图示例**

**步骤七**　要证 $\lozenge M', s_3 \vDash \mathbf{XF}_{z_{C1}}$，由次态规则，只需证明 $\lozenge M', s_3 \vDash \mathbf{F}_{z_{C1}}$ 即可，这等价于 $\lozenge M', s_0 \vDash \mathbf{F}_{z_{C1}}$，而这是已经证明了的。

**步骤八**　类似的，也可以证明 $\lozenge M', s_2 \vDash \mathbf{XF}_{z_{C1}}$ 和 $\lozenge M', s_1 \vDash \mathbf{XF}_{z_{C1}}$ 成立。

于是，可以得出结论 $M^{Cod} \vDash f$ 成立。

## 5.9　本章小结

本章的主要工作和主要结论如下。

（1）首先对目前的主要模型检测工具进行了梳理分析，研究了面向属性、面向系统分析和建模、面向源程序验证的三类模型工具的用途、技术特点和应用情况，将合适的模型检测工具 NuSMV 选择作为本研究的工具基础，以便尽快利用成熟工具开展实际应用。

（2）给出了 PLC 程序由指称语义到算术符号迁移系统的转化过程，给出了一组组合模型检验策略，降低了检测状态空间消耗，并分别讨论、证明了这些策略的正确性[269, 270]。

（3）组合模型检测的目的在于简化目标，缩简目标性质的结构[271, 272]。本章提出的 PLC 组合检测策略，既包含适用于所有代码的通用策略（如压缩规则、合取规则、析取规则、次态规则以及全局规则），又包含若干适用于 PLC 程序的特定策略（如切片规则、栈规则、步进规则、分支规则以及循环规则）。

（4）这些组合检测策略的正确性在文中已经给出了证明，本章的案例分析给出了在实际应用中如何运用这些策略进行检测。

# 第 6 章

## PLC 程序的组合证明

在上一章中，讨论了针对 PLC 程序模型检测的组合问题，给出了若干组合模型检测策略，并且证明了这些策略的正确性和合理性。

从模型检验的角度而言，一个 PLC 程序在一个扫描周期内的一次执行对应于符号迁移系统中的一步迁移。换句话说，PLC 模型检验关心的性质是跨越程序执行若干个（甚至无穷多个）扫描周期的性质，或者说是运行时的动态行为的正确性。

与之相比，还有一类性质，它关心的是一个扫描周期内程序的正确性质，或者说静态性质。例如，下面的 PLC 程序段：

```
… …
L1:  DIV    D1      D2      D3
     LD     D4
     CJ     L2
     XCH    D1      D2
     MOV    D4      D2
     LD     D4
     CJ     L1
L2:  OUT    D2
```

该程序的意义是，在[D1.]>0 且[D2.]>0 的情况下，输出[D1.]和[D2.]的最大公约数。这里只给出算法的主体部分，预处理部分如保证[D1.]、[D2.]均为正数，且[D1.]≥[D2.]假设已经在前面保证。注意，DIV 指令执行完毕后，D3、D4 分别存放的是 [D1.]/[D2.]的商和余数；此外，在其他序列的 PLC 指令中，可能会用

JZ D4 L1 (L2)

替代上面的

```
LD D4
CJ  L1 (L2)
```

指令。其中，JZ 指令的语义是"若指令后所跟寄存器的值为 0，则发生跳转"。于是，该程序执行完毕后应该遵循的性质可以采用一阶逻辑描述如下：

$$\exists x \in \mathbb{N}. ((V_{D1} \bmod x) = 0 \wedge (V_{D2} \bmod x) = 0$$

$$\wedge \forall y \in \mathbb{N}. (V_{D1} \bmod y) = 0 \wedge (V_{D2} \bmod y) = 0 \rightarrow y \leqslant x)$$

然而，这一点很难从该程序的语义函数中得出。为此，需要一种新的技术，用以推导 PLC 程序单个扫描周期内的功能性质。本书采用定理证明的技术解决这类问题。

本章首先简要介绍几个主要的定理证明工具，基于 COQ[273]定理证明器，研究归纳定义直觉主义一阶逻辑定义，基于 COQ 进行了 PLC 建模，提出基于定理证明的 PLC 程序正确性验证框架，给出了从 PLC 程序到 Gallina 模型（COQ 的描述语言）的转换过程。其主要思想是基于 PLC 程序语义的结构归纳转换，并给出 PLC 程序静态性质的若干组合证明策略。

## 6.1　定理证明工具

定理证明是数学领域中一个古老的分支，它从公理出发，利用推理规则为定理寻找证明过程。当将数学定理的手工证明和一般的演绎推理，变成一系列能在计算机上自动进行的符号演算的过程和技术时，定理证明就成为当今软件工程领域中一种非常重要的形式化技术和方法，并被开发出定理证明系统。现在，定理证明系统已经被广泛应用于数学定理证明、协议验证以及软硬件的安全特性验证等方面，成为研究和工程技术人员解决关键软件系统正确性、可信性的重要方法，也是继模型检测技术之后未来软件工程领域的一个重要发展方向[274]。

因此，定理证明是一种形式化验证方法，通过使用数学推理和描述，将相应模型使用严格的数学逻辑符号抽象转换成数学公式，进而采用逻辑演算验证模型。现在工业界已经研发了交互式和自动化的定理证明工具，需人工指定或利用工具自动定义证明过程中的相关条件和工作，然后利用工具中所产生的经过检验的构造证明程序（以函数式编程语言描写）提取出来，以实现自动化检测验证定理证明。

同模型检测技术相比，定理证明技术有其自身的特点。

（1）定理证明一般采用一阶逻辑或者高阶逻辑作为工具语言，并且它的建模/规约语言一般是基于类型的[275]。

（2）同模型检测技术相比，多数的定理证明工具不是完全自动化的，它往往需要用户的交互和指导。因而，它要求用户对当前证明目标的意义具有十分清晰的把握和了解。

（3）定理证明具有其独特的优势：它对于问题的规模不敏感，能够处理无穷问题，尤其是针对变元数目有穷，而变元取值范围无穷的问题。

计算机辅助定理证明工具有许多，其中较为突出的有 COQ、Automath、Nqthm、ACL2、Isabelle/HOL、PVS、Nuprl、LEGO 和 Mizar 等。下面对这些工具中较为典型的特点进行简要介绍。

## 6.1.1　COQ 定理证明器

MartinLof 利用 Alongzo Church 所设计的 $\lambda$-演算记号形成了构造性理论。20 世纪 80 年代，Gerard Huet、Guy Cousineau、Thierry COQuand 等将该构造性理论融入了 Automath 系统的一个扩展，即构造演算（construction calculus）。并且，Thierry COQuand 对这一系统的 $\lambda$-演算基础的元理论分析，给出了这一演算的终止性证明，进而给出关于该演算的逻辑可靠性的证明。

COQ 系统是由法国的研究机构 Inria 开发的交互式定理证明工具。COQ 是一个形式化证明管理系统，它的目的在于提供一个集程序描述/定义及性质证明于一体的交互式开发平台，以一种形式化语言编写数学定义、可执行算法和定理，以及一个用于半交互式开发机器检验证明的环境。它既可以用在各个行业需要的可信程序开发中，还能用来对程序进行规约、证明，典型的应用包括编程语言的属性验证（如 CompCert 编译器认证项目、验证 C 程序的软件工具链、并发分离逻辑的 Iris 框架）、数学的形式化（如 Feit-Thompson 定理的完全形式化，或同伦类型理论）等。

COQ 系统是一款由法国 Inria 公共计算机科学研究院支持的开源软件，任何人都可以在 GitHub 上跟踪并参与研发过程。COQ 团队管理着 COQ 的开发，该团队是由来自学术界和工业界的开发人员和高级用户组成的国际联盟。

COQ 系统的特点也非常明显。

（1）COQ 定理证明工具可以表达规约说明，开发满足规约说明的程序，适用于开发研制验证需要的可信程序。对安全可信关键程序的形式化验证，COQ 使相关验证工作变得相对简单。

（2）COQ 系统可以被数学家用来开发证明系统，也可用来开发安全程序。它所提供的高阶逻辑具有很强的逻辑表达能力，证明以交互方式进行开发，并可借助自动搜索工具帮助。因此，在逻辑、自动机理论、计算语言学和算法学等领域都有广泛应用。

（3）COQ 系统也可以作为一个逻辑框架，在该框架下可以为新的逻辑提供公理，基于这些逻辑开发证明系统。它可使用户使用 COQ 为模态逻辑、时序逻辑、面向资源的逻辑等逻辑系统开发推理系统，也可以为指令式程序开发推理系统。

（4）COQ 系统可以从证明中生成可靠的程序和模块。

## 6.1.2　Automath 定理证明器

Automath 是荷兰埃因霍温理工大学（Eindhoven University of Technology）于 1967—1968 年开发的。Automath 定义了一种适合表达大部分数学的语言，只要遵守语法规则，就能保证数学内容的正确性。由于"数学"和"表达"的概念相当模糊，举例会比较好理解。例如，有一本非常复杂的文本，从头至尾都用复值函数理论表述，除了逻辑和推理规则、集合论、数系、几何、拓扑、代数等，没有被明确地声明为一个公理的，不使用任何非推导的文本。假设文本写得非常细致，没有留下任何空白。然后，可将这些文本逐行翻译成 Automath 语言描述的文本，该描述文本的语法正确性可以用计算机检查，并可考虑作为最终给定数学部分的完整检测。虽然实践中可以这样做，逐行翻译将成为乏味的规程，更主要的困难在于如何详细地描述如此庞大的数学系统。

Automath 非常接近数学家习惯的表述方式，而且 Automath 中使用的缩写系统取自现有的数学表达，只是处理命题和断言的方式是全新的。Automath 中语言以行的形式书写，描述一个对象以上下文、每一行上附加一个上下文指示符号（或简短标志）的形式，通常上下文结构可以由一组嵌套块描述，这些描述行组成对象块，与一个系统中的性质推论类似。一行由四部分组成：一个上下文指示符号、一个标识符、一项定义以及一个范畴说明。描述遵循一般的数学表式，详见参考文献[276]。上下文结构可以表达一定的功能关系，其处理方法的本质是 $\lambda$-变换演算，这种特性丰富了其语言表述，赋予了数学语言灵活性。

除适应特殊用途（如重叠的语言）外，依据它可以定义增加的语言，这也是其保持尽可能简单的原因，例如，它早期的一个简单子语言 PAL，无法处理谓词、量子体和函数等。

### 6.1.3　Nqthm 和 ACL2 定理证明器

#### 1. Nqthm 定理证明器

20 世纪 70 年代，爱丁堡大学的 Robert S. Boyer 和 J. Strother Moore 利用 LISP 语言开发定理证明工具 Nqthm（也称为 Boyer-Moore 定理证明器），目的是精确地描述并在数学意义上证明一个程序的属性，用计算逻辑（computational logic）实现程序验证。Nqthm 是一个全自动的、基于逻辑的定理证明系统。ACL2（a computational logic for applicative common LISP）系统就是基于该系统发展而来的[277, 278]。

Nqthm 以一阶理论证明定理，类似于基本的算术理论，使用 LISP 作为定理证明语言的子集，因为递归列表处理函数很容易在 LISP 中实现，所以用 LISP 可以自然地表示一个定理；此外，LISP 的简单语法在人工智能处理中也是通用的。Nqthm 使用 LISP 解释器 "运行"定义的定理和启发式定理，从解释器递减信息中导出归纳公式。然后，将归纳启发式 LISP 简单重写规则与该定理的一般化证明结合起来而得到验证。Nqthm 程序接收一个 LISP 表达式作为输入，将需要证明的数学语言写成 LISP 语言，然后用计算机验证逻辑过程。

从技术上讲，Nqthm 所用逻辑过程是纯 LISP 的无量词一阶逻辑。它的公理和推理规则是由具有等式和函数符号的命题演算中添加刻画某些基本函数符号的公理和两个"扩展原则"而得到的。用户可以在逻辑中添加新的公理，以引入"新的"归纳定义的"数据类型"和递归函数，以及数列上直到某个序数作为推理规则的数学归纳法。然而，在"特定基本函数"公理化中是部分递归函数的解释器，它允许引入具有与有界量词相同的基本属性的概念，以及像图解器和函数对象那样的高阶特征。这种逻辑由一组 LISP 程序实现，允许用户对归纳构造的数据类型进行公理化，定义递归函数，并证明关于它们的定理。

定理证明器是根据通用的 LISP 语言编写的，给定问题上的行为是由一个规则数据库决定的。规则由系统从用户提交的公理、定义和定理中导出，特别是每当一个新的定理被证明时，它都会被转换成规则形式并存储在数据库中。当新的定理被提交时，当前"启用"的规则决定了定理证明器的某些部分的行为。使用这种方法，用户可以通过适当的引理渐变序列引导机器证明极深奥的定理。在这些应用中，定理证明器更像一个复杂的证明检查程序，而不是一个自动的定理证明器。

Nqthm 的典型应用证明领域包括基本的编目处理、初等数论、元数学、泛函数、有界量词和高阶函数、通信协议、并发算法、实时控制、汇编语言、操作系统、硬件验证等。

### 2. ACL2 定理证明器

ACL2 是继承 Nqthm 对交互式进行了增强，表示"一种应用通用 LISP 的计算逻辑"。ACL2 的理论基础与 Nqthm 一样，它的开发目的是针对工程应用显著增加 Nqthm 应用规模，将常用编程语言作为逻辑应用子集，从而使编写的逻辑模型和许多程序开发（即建模）环境可进入高效运行平台，一般通用 LISP 语言可以实现与 C 语言相当的速度运行[279, 280]。

ACL2 项目有如下 3 个指导原则，这也是其特点。

（1）符合所有兼容通用 LISP 语言实现。

（2）不添加任何违反用户输入认知的逻辑，可以直接提交通用 LISP 编译器并运行（ACL2 的核被定义在一个环境中适用于 ACL2 特定的宏和函数）。

（3）ACL2 用作实现 ACL2 系统的语言，在 ACL2 中编程 ACL2 系统迫使研发人员不断地扩展子集，以便能够编写可接受的高效代码。

ACL2 逻辑是整个递归函数的一阶、无量词的逻辑，提供了对序数的数学推导和两个扩展原则：一个用于递归定义，另一个用于新函数符号的约束引入。推理规则与 Nqthm 的规则一致；在数据类型上，所有通用 LISP 函数都是公理化的，或者在 ACL2 中定义为函数或宏。

ACL2 可执行通用 LISP，所以比 Nqthm 效率高。由于特别考虑了运行效率，以便高效地执行涉及矩阵、属性列表和状态的运算操作。通过"保护"验证可以获得与逻辑本身分离的能力，使证明不会受到不必要的阻碍。ACL2 除了作为编程语言效率之外的优势是健壮性、通用特性、可维护性和证明支持。

### 6.1.4　Isabelle/HOL 定理证明器

Isabelle/HOL 定理证明器是一种支持高阶逻辑（higher order logic）的交互式通用定理证明器，它们都源自英国剑桥大学（University of Cambridge）在爱丁堡开发的 LCF 证明检验器。LCF 的元语言（ML）是一种交互式函数编程语言，ML 不只是执行显式命令序列，也给出逻辑的一般表示；项、公式和定理一样被视作可计算的数据；每个推理规则都是一个从定理到定理的函数。一个定理只能通过对已有定理应用规则建立，ML 类型检查器确保定理类型的任何值都必须由一个原语推理序列获得，确保了其可靠性。即定理只由规则构造，当规则或策略被错误地应用时，就会出现例外情况。尽管如此，一种策略预示结果比它能实现的更多，这种策略可能是无效的；如果它的验证函数是错误的，那么最终的正向证明将不会产生预期的定理。LCF 环境中的规则随着使用而增长，规则可以作为函数进行组合应用。原始版本的 ML 是用 LISP 语言实现的，现在的标准 ML 成为剑桥大学研究团队具有自主版权的开发语言。

Isabelle 定理证明器允许以不同的逻辑进行 LCF 形式证明，使用的逻辑表示不需要为每个规则编写函数。在 Isabelle 中，规则由 Horn 子句表示；规则可以组合起来构建证明，由于正反向证明是简单的证明结构形式，所以在规则和策略上没有太大差别。其量词需要包含形式化 $\lambda$-演算的语法，而规则的连接要求一致。尽管基于完全不同的证明逻辑原则，但可以像 LCF 一样使用。它对反向证明的处理具有比 LCF 独特的优势[281]。

Isabelle 需要更高阶的实例或过程，以及一个精确的元逻辑，即一个高阶逻辑片段，以适应它的目标和方法，涉及表达蕴涵、全称量词表达图式规则与一般前提、等式表达定义。它扩展了元逻辑，可以表达诸如"将双重否定规则添加到需要排中律的直觉逻辑中"，在一个高阶逻辑片段中通过演绎构造证明。目前，它已是一种通用的定理证明辅助工具，通过形式化公式对需要证明的数学公式进行逻辑演算，主要应用在形式化验证方面，如数学公式和形式化协议描述与性质证明。

HOL 定理证明器提供了支持在更高阶逻辑中进行定理证明的工具集。这些工具由编程语言 ML 中的函数构成，与 HOL 形成交互接口，交互接口可以使 HOL 的用户构建自己特定应用程序的定理证明基础。HOL 应用的高阶逻辑是谓词演算的一个版本，它允许变量在函数和谓词上取值。这种逻辑的表达能力与集合论大致相似，足以表示大多数普通的数学理论。由 HOL 系统支持的高阶逻辑的特定表述是简单类型理论的延伸，具体表述从 LCF 发展而来，HOL 的逻辑允许 LCF 类型变量。同时，它遵循 LCF 对逻辑理论的显式管理，形成有向非循环图，支持将复杂的规约分割成一个连贯的结构。HOL 一致性保持定义原则与任意公理分离的特征是有别于 LCF 的。大多数使用 HOL 的开发都是纯定义的，因此可以保证一致性[282]。

## 6.1.5　PVS 定理证明器

　　PVS（prototype verification system，原型验证系统）由斯坦福研究院（Stanford Research Institute）开发，用于构建清晰和精确的规约，以及形成机器验证可展示的证明过程。PVS 利用语言与演绎、自动化与交互、定理证明与模型检查之间的协同作用，提供机器形式化验证的辅助工具，提供了系统工具集成环境、规约语言和定理证明器[264]。

　　PVS 规约语言是基于经典的、简单类型化的高阶逻辑，其类型系统已经用子类型和非独立类型进行了扩充，可用于定义高级推理策略（类似 LCF 中的策略），以及参数化的理论和定义抽象数据类型（如列表和树）的机制增强经典的高阶逻辑。该规约语言的类型包括数字、记录、元组、数组、函数、集合、序列、列表和树等，以及递归、赋值绑定构造、回溯试探策略构造和条件设定策略构造。PVS 的类型系统要求使用定理证明建立类型正确性，而类型信息在证明过程中又被广泛使用。PVS 类型系统中的特性组合进行规约非常方便，但它使类型检测无法确定，PVS 类型检测器通过为 PVS 用户生成证明任务来自动处理这种不可判定性，并生成与谓词子类型对应的检测过程，并可以通过使用 PVS 工具进行类型检测。PVS 参数理论可以获取和描述对应任意大小、类型和排序关系进行排序的概念。在定理证明过程中，首先需要对被验证对象的行为进行形式化定义，用规约语言描述行为状态和需要证明的性质，利用定理证明和类型检测之间的交互，快速检测出规约错误。

　　PVS 定理证明器提供了强大的原语推理步骤，大量使用推理过程决策，但是仅仅根据这些推理步骤构造证明也会非常烦琐。PVS 交互证明过程也是系统的组合决策过程，通过决策选择和机器自动验证，集成了用于自动验证状态系统时间特性的模型检查功能。验证证明过程中提示用户为给定的子目标输入合适的命令以管理证明构建过程，简化用户确定而烦琐的操作步骤，只需用户交互地提供验证中的关键步骤。给定命令的执行既可以生成进一步的子目标，也可以完成一个子目标，并将控制转移到证明中的下一个子目标，直至所有子目标完成。

用户定义的证明策略可以提高证明检测的自动化程度。谓词子类型约束被自动断言到决策过程中，并且类型检测实例化量词，用于模型检验的过程，就是一种用于释放特定有限状态系统时间特性的决策过程，采用的决策规程利用包括等式推理的同余闭包算法，以及线性算术、数组和元组等理论等。

典型的证明策略包括量词启发式实例化、重复斯柯林化（Skolemization，以前束范式中消去全部存在量词所得到的公式即为斯柯林标准范式）、简化、重写、量词实例化、简化和重写产生的归纳。目前在 PVS 中有大约 100 种策略，但其中只有大约 30 种是常用的。不仅利用决策规程证明定理，而且也记录类型约束，使用管理事件子项假定的公式简化子项。这些管理假定可以是紧密关联条件表达式（IF-THEN-ELSE）的检测部分，也可以是控制约束变量的类型约束。简化可以确保公式在证明过程中不会变得太大。同样重要的是决策规程与证明过程自动重写的使用密切相关，在应用重写规则时执行条件和类型正确性条件都必须非常容易消解于决策过程，以完成条件约束下的检测。

### 6.1.6 Nuprl 和 LEGO 证明开发系统

#### 1. Nuprl 证明开发系统

Nuprl 证明开发系统[283]是由美国康奈尔大学 PRL 项目团队开发的，该系统支持交互式构建证明、公式和术语的形式化数学理论，可以表达与定义、定理、理论、卷和库相关的概念。该系统所构建的理论对术语、断言和证明的计算内涵非常敏感，系统可以执行用于定义该计算内涵的操作或动作。这些操作如同求解科学和数学问题一样：理解问题、分析问题、探寻可能的解、写下中间结果、最终集合成一个解。Nuprl 包括继承 LCF 项目的 ML 编程语言，扩展了 Automath 形式化样式，从广义上说是一个实现数学运算的自动定理证明系统。

Nuprl 具有一个突出特点,它的逻辑和系统考虑了断言和证明的计算内涵。如给定一个构造性存在证明,系统可以使用该证明中的计算信息,建立一个证明该断言事实的对象表述,这样的证明过程可以为进一步计算提供数据。此外,对于一个类型 A 的任何对象 x 的证明,可以建立一个类型 B 的一个对象 y 满足关系 R(x, y),隐式地定义了一个从 A 到 B 的可计算函数 f。系统可以从证明中建立 f,以类型 A 的输入求解 f。

Nuprl 也具有智能计算系统特征。它提供用户以 ML 语言书写证明程序、输入系统中确定的初始数学知识逻辑代码、产生证明的规则、某些定义类型等,从而建立数学事实、定义、定理和 ML 程序库,用这些库中的结果和其他 ML 程序生成定理证明。Nuprl 在证明定理积累上具有真正辅助的意义,凸显了智能系统的知识积累特性。系统逻辑样式是基于问题求解的逐步细化的范式,使用户能够从目标到子目标反向工作,直到达到已知的目标。所以,这种逻辑样式系统称为证明优化逻辑(proof refinement logic)。系统在提供了许多重要层次的演绎推理支持和有用的策略基础上,开发了一些专家推理器以实现一些等式和算术的自动推理或计算。系统提取器从证明中产生一个程序,如果证明能够完成,则整个程序是符合规约的。

## 2. LEGO 证明开发系统

LEGO 是由爱丁堡大学计算机科学系研制开发的交互式证明开发系统,也是一种性质检测类型的定理证明器,用于自然演绎风格的交互式证明应用开发。它支持作为基本操作的证明优化,系统设计中着重用自动检测消除交互式证明中较为烦琐的部分[284]。

LEGO 中具有逻辑推理综合和领域多态性的系统特性,它的形式化水平更接近非正式数学,从而使得证明检测更加实用。LEGO 基于类型理论的高阶逻辑能力,加上形式化新归纳类型的支持,为数学问题的具体化、程序规约和开发提供了一种表述语言。特别在类型理论中,类型体系使抽象数学的形式化成为可能,而强求解和类型可以用来自然地表达抽象结构、数学理论和程序规约。LEGO 应用 ML 语言进行编写，提供了 ML 函数，因此也可以用于不同的形式化逻辑系统和基于定义逻辑的定理证明[285]。

### 6.1.7 Mizar 项目

Mizar 项目是由波兰普沃茨克科学学会（Plock Scientific Society，Poland）主导研究的，原本的目标是设计和实现辅助数学论文撰写的软件环境，由于当时没有更好的选择，所以系统风格遵循了波兰数学学校的数学家的习惯，传统的逻辑和集合理论是该项目的基础。在尝试了各种集合理论的形式化方法后，最终采用了 Tarski-Grothendieck 集合理论，即 Mizar 中的公理由公理集组成，包括扩展的公理、单独定义的公理、一个布尔（幂集）集合定义的公理、正则公理、有序对定义的公理、Tarski 提出的公理 $A$ 和 Frankel 体制[286]。

每个 Mizar 文章（article）都用文本文件书写，文本本身包含了证明事实的陈述和正确性判断的新概念定义，文本段还需要环境指示声明指出对 Mizar 库的引用。用户用词汇文件名增加符号到文章词汇中，词汇表还可以指定用于解析的引入符号关联强度。作者可以利用系统中的词汇，也可以自由地构建新的词汇，新词汇遵循作者自定义的规则；可以构建四类数据用于 Mizar 处理器，签名数据文件指明文章中允许使用的定义符号；定义数据指明文章中每项定义内容，可以与签名数据文件一起存储；定理数据指明文章中需证明而尚未证明的定理；模式数据指明文章中需证明而尚未证明的模式，这些数据都以文件形式存储。Mizar 表达式的构建器（函数、谓词、模式）以若干规约句式来定义，以及指定各种参数类型返回结果。

Mizar 系统产生的文章是一个以固定形式化词汇描写的极为详细的数学文本，并存入 Mizar 数据库，便于利用已有文章证明作者文章，它也可以处理交叉引用的文章文本。产生的文章包含了按要求形式化的文章证明，作者可以参考 Mizar 系统提供已收集的文章。为了提供作者引用的便利，系统为每篇文章生成一个摘要，摘要包括所有项的描述，这样可以不需要一个单一定理证明检测而引用整个文章。

经过多年发展，Mizar 项目在纯数学论文中需要的定理证明方面，为数学论文、数学文章或书籍等作者提供了非常好的辅助作用。虽然在数学定理证明方面扩展了形式化数学，但是 Mizar 项目原定目标的基础限制了更好的应用领域扩展。

## 6.2　直觉主义逻辑及其一阶逻辑定义

COQ 等著名的定理证明工具中一般采用直觉主义逻辑对性质进行规约。该逻辑由 A. Heyting 等在 20 世纪 30 年代提出[274]，这种逻辑的特点如下。

（1）体现了人们对知识获取的累积过程，或认知过程，每个项及公式的语义值都是单调递增的。例如，语义为 *false* 的公式，其语义将来可能变为 *true*；但其真值一旦为 *true*，将来不可能变为 *false*。任何一个函数 $f$，其定义域会逐渐增大，不会缩小。

（2）不承认排中律（Exlusive Middle Law），即即使 $\Gamma, A \vdash B$，且 $\Gamma, \neg A \vdash B$， 也并不能够得出 $\Gamma \vdash B$。

因为，不认可"否定之否定"的逻辑。即 $\neg\neg A$ 成立，并不意味着 $A$ 成立（但是 $A$ 却能推出 $\neg\neg A$ 成立）。所以，类似 $A \vee \neg A$ 以及 $\neg\neg A \to A$ 等在经典逻辑中成立的定理在该逻辑中不再成立。

（3）该逻辑仍承认反证法，即"矛盾律"。如果有 $\Gamma, A \vdash \perp$，那么仍然有 $\Gamma \vdash \neg A$ 成立。

（4）该逻辑强调"证明即构造"。在直觉主义逻辑中，任何一个公式同时被视为一种类型（type）。要证明一个公式成立，实际上是要构造"存在一个具有该公式类型的项/值"。即从一个已有的公式集合 $\Gamma$ 出发，证明一个公式 $A$ 的过程，实际上是从 $\Gamma$ 中每个公式所对应类型的项出发，构造具有类型 $A$ 的项的过程。

（5）在这种逻辑中，$\vee$、$\wedge$、$\to$、$\perp$、$\forall$、$\exists$ 被看作相互独立的连接词。

经典逻辑中的一些定理，如 $\neg(A \wedge B) \rightarrow (\neg A \vee \neg B)$ 以及 $\neg \forall x.A \rightarrow \exists x.\neg A$ 在直觉主义逻辑中不再成立。但是，$\neg A$ 仍然被看作 $A \rightarrow \perp$ 的缩写。

之所以选用这种逻辑，是因为它与程序之间存在着天然的对应关系。一方面，逻辑中的"公式""证明""证明检查"就分别对应于函数式程序中的"类型""函数""类型检查"等概念；另一方面，书写函数式程序的过程，可以与定理证明的过程相互转换。这种对应称为 Curry-Howard 对应（或者 Curry-Howard 同构）[287, 288]。

以下，$\mathcal{P}$ 表示命题及谓词集合，其中的元素用 $p, q, P, Q, \cdots$ 表示（一般用小写字母表示命题，用大写字母表示谓词）；用 $\mathcal{F}$ 表示函词的集合，其中的元素一般用 $a, b, f, g, \cdots$ 表示（其中，$a$、$b$ 等一般表示零元的函词常元，即个体常元）；用 $\mathcal{F}$ 的一个特定子集 $\mathcal{X}$ 表示个体变元，其中的元素一般用 $x, y, \cdots$ 表示（注意，个体变元都是零元的函词）。

由于这里讨论的只是一阶逻辑，所以除个体需要区分常元或者变元外，对于函词、命题、谓词，都将其视为常元。一阶直觉主义逻辑的项（一般用 $t, s, \cdots$ 表示）用 BNF 范式可以表示如下：

$$t ::= a$$
$$| x$$
$$| f(t, \cdots, t)$$

其公式可以用 BNF 范式表示如下：

$$A ::= \perp$$
$$| p$$
$$| P(t, \cdots, t)$$
$$| \perp$$
$$| A \wedge A$$
$$| A \vee A$$
$$| A \rightarrow A$$
$$| \forall x.A$$
$$| \exists x.A$$

此外，还引入如下的简写：

$$\neg A \triangleq A \to \bot$$

$$A \leftrightarrow B \triangleq (A \to B) \wedge (B \to A)$$

与经典一阶逻辑不同，直觉主义一阶逻辑的语义定义在特殊的 Kripke 结构上。这类 Kripke 结构是一个四元组 $K = <W^K, D^K, R^K, I^K>$，其中：

（1）$W^K$ 为一个非空集合，称为 $K$ 的宇宙，每个 $\omega \in W^K$ 称作一个可能世界，即一个"可能世界"就是 Kripke 结构中的一个状态，"宇宙"就是由"可能世界"构成的有穷集合；

（2）$D^K$ 为 $K$ 的论域集，即对每个 $\omega \in W^K$，都存在一个与之对应的论域 $D^K(\omega)$；

（3）$R^K \subseteq W^K \times W^K$ 为 $K$ 的可达关系，要求 $R^K$ 必须具有传递性；

（4）$I^K$ 为 $K$ 的解释集，即对每个 $\omega \in W^K$，都存在一个与之对应的解释 $I^K(\omega)$。

除此之外，对 $K$ 中的每个部分，还有如下的约束。

（1）对每个 $\omega_1, \omega_2 \in W^K$，若 $R^K(\omega_1, \omega_2)$，则 $D^K(\omega_1) \subseteq D^K(\omega_2)$。

（2）对每个 $n$ 元函词 $f \in \mathcal{F} \backslash \mathcal{X}$ 及 $\omega_1, \omega_2 \in W^K$，若 $R^K(\omega_1, \omega_2)$，则

如果 $n=0$（即当 $f$ 为个体常元时），那么 $I^K(\omega_1)(f) = I^K(\omega_2)(f)$；

否则，要求 $I^K(\omega_1)(f) = I^K(\omega_2)(f)\big|_{D^K(\omega_1)^n}$，即对于任意的元素 $a_1, \cdots, a_n \in D^K(\omega_1)$，要求 $I^K(\omega_1)(f)(a_1, \cdots, a_n) = I^K(\omega_2)(f)(a_1, \cdots, a_n)$。

（3）如果在布尔关系上建立偏序 $<$，并令 $false < true$，同时记 $\leqslant$ 为 $<$ 的自反闭包。那么，对每个 $n$ 元谓词 $P \in \mathcal{P}$ 及 $\omega_1, \omega_2 \in W^K$，若 $R^K(\omega_1, \omega_2)$，则

如果 $n=0$（即当 $P$ 为命题常元时），则 $I^K(\omega_1)(P) \leqslant I^K(\omega_2)(P)$；

否则，要求有 $I^K(\omega_1)(P)(a_1, \cdots, a_n) \leqslant I^K(\omega_2)(P)(a_1, \cdots, a_n)$ 成立，其中 $a_1, \cdots, a_n$ 是任意 $n$ 个 $D^K(\omega_1)$ 中的元素。

对于任意的 Kripke 结构 $K$ 以及 $\omega \in W^K$，称 $e : \mathcal{X} \to D^K(\omega)$ 是关于 $K$ 和 $\omega$ 的指派；是指对每个 $x \in \mathcal{X}$，有 $e(x) \in D^K(\omega)$。以下，用 $\mathcal{E}_{K,\omega}$ 表示由所有关于 $K$ 和 $\omega$ 的指派构成的集合。

下面归纳定义直觉主义一阶逻辑的语义。对每个公式 $A$，Kripke 结构 $K$，可能世界 $\omega \in W^K$，以及 $e \in \mathcal{E}_{K,\omega}$，用 $[\![A]\!]_{K,\omega}(e)$ 表示 $A$ 在 $K$ 和 $e$ 下在可能世界 $\omega$ 中的语义。具体说明如下。

（1）$[\![\bot]\!]_{K,\omega}(e) = false$。

（2）$[\![p]\!]_{K,\omega}(e) = I^K(\omega)(p)$。

（3）$[\![P(t_1,\cdots,t_n)]\!]_{K,\omega}(e) = I^K(\omega)(P)([\![t_1]\!]_{K,\omega}(e),\cdots,[\![t_n]\!]_{K,\omega}(e))$。其中项 $t$ 的语义 $[\![t_1]\!]_{K,\omega}(e)$ 归纳定义如下：

$[\![a]\!]_{K,\omega}(e) = I^K(\omega)(a)$；

$[\![x]\!]_{K,\omega}(e) = e(x)$；

$[\![f(t_1,\cdots,t_m)]\!]_{K,\omega}(e) = I^K(\omega)(f)([\![t_1]\!]_{K,\omega}(e),\cdots,[\![t_m]\!]_{K,\omega}(e))$。

（4）$[\![A_1 \wedge A_2]\!]_{K,\omega}(e) = \begin{cases} true, & [\![A_1]\!]_{K,\omega}(e) = [\![A_2]\!]_{K,\omega}(e) = true \, ; \\ false, & \text{其他。} \end{cases}$

（5）$[\![A_1 \vee A_2]\!]_{K,\omega}(e) = \begin{cases} false, & [\![A_1]\!]_{K,\omega}(e) = [\![A_2]\!]_{K,\omega}(e) = false \, ; \\ true, & \text{其他。} \end{cases}$

（6）$[\![A_1 \to A_2]\!]_{K,\omega}(e) = \begin{cases} true, & \text{对每一个 } \omega', \ R^K(\omega,\omega') \text{ 且} [\![A_1]\!]_{K,\omega}(e) = true, \\ & \quad \text{必然包含} [\![A_2]\!]_{K,\omega}(e) = true; \\ false, & \text{其他。} \end{cases}$

（7）$[\![\forall x.A]\!]_{K,\omega}(e) = \begin{cases} true, & \text{对每一个 } \omega', \text{ 且每一个 } d \in D^K(\omega'), \\ & \quad [\![A]\!]_{K,\omega'}(e[x/d]) = true; \\ false, & \text{其他。} \end{cases}$

（8）$[\![\exists x.A]\!]_{K,\omega}(e) = \begin{cases} true, & [\![A]\!]_{K,\omega}(e[x/d]) = true \text{对某个} x \in D^K(\omega); \\ false, & \text{其他。} \end{cases}$

这里有几点需要注意。

（1）对于直觉主义一阶逻辑而言，连接词 $\to$ 和量词 $\forall$ 具有一定的"时序特征"。即公式 $A$ 的真值步进取决于当前世界，而且还与其可达世界有关。

（2）在上述对公式 $\forall x.A$ 的解释中，如果 $e \in \mathcal{E}_{K,\omega}$，则必然有 $e[x/d] \in \mathcal{E}_{K,\omega'}$。因此上面的定义是一个合理的归纳。

因此，对于每个项 $t$ 而言，$[\![t]\!]_{K,\omega}$ 就可以看作一个从 $\mathcal{E}_{K,\omega}$ 到 $D^K(\omega)$ 的函

数；同理，对于每个公式 $A$ 而言，$[\![A]\!]_{K,\omega}$ 就可以看作一个从 $\mathcal{E}_{K,\omega}$ 到 $\{true, false\}$ 的函数。为了与前面的记号相统一，记：

$$K, \omega \vDash_e A \triangleq [\![A]\!]_{K,\omega}(e) = true$$

以及

$$K, \omega \vDash A \triangleq \forall e \in \mathcal{E}_{K,\omega}. \ K, \omega \vDash_e A \text{。}$$

由上述直觉主义一阶逻辑的定义，很容易证明下面的定理成立。

**定理 6.1**　单调性定理：设 Kripke 结构 $K = <W^K, D^K, R^K, I^K>$，则对任意的可能世界 $\omega_1, \omega_2 \in W^K$，如果 $R^K(\omega_1, \omega_2)$，那么：

（1）对任意的项 $t$ 以及指派 $e \in \mathcal{E}_{K, \omega_1}$，有 $[\![t]\!]_{K, \omega_1}(e) = [\![t]\!]_{K, \omega_2}(e)$；

（2）对任意的公式 $A$ 以及指派 $e \in \mathcal{E}_{K, \omega_1}$，有 $[\![A]\!]_{K, \omega_1}(e) \leqslant [\![A]\!]_{K, \omega_2}(e)$。

证明：对 $t$ 及 $A$ 采用项/公式结构归纳即可。

# 6.3　交互式定理证明工具 COQ

选择 COQ 作为研究的辅助工具，主要基于如下几点考虑。

（1）COQ 是目前国际上交互式定理证明领域的主流工具，它基于归纳构造演算，有着强大的数学模型基础、完整的工具集，以及很好的扩展性，便于研究定制自己的扩展集。

（2）COQ 有一支强大的全职研发队伍，支持开源，这对于研究和工程技术人员以及初学者非常有利，便于快速利用 COQ 工具。

（3）我们部分研究团队也一直从事 COQ 的研发，对于 COQ 掌握比较深入，并理解 COQ 背后的基础理论。

COQ 中的编程语言称为 Gallina，它内置了程序语言中若干常用的语法机制以及类型，如整数（Z）、自然数（nat）、布尔（bool）、字符（ascii）、字符串（string）以及基于这些类型构造的派生类型，如列表（list）、选择（option）等。

下面简要说明 COQ 系统中的项（term）、变量（variable）、表达式（expression）、类型（type）以及语句（statement）的特点。

　　一般而言，项和表达式都要在一定的上下文和域（scope）内起作用。同一个表达式，在不同的域内，其意义有时也不一样。在声明的一个项或者表达式后，它就立即拥有了一个唯一的类型。例如，下面语句

Variables X Y : Prop.

的作用就声明了两个变量 X 和 Y，其类型为 Prop（即命题类型）。当使用命令 Check　X.去查看 X 对应的类型时，COQ 就会给出相应的应答，即 Prop。

　　任何表达式都具有类型，无法推导其对应类型的表达式为非法[289]。同样，变量有其自身的作用域。一般而言，为了限制变量的作用范围，提出使用分节的方法将变量进行分隔。例如：

Section my_sec.

…… ……

Variables A B C : nat.

…… ……

End my_sec.

这样，（新声明的）变量作用范围就被限定在 my_sec 节中。

　　在 COQ 中，可以利用归纳的方法自定义新的数据类型[290]。例如，在 COQ 的类型库中，自然数类型的定义如下：

Inductive nat : Set :=

| O

| S : nat → nat.

即自然数类型 nat 具有两个构造子—— O 和 S。它等价于下面的归纳定义：

　　（1）O ∈ nat；

　　（2）若 m ∈ nat，则 S m ∈ nat。

　　于是，O、S O、S (S O)、…都是自然数。此外，为增加可读性，COQ 将这些值分别记为 0、1、2、…。

　　COQ 中常见有两种定义项/函数的方法——直接定义和递归定义[291]。前者使用关键字 Definition，后者使用关键字 Fixpoint。它们的区别在于：

后者允许在函数体内对自身进行递归调用。

例如，下面的语句

Fixpoint fac (*n*: nat) : nat :=

match *n* with

| O ⇒1

| S *m* ⇒ *n* \* (fac *m*)

end.

定义了一个递归函数 fac，它接收一个 nat 类型的参数，返回值为 nat 类型。在函数体内，用 match 语句对 *n* 进行形式匹配——如果 *n* 的值为 O（即自然数 0），则函数的返回值为 1，若 *n* 形如 S *m*，则返回 *n* \* (fac *m*)。这里，发生了一次递归调用。

在 COQ 中，可以用 Theorem、Lemma 等关键字定义待证明的定理、引理等。

例如，下面的语句

Theorem add_perm: $\forall P\,Q$: Prop, $P \wedge Q \leftrightarrow Q \wedge P$.

就是"合取操作具有交换性"在 COQ 中的表达。这里，逻辑符号¬、∨、∧、→、↔、∀、∃在 COQ 中分别写作~、∨、∧、->、<->、forall、exists，为了统一，这里仍然沿用数学符号。

除了建模语言外，COQ 还提供了一系列的定理证明策略（tactics），用以完成定理的交互式证明。一次策略实际上对应于直觉主义逻辑中规则的逆向应用。关于主要的证明策略的介绍可详见[65，273，274，289，291，292]等文献。

## 6.4 基于 COQ 的 PLC 程序建模

本节将给出基于 Gallina 语言的 PLC 建模。首先，针对 PLC 的每个语法成分，给出其基于 Gallina 的表示；其次，将给出 PLC 程序语义的 COQ 描述，以用来证明程序的某些性质。

首先，应当定义建模组态。在第 3 章中，曾经用一个四元组 $<\omega_M, \omega_T, \sigma_G, \sigma_L>$ 描述一个"组态"。但事实上，PLC 程序中的元器件需要分为以下两类。

（1）一类包括输入继电器单元（X）、输出继电器单元（Y）、辅助继电器单元（M），这类元器件存储的是一个位（bit）。

（2）另一类包括状态寄存器（S）、计数器单元（C）等，这类单元存储的是一些数据（16 位、32 位，或者更高）。

所以，有必要将 $\sigma_L$ 和 $\sigma_G$ 做进一步的细化——各自划分为由"位类型"寄存器构成的函数和由"数据类型"构成的函数。

因此，在 COQ 中，利用下面的结构数据类型对组态进行建模：

> Record config := MkConfig {
>
>     M_Stack : list bool;
>
>     T_Stack : list bool;
>
>     L_Bit_Map : string → bool;
>
>     L_Data_Map : string → Z;
>
>     G_Bit_Map : string → bool;
>
>     G_Data_Map : string → Z
>
>     }.

其中，Record 是 COQ 中的关键字，一个 Record 数据类型基本上等同于高级语言中的"结构"（如 C 语言中的 struct）。局部变元指派函数 $\sigma_L$ 被分解为 L_Bit_Map 和 L_Data_Map 两个字段；全局变元指派函数 $\sigma_G$ 被分解为 G_Bit_Map 和 G_Data_Map 两个字段。

此外，还有一个全局函数 Is_glb_var_name : string → bool，专门用于测试一个变量名（寄存器名）是否是全局变量。这个函数的具体定义，在编写 PLC 程序时给出。它一般遵守这样的约定：被 SET/RST 命令作用的单元以及计数器单元作为全局变元；其余作为局部变元。

下面给出 PLC 程序语句的 COQ 描述。首先，用下面的类型声明语句定义 PLC 中零元、一元、二元、三元操作的定义。

Inductive PLC_Z_OP := | ORB | ANDB | INV | NOP | MPS | MRD | MPP .

这里，PLC_Z_OP 就描述了 PLC 中"不需要操作数"的所有指令。

Inductive PLC_U_OP :=

| LD | LDI | AND | ANDI | OR | ORI | OUT | SET |RST | INC |DEC | NEG.PLC_U_OP 就描述了 PLC 中"需要一个操作数"的指令。

Inductive PLC_B_OP :=　| OUTC | MOV| XCH.

事实上，OUTC 不过是 OUT 命令针对计数器单元所单独设置的语句。但因为当 OUT 的操作数是计数器单元时，还需要给出一个常数 C，因此将其作为一个"需要两个操作数"的二元指令。

Inductive PLC_T_OP :=

|ADD | SUB | MUL | DIV | WAND | WOR | WXOR| CMP.

于是，PLC_T_OP 就枚举了 PLC 中"需要三个操作数"的指令。这些指令多与数值计算相关。

在 PLC 控制电路中，还有一个唯一的四元命令—— ZCP。为此，特声明如下的类型。

Inductive PLC_F_OP := ZCP.

然后，使用下面的类型声明语句定义 PLC 的程序语句。

Inductive PLC_Sent :=

　　　| Z_Cmd: PLC_Z_OP → PLC_Sent

　　　| U_Cmd: PLC_U_OP→ string → PLC_Sent

　　　| B_Cmd : PLC_B_OP → string → string→PLC_Sent

　　　| T_Cmd : PLC_T_OP → string → string → string → PLC_Sent

　　　| F_Cmd : PLC_F_OP → string → string → string → string →

　　　　　　PLC_Sent

　　　| Conseq: PLC_Sent → PLC_Sent → PLC_Sent

　　　| Cond : PLC_Sent → PLC_Sent → PLC_Sent

　　　| Loop_Z : string → PLC_Sent → PLC_Sent

　　　| Loop_C : nat→PLC_Sent→ PLC_Sent.

其中，Z_Cmd *op*、U_Cmd *op X*、B_Cmd *op X Y*、T_Cmd *op X Y Z* 以及 F_Cmd *op X Y Z W* 就分别对应于零元、一元、二元、三元以及四元操作指令。而上面的 Conseq、Cond 和 Loop 三个构造子则分别用于构造顺序合成、条件分支以及循环命令。

例如：下面的 PLC 程序

|       | LD  | X1 |
|-------|-----|----|
|       | JC  | L  |
|       | AND | X2 |
| L:    | AND | X3 |
|       | OUT | Y1 |

在 COQ 中，这段程序就可以用下面的语句表示。

Conseq ( Conseq   (U_Cmd    LD "X1")
(Cond   (U_Cmd   AND "X2")   (U_Cmd   AND   "X3"))
(U_Cmd   OUT   "Y1") ).

在此基础上，定义 PLC 程序的指称语义。由于 PLC 程序的指称语义是从组态到组态的映射，所以按照下面的方式对其进行声明。

Fixpoint   Prog_Semantics (*St* : PLC_Sent) (*C*: config): config :=

match St with

| Z_Cmd   *op* ⇒ (Z_Cmd_Semantics *C op*)

| U_Cmd   *op*   *X* ⇒ (U_Cmd_Semantics *C op X*)

| B_Cmd   *op X Y* ⇒   (B_Cmd_Semantics *C op X Y*)

| T_Cmd   *op X Y Z* ⇒ (T_Cmd_Semantics *C op X Y Z*)

| F_Cmd *op X Y Z W* ⇒ (F_Cmd_Semantics *C op X Y Z W*)

| Conseq   *St′St″* ⇒ Prog_Semantics (*St″*(Prog_Semantics *St′C*))

| Cond *St′St″* ⇒ match (T_Stack *C*) with

| 1:: *t* ⇒   Prog_Semantics *St″C*

| _ ⇒   Prog_Semantics (Conseq *St′St″*) *C*

| Loop_Z   *X St′* ⇒

if   (Is_glb_var_name *X*) then

if　(G_Data_Map $C$ $X$ < > 0) then

　　let $C'$:= Prog_Semantics $St'$　$C$ in

　　let $C''$:= MkConfig (M_Stack $C'$) (T_Stack $C'$) (L_Bit_Map $C'$)

　　　　　(L_Data_Map $C'$) (G_Bit_Map $C'$)

　　　　　(Adapt (G_Data_Map $C'$) $X$ (G_Data_Map $X$)-1)

　　in Prog_Semantics (Loop_Z　$X$ $St'$) $C''$

　else　　$C$

　else

　　if　(L_Data_Map $C$ $X$ < > 0) then

　　　let $C'$:= Prog_Semantics $St'$　$C$ in

　　　let $C''$:=MkConfig (M_Stack $C'$) (T_Stack $C'$) (L_Bit_Map $C'$)

　　　　　　(Adapt　(L_Data_Map $C'$) $X$ (L_Data_Map $C$ $X$)-1)

　　　　　　(G_Bit_Map $C$) (G_Data_Map $C$)

　　　in Prog_Semantics (Loop_Z　$X$ $St'$) $C''$

　　　else　$C$

| Loop_C　$K$ $St'$ ⇒ if ($K$ < > 0) then

　　　let $C'$:= Prog_Semantics $St'$ $C$ in

　　　　　Prog_Semantics (Loop_C $K$-1 $St'$) $C'$

　　　else $C$

　end.

其中，Adapt 函数用于完成"单点替换功能"（即 $f\{x:=t\}$）。其具体定义如下。

Definition　Adapt　($f$: string → Z) ($X$: string) ($V$: Z) : string → Z :=

　　fun $Y$ ⇒ if (string_eq_bool $X$ $Y$) then $V$ else $f(Y)$.

这里，string_eq_bool 函数用于"比较两个字符串是否相等"，它的定义为：

Definition string_eq_bool ($X$: string) ($Y$: string): bool := (prefix $X$ $Y$) & (prefix $Y$ $X$).

其中 prefix 是在 String 库中预定义的函数，它用以判断一个字符串是否为另外一个字符串的前缀。

在 Prog_Semantics 函数定义中，引入了几个辅助函数：Z_Cmd_Semantics、U_Cmd_Semantics 、 B_Cmd_Semantics 、 T_Cmd_Semantics 以 及 F_Cmd_Semantics，分别用来计算零元、一元、二元、三元以及四元指令的语义。它们的具体定义如下。

Definition Z_Cmd_Semantics　(C: config) (op: Z_Cmd) : config:=

　match op with

　| ORB ⇒ MkConfig (M_Stack C) (Op_B_top (T_Stack C) bor)

　　(L_Bit_Map C)(L_Data_Map C) (G_Bit_Map C) (G_Data_Map C)

　| ANDB ⇒ MkConfig (M_Stack C) (Op_B_top (T_Stack C) band)

　　(L_Bit_Map C)(L_Data_Map C) (G_Bit_Map C) (G_Data_Map C)

　| INV ⇒ MkConfig (M_Stack C) (Op_U_top (T_Stack C) bnot)

　　(L_Bit_Map C)(L_Data_Map C) (G_Bit_Map C) (G_Data_Map C)

　| NOP ⇒ C

　| MPS ⇒ MkConfig (Top_comp (M_Stack C)(T_Stack C)) (T_Stack C)

　　(L_Bit_Map C)(L_Data_Map C) (G_Bit_Map C) (G_Data_Map C)

　| MRD ⇒ MkConfig (M_Stack C) (Top (M_Stack C))

　　(L_Bit_Map C)(L_Data_Map C) (G_Bit_Map C) (G_Data_Map C)

　| MPP ⇒ MkConfig (pop (M_Stack C)) (Top (M_Stack C))

　　(L_Bit_Map C)(L_Data_Map C) (G_Bit_Map C) (G_Data_Map C)

　end.

其中，辅助函数 Op_B_top、Op_U_top、Top_comp、Pop 的定义分别如下。

Definition Op_B_top (l: list bool) (op : bool→ bool→bool) : list bool :=

　match l with

　　| x::y::l′ ⇒ (op x y)::l′

　　| _ ⇒ l

　end.

Definition Op_B_top (l: list bool) (op : bool→bool) : list bool :=

match

$\qquad | x :: l' \Rightarrow (op\ x) :: l'$

$\qquad | \_ \Rightarrow \mathrm{nil}$

end.

Definition Top_comp (*l*: list bool) (*l′*: list bool) : list bool :=

  match *l′* with

$\qquad | x :: l'' \Rightarrow x :: l$

$\qquad | \_ \Rightarrow l$

end.

Definition Pop (*l*: list bool): list bool :=

  match *l* with

$\qquad | \mathrm{nil} \Rightarrow \mathrm{nil}$

$\qquad | \_ :: l' \Rightarrow l'$

$\qquad$ end.

用于计算一元指令语义的函数 U_Cmd_Semantics 定义如下。

Definition U_Cmd_Semantics (*C*: config) (*op*: Z_Cmd) (*X*: string): config:=

Let *V*:= (if (Is_glb_var_name *X*) then

$\qquad$ (G_Bit_Map *C X*) else (L_Bit_Map *C X*) ) in

match op with

  | LD⇒MkConfig ( M_Stack *C*) (*V*::(T_Stack *C*)) (L_Bit_Map *C*)

    (L_Data_Map *C*) (G_Bit_Map *C*) (G_Data_Map *C*)

  | LDI⇒MkConfig ( M_Stack *C*) ((bnot *V*)::(T_Stack *C*)) (L_Bit_Map *C*)

    (L_Data_Map *C*) (G_Bit_Map *C*) (G_Data_Map *C*)

  | AND⇒MkConfig (M_Stack *C*) (Op_B_top (T_Stack C) (fun *V′* ⇒ band

  *V V′*))

    (L_Bit_Map *C*) (L_Data_Map *C*)

    (G_Bit_Map *C*) (G_Data_Map *C*)

  | ANDI ⇒ MkConfig ( M_Stack *C*)

  (Op_B_top (T_Stack C) (fun $V' \Rightarrow$ bnot(band $V V'$)))

  (L_Bit_Map $C$) (L_Data_Map $C$) (G_Bit_Map $C$) (G_Data_Map $C$)

| OR$\Rightarrow$MkConfig ( M_Stack $C$) (Op_B_top (T_Stack C) (fun $V' \Rightarrow$bor $V V'$))

  (L_Bit_Map $C$) (L_Data_Map $C$) (G_Bit_Map $C$) (G_Data_Map $C$)

| ORI$\Rightarrow$MkConfig ( M_Stack $C$)

  (Op_B_top (T_Stack C) (fun $V' \Rightarrow$bnot (bor $V V'$)))

  (L_Bit_Map $C$) (L_Data_Map $C$) (G_Bit_Map $C$) (G_Data_Map $C$)

| OUT$\Rightarrow$if (Top (T_Stack $C$)) &(Is_glb_var_name $X$) then

  MkConfig (M_Stack $C$) (Top (M_Stack $C$))

  (Adapt (L_Bit_Map $C$) $X$ (Top (T_Stack $C$)))

  (L_Data_Map $C$) (G_Bit_Map $C$) (G_Data_Map $C$)

else

  MkConfig (M_Stack $C$) (Top (M_Stack $C$)) (L_Bit_Map $C$)

  (L_Data_Map $C$) (G_Bit_Map $C$) (G_Data_Map $C$)

| SET$\Rightarrow$if (Top (T_Stack $C$)) then

  MkConfig (M_Stack $C$) (Top (M_Stack $C$)) (L_Bit_Map $C$)

  (L_Data_Map $C$) (Adapt (G_Bit_Map $C$) $X$ 1) (G_Data_Map $C$)

 else

  MkConfig (M_Stack $C$) (Top (M_Stack $C$)) (L_Bit_Map $C$)

  (L_Data_Map $C$) (G_Bit_Map $C$) (G_Data_Map $C$)

| RST$\Rightarrow$if (Top (T_Stack $C$)) then

  MkConfig (M_Stack $C$) (Top (M_Stack $C$)) (L_Bit_Map $C$)

  (L_Data_Map $C$) (Adapt (G_Bit_Map $C$) $X$ 0) (G_Data_Map $C$)

else

  MkConfig (M_Stack $C$) (Top (M_Stack $C$)) (L_Bit_Map $C$)

  (L_Data_Map $C$) (G_Bit_Map $C$) (G_Data_Map $C$)

| INC$\Rightarrow$if (Top (T_Stack $C$)) then

  MkConfig (M_Stack $C$) (Top (M_Stack $C$)) (L_Bit_Map $C$)

(L_Data_Map $C$) (G_Bit_Map $C$)

(Adapt (G_Data_Map $C$) $X$ (G_Data_Map $C$ $X$ +1))

else

　　MkConfig (M_Stack $C$) (Top (M_Stack $C$)) (L_Bit_Map $C$)

　　(L_Data_Map $C$) (G_Bit_Map $C$) (G_Data_Map $C$)

| DEC⇒if (Top (T_Stack $C$)) then

　　MkConfig (M_Stack $C$) (Top (M_Stack $C$)) (L_Bit_Map $C$)

　　(L_Data_Map $C$) (G_Bit_Map $C$)

　　(Adapt (G_Data_Map $C$) $X$ (G_Data_Map $C$ $X$ -1))

else

　　MkConfig (M_Stack $C$) (Top (M_Stack $C$)) (L_Bit_Map $C$)

　　(L_Data_Map $C$) (G_Bit_Map $C$) (G_Data_Map $C$)

| NEG⇒if (Top (T_Stack $C$)) then

　　MkConfig (M_Stack $C$) (Top (M_Stack $C$)) (L_Bit_Map $C$)

　　(L_Data_Map $C$) (G_Bit_Map $C$)

　　(Adapt (G_Data_Map $C$) $X$ ($\overline{G\_Data\_Map\,C\,X}$ ))

else

　　MkConfig (M_Stack $C$) (Top (M_Stack $C$)) (L_Bit_Map $C$)

　　(L_Data_Map $C$) (G_Bit_Map $C$) (G_Data_Map $C$)

end.

其中，Top 函数用于读取栈顶的值（即 list 结构的第一个元素的值）。

用于定义二元操作指令语义的函数 B_Cmd_Semantics 定义如下。

Definition B_Cmd_Semantics ($C$: config) ($op$: Z_Cmd) ($X Y$: string): config :=

　match $op$ with

　| OUTC⇒if (Top (T_Stack $C$)) then

　　MkConfig (M_Stack $C$) (Top (M_Stack $C$)) (L_Bit_Map $C$)

　　(L_Data_Map $C$) (G_Bit_Map $C$)

　　(Adapt (G_Data_Map $C$) $X$ (Parse_Val $Y$))

else

    MkConfig (M_Stack $C$)(Top (M_Stack $C$)) (L_Bit_Map $C$)

    (L_Data_Map $C$) (G_Bit_Map $C$) (G_Data_Map $C$)

| MOV⇒if (Top (T_Stack $C$)) then

    MkConfig (M_Stack $C$) (Top (M_Stack $C$)) (L_Bit_Map $C$)

    (L_Data_Map $C$) (G_Bit_Map $C$)

    (Adapt (G_Data_Map $C$) $Y$ (G_Data_Map $C$ $X$))

else

    MkConfig (M_Stack $C$)(Top (M_Stack $C$)) (L_Bit_Map $C$)

    (L_Data_Map $C$) (G_Bit_Map $C$) (G_Data_Map $C$)

| XCH⇒if (Top (T_Stack $C$)) then

    MkConfig (M_Stack $C$) (Top (M_Stack $C$)) (L_Bit_Map $C$)

    (L_Data_Map $C$) (G_Bit_Map $C$)

    (Adapt(Adapt (G_Data_Map $C$) $Y$ (G_Data_Map $C$ $X$))

    $X$ (G_Data_Map $C$ $Y$))

else

    MkConfig (M_Stack $C$)(Top (M_Stack $C$)) (L_Bit_Map $C$)

    (L_Data_Map $C$) (G_Bit_Map $C$) (G_Data_Map $C$)

end.

其中，Parse_var 函数的作用在于将字符串转化为对应的整数。例如，将字串"123"转化为整数 123。此外，对于 MOV 操作，只考虑了 $X$ 和 $Y$ 都是全局变量的情况，对于其他三种情况，可以类似给出。

用于定义三元操作指令语义的函数 T_Cmd_Semantics 定义如下。这里只给出 $X$、$Y$、$Z$ 均为全局变元名的情况，其他八种情况可以类似给出。

Definition T_Cmd_Semantics ($C$: config) (*op*: Z_Cmd) ($X$ $Y$ $Z$: string):

  config :=

    if ~ (Top (T_Stack $C$)) then

    MkConfig (M_Stack $C$) (Top (M_Stack $C$)) (L_Bit_Map $C$)

(L_Data_Map $C$) (G_Bit_Map $C$)(G_Data_Map $C$)

else

　match *op* with

| ADD⇒MkConfig (M_Stack $C$) (Top (M_Stack $C$)) (L_Bit_Map $C$)

　　(L_Data_Map $C$) (G_Bit_Map $C$)

　　(Adapt (G_Data_Map $C$) $Z$ (G_Data_Map $C$ $X$) +( G_Data_Map $C$ $Y$))

| SUB⇒MkConfig (M_Stack $C$) (Top (M_Stack $C$)) (L_Bit_Map $C$)

　　(L_Data_Map $C$) (G_Bit_Map $C$)

　　(Adapt (G_Data_Map $C$) $Z$ (G_Data_Map $C$ $X$) $^-$ ( G_Data_Map $C$ $Y$))

| MUL⇒MkConfig (M_Stack $C$) (Top (M_Stack $C$)) (L_Bit_Map $C$)

　　(L_Data_Map $C$) (G_Bit_Map $C$)

　　(Adapt (G_Data_Map $C$) $Z$ (G_Data_Map $C$ $X$)*( G_Data_Map $C$ $Y$))

| DIV⇒MkConfig (M_Stack $C$) (Top (M_Stack $C$)) (L_Bit_Map $C$)

　　(L_Data_Map $C$) (G_Bit_Map $C$)

　　(Adapt (G_Data_Map $C$) $Z$ (G_Data_Map $C$ $X$)/( G_Data_Map $C$ $Y$))

| WAND⇒MkConfig (M_Stack $C$) (Top (M_Stack $C$)) (L_Bit_Map $C$)

　　(L_Data_Map $C$) (G_Bit_Map $C$)

　　(Adapt (G_Data_Map $C$) $Z$ (G_Data_Map $C$ $X$)∧( G_Data_Map $C$ $Y$))

| WOR⇒MkConfig (M_Stack $C$) (Top (M_Stack $C$)) (L_Bit_Map $C$)

　　(L_Data_Map $C$) (G_Bit_Map $C$)

　　(Adapt (G_Data_Map $C$) $Z$ (G_Data_Map $C$ $X$)∨( G_Data_Map $C$ $Y$))

　| WXOR⇒MkConfig (M_Stack $C$) (Top (M_Stack $C$)) (L_Bit_Map $C$)

　　(L_Data_Map $C$) (G_Bit_Map $C$)

　　(Adapt (G_Data_Map $C$) $Z$ (G_Data_Map $C$ $X$)⊕( G_Data_Map $C$ $Y$))

　| CMP⇒if ((G_Data_Map $C$ $X$) < (G_Data_Map $C$ $Y$)) then

　　MkConfig (M_Stack $C$) (Top (M_Stack $C$)) (L_Bit_Map $C$)

　　(L_Data_Map $C$) (G_Bit_Map $C$)

　　(Adapt (Adapt (Adapt (G_Data_Map $C$) $Z$ 1) (N $Z$) 1) (N (N $Z$)) 1) else

MkConfig (M_Stack *C*) (Top (M_Stack *C*)) (L_Bit_Map *C*)

(L_Data_Map *C*) (G_Bit_Map *C*)

(Adapt (Adapt (Adapt (G_Data_Map *C*) *Z* 0) (N *Z*) 0) (N (N *Z*)) 0)

(L_Data_Map *C*) (G_Bit_Map *C*) (Adapt (G_Data_Map *C*) )

　　end.

其中，函数 N : string→string 用于得到指定寄存器的逻辑相邻寄存器名。例如：N "X11" = "X12"。

最后，是 F_Cmd_Semantics 的定义。这里，同样只写出所有操作数均为全局变元的情况。由于这里涉及的四元操作命令只有 ZCP 一个，所以不再对其命令进行分析。

Definition F_Cmd_Semantics (*C*: Config) (*op*: F_Cmd) (*X Y Z W*: string):

config :=

if ~ (Top (T_Stack *C*)) then

MkConfig (M_Stack *C*) (Top (M_Stack *C*)) (L_Bit_Map *C*)

(L_Data_Map *C*)(G_Bit_Map *C*) (G_Data_Map *C*)

else

let $(V_X, V_Y, V_Z)$ := ((G_Data_Map *C X*), (G_Data_Map *C Y*),

(G_Data_Map *C Z*)) in

if $(V_Z < V_X)$ then

MkConfig (M_Stack *C*) (Top (M_Stack *C*)) (L_Bit_Map *C*)

(L_Data_Map *C*)(G_Bit_Map *C*)

( Adapt (Adapt (Adapt (G_Data_Map *C*) *W* 1) (N *W*) 0) (N (N *W*)) 0 )

else if $(V_Z \leqslant V_Y)$ then

Mkconfig (M_Stack *C*) (Top (M_Stack *C*)) (L_Bit_Map *C*)

(L_Data_Map *C*)(G_Bit_Map *C*)

( Adapt (Adapt (Adapt (G_Data_Map *C*) *W* 0) (N *W*) 1) (N (N *W*)) 0 )

else

Mkconfig (M_Stack $C$) (Top (M_Stack $C$)) (L_Bit_Map $C$)

(L_Data_Map $C$)(G_Bit_Map $C$)

( Adapt (Adapt (Adapt (G_Data_Map $C$) $W$ 0) (N $W$) 1) (N (N $W$)) 1)

end.

## 6.5　基于 COQ 的 PLC 程序性质证明

在上一节中，基于 COQ 系统建模了 PLC 指令系统的数据类型、指令、语句，进一步描述了 PLC 程序的指称语义。本节将以若干典型的 PLC 程序为例，说明如何对 PLC 程序性质进行证明。

首先从一个基本的模块开始，该模块完成一个简单的数据交换功能。其对应的 PLC 程序如下。

MOV D1 D3

MOV D2 D1

MOV D3 D2

那么，将要证明的性质用直觉主义一阶逻辑公式描述如下：

$\forall C$: config. (L_Data_Map) $C$ "D1" = L_Data_Map(Prog_Semantics $Cod$ $C$) "D2"

$\wedge$ (L_Data_Map) $C$ "D2" = L_Data_Map(Prog_Semantics $Cod$ $C$) "D1"

其中，Prog_Semantics $Cod$ $C$ 中的 $Cod$ 实际上是上述三行代码的 COQ 描述。即

Conseq (( B_Cmd MOV "D1""D3")

Conseq (B_Cmd MOV"D2""D1") (B_Cmd MOV "D3""D2"))

对于上面的公式，就可以使用 intro、split、unfold、simpl 以及 reflexivity 等策略将其证明。

再考虑下面的代码，它用于累加从 $1\sim n$ 的值，即 $\sum\limits_{i=1}^{n} i$，其对应的代码如下：

FOR D1

ADD D1 D2 D2

NEXT

其对应的 PLC 代码 *Cod'* 如下：

LOOP_Z ( T_Cmd ADD "D1" "D2" " D2")。

为了描述"累加"，定义如下的辅助函数：

Fixpoint sum_up (*n*: nat) : nat :=

match *n* with

| O⇒O

| S *m*⇒*n* + (sum_up *m*)

end.

这样，需要证明的性质可以用一阶逻辑描述如下：

∀ *C*: config. (L_Data_Map *C* "D2") = 0

→ (L_Data_Map (Prog_Semantics *Cod'* *C*) "D2")

= (sum_up (L_Data_Map *C* "D1")。

在证明该性质时，需要用到归纳法。归纳的对象应该是 L_Data_Map *C* "D1"，即在 intro 策略后，应使用策略 induction L_Data_Map *C* "D1"。这时，第一个证明目标可以使用 simpl 和 reflexivity 策略消除。对于第二个目标，则可以使用 rewrite 策略（或者 change 策略）、simpl 策略以及 reflexivity 策略证明。

## 6.6　本章小结

本章的主要工作和主要结论如下。

（1）本章介绍了 PLC 程序组合检测的定理证明需求，对可用的定理证明工具、一般定理证明技术所具有的特点进行了系统分析。研究了较为突出的 COQ、Automath、Nqthm、ACL2、Isabelle/HOL、LCF、PVS、Nuprl、LEGO 和 Mizar 等定理证明辅助工具，对这些工具中较为典型的技术特点进行了简要介绍。

（2）简要分析了直觉主义一阶逻辑的语法、语义，阐述了选用 COQ 定理证明器作为我们研究辅助工具的考虑。然后，以典型的定理证明工具 COQ 为例，简要介绍了 Gallina 语言的主要语法元素以及相应的使用方法；进而阐述了 COQ 中主要的定理证明策略的用法。

（3）针对 PLC 程序，使用 Gallina 语言建模了其核心数据类型以及基本命令，按 PLC 程序的指称语义使用 Gallina 语言建模，给出了基于 Prog_Semantics 函数证明代码执行前后组态之间的关系，以及性质证明策略的应用方法，即基于定理证明的 PLC 程序正确性证明方法[293]。

# 第 7 章

# PLC 程序组合检测实际应用

本章基于发射场系统应用介绍 PLC 程序组合检测的实际应用,对发射场的任务、组成、控制系统构成等进行系统描述,用以理解典型应用的环境条件。基于本研究,针对一个典型案例——航天发射摆杆控制系统,进行 PLC 程序组合检测实验。在建模方面,PLC 程序指称语义及指令函数可方便描述典型案例中的指令模块,使本研究中的组合测试、模型检测和定理证明在同一指称语义上开展,保持检测验证基础的一致性;PLC 程序检测的组合设计正确性由其得到保证。在组合检测验证方面,航天发射摆杆控制系统案例包含边界测试的 14 个用例、3 条正确性性质,分别通过组合测试、模型检测和 COQ 定理证明方法得到了验证。实验结果证实了组合测试框架、组合模型检测规则及策略和基于 COQ 定理证明正确性验证框架的有效性。与已有工作的比较进一步说明了本研究组合检测技术的特点及优势。

## 7.1　发射场系统任务与组成

我国正在建设升级新一代航天发射场,发射场系统的控制软件具有迫切的 PLC 嵌入式软件检测需求。为了满足新一代无毒、无污染运载火箭和新型航天器发射任务需求,新一代发射场系统具有测试发射指挥与辅助决策自动化、数据分析定量化、设备状态数字化、故障处理智能化、技术保障远程化、资源配置可视化、操作训练虚拟化、日常管理网络化和系统接口多样化的特征。发射场的各种特种设施设备系统是这些特征和保障航天发射成功的关键因素,其中的核心是近、远程控制系统。例如,推进剂加注控制系统、供气控制系统、瞄准窗控制系统、整流罩空调系统、塔架导流槽消防系统等是软硬件紧密结合的嵌入式系统,该类系统使用 PLC 控制程序进行控制,软件系统的正确性对于整个系统运行的正确性、安全性和可靠性起着至关重要的作用,可直接影响航天发射任务的成败和人员生命安全。

在智能化发射场建设中,自动装卸组装、智能加注供气、智能发射、智能保障等设施设备，以及智能测试发射控制系统等核心关键设备都是 PLC 系统，而 PLC 程序的正确性是其中的关键和基础。国际上先进的航天发射场都是采用大量的自主控制和智能控制技术，简化飞行产品的测试、发射控制，缩短任务周期，提高发射效率，实现无人值守，强化安全性和可靠性，其中的核心仍然是控制系统。

发射场一般指具有装配、储存、检测和发射航天器的整套试验设施和设备的场所，具备测试、跟踪、通信、气象、数据处理等台站，以及加注供气、技术勤务和配套的生活设施等特定的综合性区域[294]。美国 NASA 是以地面与发射系统（ground and launch system）定义和划分发射场系统职能任务的，其构成的设施设备功能差别不大。

我国发射场一般由测试发射系统、测控系统、通信系统、勤务系统、着陆回收系统、气象系统等组成。发射场系统或地面与发射系统一般是技术区、发射区、航落区的设施设备及指挥和评估系统的统称，包括测试发射系统、勤务系统、回收系统。发射场系统即发射场的地面与发射系统，由于习惯原因不加区分地混用。

### 7.1.1 传统发射场系统

传统的发射场系统要素主要是技术区、发射区、飞行航区落区、组织指挥系统、飞行分析评估系统和发射场技术勤务系统，完成飞行产品卸车、存放、转运、吊装对接、装配、组装、测试、加注、发射等工作；为飞行提供测量控制和安全控制，飞行产品或残骸回收等；进行推进剂、特种气体的生产运输、供水、消防、供配电、港口、机场和交通道路保障等；提供飞行任务从产品进场到发射入轨完成的组织、计划、调度和指挥等手段；开展飞行全过程数据和地面测试数据的分析评估，以及设施设备检测评估。传统发射场系统构成如图 7.1 所示，发射场技术勤务系统分布在其他各系统中，如水、暖、电等，这里不做介绍。

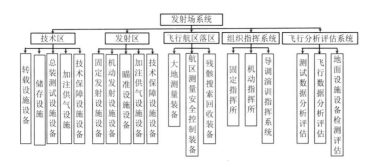

图 7.1　传统发射场系统构成

载人航天发射场除了承担一般发射场系统任务外，还承担以下三个方面的任务。

（1）为航天员系统的装船设备提供检查、测试、加注、充气与发射的设施设备和保障条件。

（2）为航天员提供发射前训练、生活、医监医保和锻炼的特殊设施和工作条件。

（3）实施待发段航天员紧急撤离和逃逸救生的判决、指挥和控制，并提供相应的保障条件。

图 7.2 展示了最为复杂的载人航天发射场系统，以及系统组成和测试发射使用流程。

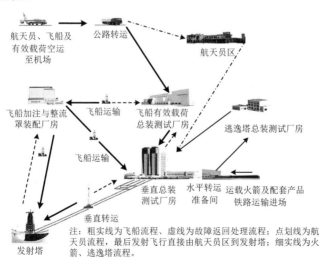

图 7.2　我国载人航天发射场系统组成与任务流程

## 7.1.2 先进航天发射场系统

### 1. 国际先进航天发射场的发展

国际上，在地面测试发射控制方面，在不考虑航天运载技术的情况下，先进智能技术的应用大幅度减少了发射任务人员规模，缩短了发射准备时间，从而降低了发射成本，提高了发射成功率。例如，日本 Epsilon 火箭发射仅需 8 名测试发射控制操作人员，发射准备时间缩短到 6 天；美国 SpaceX 的 Falcon 1 火箭需要少于 20 名测试发射控制操作人员，Falcon 9 需要 33 名操作人员[295]。

SpaceX 的 Falcon 9 火箭及日本 Epsilon 火箭多次在射前通过地面测试发射控制自动故障诊断技术发现问题，其从箭上到地面、从单机到系统各层次的自主智能化测试能力逐步成熟，地面测试发射控制设备不断智能化，实现了快速测试发射能力。

### 2. 美国国家航空航天局（NASA）技术路线图

美国 NASA 针对未来 20 年，制定了技术发展路线图。对于地面与发射系统，主要按照四个方面规划技术路线，即运行全生命周期、环境保护与绿色技术、可靠性与维护性、任务成功率。总体目标是提供可扩展的发射能力，减少 50%的操作和维护费用，消减 50%安全隐患和紧急处置情况[296]。

从技术领域划分主要有自动化、智能化、可变空间、智慧材料、信息基础等技术。在智能技术方面，强调自主系统和综合系统健康管理、智能与自我诊断/自愈组件和系统、支持分布式控制和协作。新技术的规划具有灵活性、适应性、可移植性、快响应性和可重构性，而不影响发射场任务所需的可靠性和准确性[297, 298]。具体的实现对象包括：智能机器人或遥控机械对飞行部件进行自动对准、连接、装配和运输等；嵌入式故障检测、隔离和诊断；用于泄漏、损伤检测的智能和自愈材料；用于故障检测的非传统传感器；综合健康管理与康复技术，确定与预测系统健康/配置的综合能力、数据集成和使用先进专家系统。

简化业务标准化接口，增加发射和操作区域的灵活性、容量和安全性；快速规划和执行飞行任务、可适应新任务的共享基础设施；通过预测和自主可重构组件进行现场修复。这些技术的发展减少了任务地面操作和维护成本，自动化和态势感知技术还将减少地面处理和发射所需的时间，降低任务和人员风险。

### 3. 智能发射场系统

为了构建智能发射场，我国规划开展智能化改造升级发射场系统，需要为智能资源提供运行环境，形成完整的体系，保障任务成功完成。智能发射场系统构成要素包括智能技术区、智能发射区、智能航落区、智能指挥系统和智能分析评估系统，如图 7.3 所示。

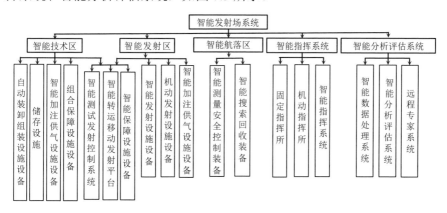

**图 7.3　智能发射场系统构成要素**

1）智能技术区

（1）自动装卸组装设施设备。火箭及载荷产品运输到发射场后，进场装卸由自动化设施设备进行操作，自动转运到组装或储存设施，仅需要少量人员监控即可。在组装设施里，利用自动化机械进行舱段、部件或载荷的快速高效组装。

（2）储存设施。提供产品在发射场的暂存设施。

（3）智能加注供气设施设备。按照统一的机电接口标准，火箭上面级或载荷在测试工位上由自动设备进行加注供气，自行按设定诸元智能控制工作，自动按设定部位进行吹除。

（4）组合保障设施设备。技术区厂房可以随任务适应性进行组合配置。数个测试厂房可以根据火箭或载荷的组装测试需要，移动组合成一个或数个可伸缩的弹性空间，实现功能复合、空间可拓展，并为装卸、组装、测试、加注供气和转运等设施设备提供自动化、智能化流水线式保障。统一设置不同功能的工作区域，根据不同飞行任务需要进行模块化组合，提供自动化装备、智能化测试发射控制设备、指挥监控系统、智能保障设施设备等布设和按需组合应用。

（5）智能测试发射控制系统。提供多模式的智能测试发射控制接口，适应各型火箭的需要，构建独立的一体化智能测试发射控制系统。以自动故障诊断为基础，实现自主测试、自主诊断，自动通过数据包络和阈值对火箭电气系统状态进行判断，对动态数据进行评估与预测，具备地面一键测试发射控制能力。利用智能信息传输，通过自适应接口将火箭和载荷与发射场智能测试发射控制系统相连。利用无线传感网络技术，火箭也可以实现无缆化测试发射控制。该系统属于智能技术区和智能发射区共用系统。

2）智能发射区

（1）智能发射设施设备。有塔式或无塔式的发射工位，具有与智能技术区共用一套智能测试发射控制的标准接口，以及智能加注供气接口，配备多模式的导流设施。有塔式发射工位，利用自动组装设施设备，提供火箭和载荷的自动提升或举升，进行自动对接、组装和校准。无塔式的发射工位自动进行整箭起竖。国际上多样式简易发射工位适用于不同构型的火箭，是一种应用模式，也可以由一个发射工位适应多型火箭发射需要。设置可再配置型发射台和多模式自适应导流设施，可以设置地面或地下形式的导流设施，便于满足不同构型火箭在同一工位发射的需要。利用自主搜星、对标和瞄准设备，不再设置瞄准设施。

（2）机动发射设施设备。对于预加注液体或固体火箭，完全依靠发射车的测试发射控制完成发射。

（3）智能加注供气设施设备。通过智能控制策略和智能传感技术，智能加注供气由机电一体设备结合自动控制、智能决策进行自主与火箭对接和脱插，不需要人工干预，具备自动加注、泄回，紧急情况自动处置。机械结构、管路、阀门的机电液一体化和物联网化。它与智能技术区使用的智能加注供气设施设备不同，在发射区推进剂的加注量大、流量大、低温推进剂保障要求高，技术更加复杂。

（4）智能转运移动发射平台。利用智能车辆、智能机械技术，实现大型火箭整体转运的自动化和智能化。以履带或轮式转运系统模式，便于多工位灵活地智能化转运。结合发射平台需要，智能转运系统与发射平台一体化设计，达到移动发射平台对多型智慧火箭、不同导流设施、多个发射工位的智能适应和自动变换，减少火箭、飞行载荷在发射工位的吊装、组装和联调联试时间，是使发射区域的占位时间尽量缩短的基础系统和平台。该平台在智能技术区与智能发射区共用，在技术区支持组装测试飞行产品，在发射区作为运载火箭加注、发射控制的保障平台。

（5）智能保障设施设备。以智能设施技术对推进剂、特种气体的储存运输，以及供水、消防、电、空调等设施设备进行智能化管理，设置智能报警等安防设施。保障设施的智能化，利用自适应控制、自组织控制、自学习控制等技术解决保障设施复杂的智能控制问题。设置智能传感，收集监控发射工位健康状况，为地面设施设备评估提供智能信息。对于发射工位一些设备提供免维护、可拆运自动结构和可行走机构，解决发射工位许多设施设备露天存放、维护代价高的问题，在无发射任务期间回收到储存设施中。这也是智能技术区和智能发射区共用设施设备。

3）智能航落区

（1）智能测量安全控制装备，应用于监控和外弹道测量，以及在火箭失控时备保。

（2）智能搜索回收装备，利用机器人技术，多地形适应行走和自主识别、抓取机器人，在人员难以进入地区时开展自主搜索回收残骸、返回式载荷或子级。

4）智能指挥系统

针对任务进度转换、多模式机动、多样式发射、多区域联动的新型指挥方式，高效、扁平构建具备智能辅助决策的机动和固定联合任务指挥系统，按级领受上级指挥指令。依据事先的规划指令和任务实施过程中人在回路的应变指令，智能指挥控制实现最优自主控制；根据发射场和火箭，以及环境的态势感知，按照任务要求，自主对发射任务计划、目标、航区规划、子级落区选择、安全控制等工作项选择进行决策，形成优化的计划方案，达到飞行任务最优。同时，可以支持地面和发射前后方人员，能在同一或不同发射场实施多个不同类型的任务。固定指挥所是智能指挥系统的前端设施。机动指挥所作为智能指挥系统遂行保障装备或设施。

5）智能分析评估系统

（1）智能数据处理系统。通过发射场及测试发射控制系统内大量布设的智能传感器、各智能系统的感知和处理所获取的数据，综合研制生产过程的数据，通过数据挖掘和模型构建，利用知识库和专家系统对火箭、测试发射控制、发射场设施设备等进行数据综合与存储处理。通过内嵌于设施设备和火箭中的智能感知系统，实时自动感知状态信息、计量信息、环境信息等，形成大数据采集、传输、存储、管理体系。

（2）智能分析评估系统。通过大数据分析，可对发射场重要设施设备的工作状态进行评价，对结构的损伤和危险状态，进行预警和可预见性维护，建立发射场塔架、导流等重要设施的全景交互式保障评估体系，集结构分析、可靠性评估、声光电等级报警、全景显示为一体，将各种抽象分析结果转化为可视的实时监测图像，根据发射场状态的智能评估，确定地面测试发射设备检修周期、剩余寿命，定期更换或维修，提高维修保障效率。基于任务知识库，智能评测火箭地面测试与飞行数据、测试发射控制和保障设备的相关数据；建立故障库和模型库，实现智能化故障诊断与预测。利用大数据挖掘分析技术快速提炼总结任务规律，对后续任务的改进优化提出指导性意见。相关数据和评估结果反馈给产品研制部门改进优化产品，提供鉴定部门作为产品鉴定或定型评定的依据。该系统成为质量过程管理、虚拟试验样机、一体化试验鉴定的智能工具手段。

（3）远程专家系统。构建各级可接入的远程专家系统，实现后方多专业专家团队实时参与现场火箭、发射场、设备系统的技术保障工作。为各级各专业更好地履行职责，以及前后端协同的远程测试发射控制提供基础技术平台。

## 7.2　发射场控制系统

### 7.2.1　发射场智能系统构成

在发射场系统中构建智能系统和资源，将具备智能能力的物理对象、人+非智能物理对象通过体系架构形成完整的智能任务系统。智能系统提供感知接口、输出显示和人员输入接口，将人作为非智能物理对象的智能体对其进行操作、判断，工作状态通过智能终端以规格数据形式输入智能系统。这样可对发射场统一按智能系统构建体系。

智能系统或资源需要匹配、协作、配合才能完成一个任务，除了自身智能功能，还需要符合发射场系统智能体系约束，因此构建智能体系是非常重要的。

智能体系以物联网为基础，由物理层、感知层、网络层和应用层 4 个层次组成一体化体系框架。体系框架需要定义智能资源相互关系和界面接口，涵盖了地面测试发射系统各智能要素，以及火箭和飞行载荷的接口。

发射场地面与发射系统智能体系分为 4 层，如图 7.4 所示。而少部分的非智能系统可以将图 7.4 中的控制器以图 7.5 替换，其前提是需要增加传感设备，这一技术措施比改造成智能系统较易实现。智能体系可以统一按图 7.4 描述。

物理层上，发射场物理对象（Lspo）包括火箭、飞行载荷、设施设备和人员等具体的对象。执行机构（Act）是驱动物理对象执行控制指令动作的各机电设备，如电机、泵和标识读取设备等。

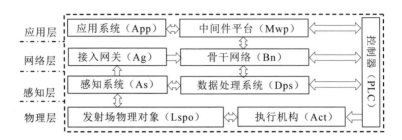

图 7.4　智能发射场系统层次体系

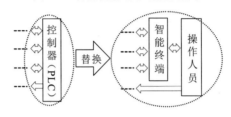

图 7.5　智能系统控制器以非智能系统替换

感知层上，感知系统（As）通过内嵌或外置于物理对象的各类传感器获取物理对象的状态。数据处理系统（Dps）对感知系统的数据进行处理提供给控制器和应用系统使用，数据处理系统数据处理分为两部分，$Dps=\{Ebd, Cld\}$，其中 $Ebd$ 是一部分内置在感知系统内作为边缘节点、代理或网关中高代价数据的处理，$Cld$ 是另一部分为云和应用系统提供数据预处理服务。

网络层上，接入网关（Ag）包括传感器或移动终端等的无线接入和近场通信接入等方式。骨干网络（Bn）提供了多模式的高速网络作为整个体系的基础设施。

应用层上，中间件平台（Mwp）也是应用支撑系统，是介于各个平台与应用层之间的中间件，解决发射场异构网络环境应用系统的移植性、适应性和可靠性问题。应用系统（App）包含安防系统、消防系统、环境监测、地勤系统等现有应用组件，以及人员管控、测试发射流程管理、设施设备管理等。

控制器（PLC）是系统核心关键。应用系统通过中间件对控制系统下达指令，通过网络可进行远程控制，感知系统实时反馈传感信息数据，控制系统通过执行机构对发射场物理对象进行驱动。

## 7.2.2　发射场控制系统组成

发射场地面设备自动控制系统的控制对象包括发射工位摆杆、平台、加注供气、空调、消防、吊车、瞄准窗、毒气报警、事故排风、氢燃氧排、塔架行走等。对于航天发射场，自动控制系统是一项涉及范围广、规模庞大、系统复杂、技术密集的重要系统。发射场新型智能控制系统采用了现场无人值守、远程控制，要求确保自动控制系统高安全、高可靠性和强适应性[299]。

现有发射场控制系统一般包括近控系统、远控系统、就近控制器及紧急控制器和执行机构。近控系统完成近距离监测、控制任务，接受发射控制、远控指令，并将信息化数据上传并接入发射场地勤网；远控系统完成远程监测、应急控制任务，可接入地勤网；远控系统与近控系统之间通过工业网络通信，实现数据远程传输及控制。控制系统的组成包括控制设备硬件系统和执行机构及检测设备。控制设备包括控制台和手持操作盒，控制台安装有主控设备。执行机构包括油泵和电磁阀等，检测设备包括编码器、传感器和行程开关等。当某个控制设备出现故障时，需要控制系统紧急停机，排除故障，更换备品备件，然后才能继续执行任务。如摆杆控制系统在临射阶段出现故障，将造成重大任务安全风险。

随着我国航天发射任务频度不断提高，要求发射场设施设备控制必须具备高可靠、高安全性，确保控制系统运行不出问题，保障任务圆满完成。除了提高控制系统的自动化水平，在无人值守情况下，需要彻底消除控制系统核心设备可能的失效环节，大幅提高控制系统整体可靠性，确保安全性，实现可靠性设计指标。

发射场地面设备控制系统设计为分布式智能冗余的分层控制模式。参照分层结构，整个控制系统从功能上分为 3 个等级：远程级、过程级和现场级。功能结构如图 7.6 所示。

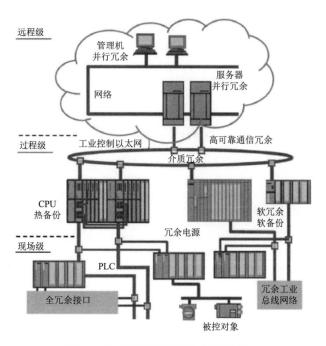

**图 7.6 发射场控制系统的分层模式**

　　远程级设备主要是控制台和服务器，设置在远端，通过云接入，控制台中主要设备有工控机、触摸屏、远程站点电源、操作按键及操纵杆。远程级可以设置在发射场测发中心或发射场指挥控制中心，在远程保障系统中可设在更上一级位置。为远程指挥控制人员和操作手提供监控操作平台，以及现场控制信息的存储。

　　过程级设备主要包括双冗余的核心 PLC，主控核心对 CPU 进行热备份，对现场的分布式 PLC、接口、存储、驱动，以及数据处理等进行管理。这一级是整个自动控制系统的核心，同时向远程级发送现场控制信息，便于指挥人员和操作人员对现场的监控与操作。在远程保障中，需要向远程级提供故障诊断的必要信息。

　　现场级设备主要包括现场站点与远程站点、油泵、电磁阀、编码器、压力传感器、行程开关等设备。现场级按照过程级控制指令，直接控制驱动机制，使现场设备执行相应的动作。现场传感器监测采集设备信息，向上传送作为控制监测和相关运行要求的依据。

为保证整个系统高可靠运行，首先要保证整个系统运行正确，其次要保证即使在个别设备出现故障的情况下，也有备份冗余使整个系统能够持续工作，完成必要设备动作。控制系统必须具备各个环节的状态监控及紧急冗余切换手段，保证能够实时监控设备状态，及时发现异常，并进行自动处理，确保人员和设备的安全。

全自动远距离的冗余自动控制，应用高可靠的双网络冗余备份技术和双组线路应急备份技术，确保冗余数据传输的可靠性；远控上位机应用工业控制计算机，下位机应用冗余设计的 PLC；PLC 与远控工控机之间采用高速环形光纤工业以太网络通信，环形光纤工业以太网络具有自动冗余功能。继电器触点形成双点双线的冗余回路；PLC 系统采用工业控制总线与分布式现场从站及变频器等设备通信、传输数据。控制系统设有必要的硬件连锁，具备完善的安全保护功能。

# 7.3　案例概述

下面介绍 PLC 程序组合检测的一个应用实例——航天发射摆杆控制系统 PLC 输出驱动模块的组合测试、模型检测和定理证明，通过此应用案例检验组合检测在代码层、模块层和规约层的研究成果。

这里的案例应用分析在组合测试、模型检测和定理证明 3 个方面开展，以检验组合检测的方法、规则和策略有效性。在组合测试方面，PLC 输出驱动模块程序案例使用了实际测试时的测试项测试用例，以检验组合测试的可用性及真实环境无法进行的用例测试；在验证方面，对于 PLC 输出驱动模块程序，分别进行基于组合模型检测和基于自动定理证明验证正确性属性的实验，以检验组合验证规则、策略以及 Gallina 模型的有效性。

这部分首先介绍航天发射摆杆控制系统的组成和功能，简要说明航天发射摆杆控制系统 PLC 输出驱动模块；然后通过实践给出 PLC 输出驱动模块的组合测试情况、PLC 输出驱动模块的组合模型检测情况和 PLC 输出驱动模块的组合定理证明情况；最后对 PLC 输出驱动模块的组合检测结果进行分析。

## 7.4 航天发射摆杆控制系统

这里的案例是基于航天发射场中的摆杆控制系统开展的组合测试工作。摆杆控制系统是发射场地面设备重要的控制设施之一，主要功能是悬挂、支撑、固定地面与火箭相连的脱落插头、气管连接器及其所属电路、气路；在火箭起飞前协助将各脱落插头自行脱落并防止回弹；发射时所有电路、气路的脱落装置脱落后，摆杆将其全部摆离火箭漂移区，保障火箭在塔区安全飞行。控制系统的主要功能是控制油泵启停，由摆杆控制柜、近控盒、发控柜或远控台进行控制摆杆电磁换向阀、强脱气动阀动作，并采集相关传感器的检测信号。图 7.7 是其全系统控制流图，图 7.8 是 PLC 核心控制物理设备配置连接图。

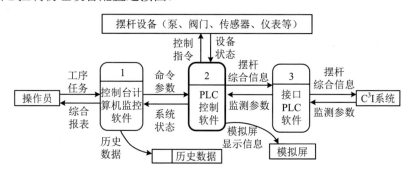

**图 7.7　摆杆控制系统控制流图**

我国 4 个航天发射场所有发射工位都有摆杆系统，摆杆关系到火箭发射任务能否顺利进行，因此要求控制系统具有很高的可靠性、安全性及快速响应能力，它是确保发射成功的关键控制系统，具有典型意义。

该实例中，PLC 程序的主要功能是接收摆杆远控台的控制指令，控制摆杆电磁换向阀动作；并采集相关传感器的检测信号；对各机构及控制设备的状态、故障进行监测、记录。其中主要的 PLC 内部功能控制通道有 209 个，控制功能具体如下。

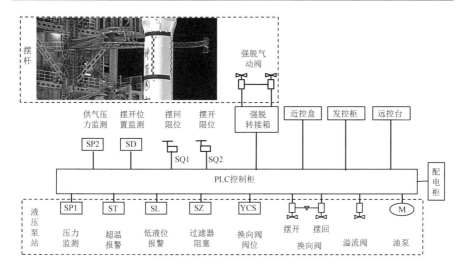

图 7.8　摆杆控制系统 PLC 核心控制物理设备配置连接图

（1）摆杆的控制包括远控、柜控、近控、禁止等多种操作方式，以实现摆杆控制台操作方式的连锁。

"远控"方式时，系统前端设备接收发控柜发来的摆杆"摆开"指令，或摆杆远控台 PLC 通过 DP 网发来的摆杆"强摆"指令，驱动相应的机构运行。

"禁止"方式时，系统从硬件切断了控制电源，同时无论远控台是否发出摆杆"强摆"指令，PLC 都禁止相应 PLC 通道的输出。

"柜控"和"近控"方式时，在前端控制柜或近控盒通过按钮和继电器等元件直接操作摆杆；PLC 禁止相应的输出功能。

各控制方式之间为互锁关系，即设备只允许在某一种方式下运行。操作时，控制方式只允许在各机构停止状态下转换；若设备运行过程中转换了控制方式，PLC 对各机构发送停止命令，禁止相应的输出功能。

（2）将远控台的摆杆"强摆"控制指令通过 PLC 输出模块传送给摆开电磁换向阀等执行元件。

（3）PLC 检测各状态及故障信息，进行分析、处理。信息包括：① 控制柜电源电压值、电流值；② 强脱、摆杆控制方式；③ 油泵电机的通电、运行及热保护状态；④ 摆杆摆回到位信号、摆开到位信号；⑤ 换向阀阀位；⑥ 电磁阀加电状态：强脱，摆开、摆回，溢流阀；⑦ 液压系统报警信号——低位继电器低液位报警、滤油器阻塞信号报警、电接点温度表超温报警、液压压力故障报警（溢流阀加电 2 s 后，相应的压力值小于额定压力或没有压力）、强脱供气压力故障报警、阀位故障（换向阀加电 1 s 后，相应的阀位开关无输出；换向阀断电 1 s 后，相应的阀位开关仍有输出）；⑧ 液压泵站压力值、强脱供气压力值；⑨ 油缸行程位置值；⑩ "强脱""强摆""摆开"指令状态。

（4）通过 PLC 输出通道，在控制台、柜实现部分状态及故障信息的显示。

（5）故障报警时触发蜂鸣器及指示灯。报警时触动消音键，则报警消音，但指示灯应持续到故障复位时才熄灭。

（6）PLC 对系统外部信号及内部各控制元件的动作状态、参数进行检测，根据控制功能的需要区别处理，即部分检测信号应用于软件连锁功能，参与控制；部分信号仅用于状态显示和故障提示。

## 7.5 航天发射摆杆控制系统 PLC 输出驱动模块

### 7.5.1 发射摆杆控制功能

考虑摆杆控制系统关键的 PLC 输出驱动模块，作为组合检测的对象，它由 1 个主模块和 2 个从模块构成，如图 7.9 所示。PLC 程序主要通过判断输入状态实现驱动输出。

PLC 程序的判断与输出如下。

（1）远控台泵运行（*PumpRunning*）：泵主接触器 *MainToucher*1 或 *MainToucher*2 吸合，且主空开 *EmptyOpener* 吸合。即

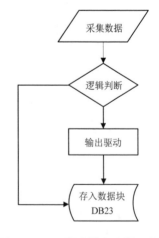

图 7.9 PLC 程序输出流程示意图

$PumpRunning = (MainToucher1 \lor MainToucher2) \land EmptyOpener$。

（2）远控台强脱运行（$ForcePullOff$）：强脱阀加电监测 $FPOElecSupervise$ 为 1。

（3）远控台摆开运行（$OpenRunning$）：摆杆摆开阀加电监测 $ORElecSupervise1$ 或 $ORElecSupervise2$ 为 1。即 $ORElecSupervise1=1 \lor ORElecSupervise2=1 \rightarrow OpenRunning$。

（4）远控台摆回运行（$BackRunning$）：摆杆摆开阀加电监测 $BRElecSupervise1$ 或 $BRElecSupervise2$ 为 1。即 $BRElecSupervise1=1 \lor BRElecSupervise2=1 \rightarrow BackRunning$。

（5）远控台摆回到位（$BackToLocation$）：收到摆回限位 $BTLLimiter1$ 或 $BTLLimiter2$ 信号。即 $BackToLocation = BTLLimiter1 \lor BTLLimiter2$。

（6）远控台摆开到位（$OpenToLocation$）：摆开限位 $OTLLimiter1$ 或 $OTLLimiter2$ 为 1。即 $OpenToLocation= (OTLLimiter1=1) \lor (OTLLimiter2=1)$。

（7）远控台远控方式（$FarControl$）：近控柜上旋转开关置于远控状态。

（8）远控台故障报警指示灯驱动（$FaultAlarmL$）：当控制台系统总故障发生时，驱动故障指示灯，只有当所有故障排除后，故障指示灯才熄灭。

（9）远控台故障报警蜂鸣器驱动（$FaultAlarmB$）：远控台故障报警指示输出，则驱动蜂鸣器。

（10）远控台故障消音（$FaultAlarmRemove$）：当接收到消音信号，或所有故障消除时（判断标准，总故障指示灯熄灭）蜂鸣器复位为 0。

（11）控制柜液压压力故障报警（$HydPressureFault$）：当液压压力检测值（$HydPressureValue$）超出使用范围（$HydValueRange$）时驱动报警指示灯。即 $HydPressureFault = \neg (HydPressureValue \in HydValueRange)$。

（12）控制柜供气压力故障报警（$AirPressureFault$）：当供气压力检测值（$AirPressureValue$）超出使用范围（$AirValueRange$）时驱动报警指示灯。即 $AirPressureFault = \neg (AirPressureValue \in AirValueRange)$。

（13）控制柜换向阀阀位故障报警（$ValveLevelFault$）：当摆开阀加电信号（$OpenValveSignal$）加电一定时间时应当收到换向阀开到位信号

（*ValveOpenToLoc*），当摆回阀加电信号（*BackValveSignal*）加电一定时间时应当收到换向阀回到位信号（*ValveBackToLoc*），否则，报阀位故障，驱动 *VLFSignal* 输出。即 $ValveLevelFault = \neg (( OpenValveSignal \vdash ValveOpenToLoc)$ $\vee (BackValveSignal \vdash ValveBackToLoc)) \rightarrow VLFSignal$。

（14）控制柜总故障报警（*TFaultAlarmL*）：当收到控制柜总故障信号时，驱动报警灯。

（15）控制柜总故障报警蜂鸣器驱动（*TFaultAlarmB*）：控制柜故障信号时，驱动蜂鸣器。

### 7.5.2 正确性验证性质

为验证 PLC 输出驱动模块的正确性，上述控制功能的 15 个系统动作表述了系统的 15 条属性，本节列举出案例的安全性、活性和公平性的 3 条验证性质，这 3 条性质的描述以及表示分别介绍如下。

#### 1. 安全性

摆杆控制系统执行输出控制时，有下面 3 种运行模式必须保证。

（1）"强摆"模式：在火箭点火发射前 50 s，如果星、箭与发射塔上的连接电缆组插头没有自动脱落，控制系统执行强脱运行，摆杆以恒定的拉力将电缆组插头强行拉脱，然后执行摆开运行，在火箭点火发射前 10 s，将摆杆摆开到设定位置，否则，将中断发射任务或可能造成灾难事故。此模式下，强脱运行和摆开运行同时执行，并确保泵运行正常。

（2）"摆开"模式：在火箭点火发射前 50 s，如果星、箭与发射塔上的连接电缆组插头自动脱落正常，控制系统执行摆开运行，在火箭点火发射前 10 s，将摆杆摆开到设定位置，否则，将中断发射任务或可能造成灾难事故。此模式下，摆开运行时，确保泵运行正常。

（3）"摆回"模式：为连接星、箭与发射塔上的电缆组插头和管路，控制系统执行摆回运行，将摆杆摆回到设定位置停止，否则，摆杆可能撞上火箭造成灾难事故，或没摆到设定位置而无法进行电缆和管路连接操作。

此模式下，摆回运行时，确保泵运行正常。

因此，需验证的安全性质是 3 种模式下给出运行指令后，永不发生停泵情况，即 $((ForcePullOff \wedge OpenRunning) \vee OpenRunning \vee BackRunning) \wedge PumpRunning$。

## 2. 活性

摆杆控制系统执行输出控制时，有下面两种运行状态必须保证。

（1）"摆开到位"状态：摆杆摆开到指定位置时，泵必须停止运行，否则，摆杆将撞上发射塔，造成摆杆或发射塔上设施设备损坏，或造成回弹撞上正在点火发射的火箭。此状态下，摆开运行时，一旦接收到摆开到位指令，确保泵运行停止。

（2）"摆回到位"状态：摆杆摆回到指定位置时，泵必须停止运行，否则，摆杆将撞上火箭，造成灾难事故。此状态下，摆回运行时，一旦接收到摆回到位指令，确保泵运行停止。

因此，需验证的活性性质是：两种运行状态下，到位后，泵终将停止，即 $((OpenRunning \wedge OpenToLocation) \vee (BackRunning \wedge BackToLocation)) \wedge \neg PumpRunning$。

## 3. 公平性

摆杆控制系统执行输出控制时，不管系统处于何种运行模式或状态，只要发生系统异常或故障即应立即报警，以便指挥操作人员能够及时知悉系统异常或故障情况，采取紧急措施，避免事故的发生，确保安全。报警发生后，只有指挥操作人员可以在故障排除后取消报警。

因此，需验证的公平性质是只要发生系统异常或故障，报警事件必须无限次持续发生，即 $(FaultAlarmL \vee FaultAlarmB \vee HydPressureFault \vee AirPressure\ Fault \vee ValveLevelFault \vee TFaultAlarmL \vee TFaultAlarmB) \wedge \neg FaultAlarmRemove)$。

## 7.6 PLC 输出驱动模块的组合测试

### 7.6.1 实际测试

本案例的 PLC 程序模块，原测试是在真实的环境中进行的。在真实测试中设计的测试用例和测试情况如表 7.1 所示。

表 7.1 PLC 输出驱动测试统计表

| 测试类型或<br>测试项名称 | 测试项 | 总用例 | 独立用例 | 执行 | 部分执行 | 未执行 | 执行通过 | 执行未通过 | 部分执行未通过 |
|---|---|---|---|---|---|---|---|---|---|
| ● 文档审查 | 1 | 1 | 1 | 1 | 0 | 0 | 1 | 0 | 0 |
| 🛈 软件文档审查 | 1 | 1 | 1 | 1 | 0 | 0 | 1 | 0 | 0 |
| ● 功能测试 | 1 | 8 | 8 | 7 | 0 | 1 | 6 | 1 | 0 |
| 🛈 控制柜控制功能测试 | 1 | 8 | 8 | 7 | 0 | 1 | 6 | 1 | 0 |
| ● 接口测试 | 1 | 1 | 1 | 1 | 0 | 0 | 1 | 0 | 0 |
| 🛈 控制输出功能测试 | 1 | 1 | 1 | 1 | 0 | 0 | 1 | 0 | 0 |
| ● 安全性测试 | 1 | 3 | 3 | 1 | 0 | 2 | 1 | 0 | 0 |
| 🛈 控制柜故障报警测试 | 1 | 3 | 3 | 1 | 0 | 2 | 1 | 0 | 0 |
| ● 操作界面测试 | 1 | 1 | 1 | 1 | 0 | 0 | 1 | 0 | 0 |
| 🛈 控制柜操作按钮测试 | 1 | 1 | 1 | 1 | 0 | 0 | 1 | 0 | 0 |
| 合计 | 5 | 14 | 14 | 11 | 0 | 3 | 10 | 1 | 0 |

注：●—测试分类；🛈—测试项。

实际测试中的 5 个测试项 14 个测试用例，执行了 11 个用例，通过了 10 个，1 个错误是气压采样值错误，为程序量程范围设置错误，属于一般错误。3 个没有执行的案例，其原因是"强脱"功能需要直接连接火箭和卫星的插头，现场环境在非发射期间无法进行该项测试；由于液压和供气设备在现场是符合质量要求的，且不能异常运行，它们的压力检测值不可能出现超出，所以压力检测值超出检测报警功能无法测试，如果测试就需要对液压和供气设备进行超出正常值的加压，这会带来设备损坏和人员安全的风险；同样原因，阀位故障在测试中也无法进行。

## 7.6.2　组合测试

采用本研究的组合测试方法，需要建立两个栈结构的变量 $S\_M$ 和 $S\_T$，定义为 Stack 类型。为每个通道寄存器单元定义一个变量，该实例中的 209 个通道编号为 $kDI_i\_I_j.0\sim n$，$kDO_i\_Q_m.0\sim n$，$kAI_i\_CH_j$，$DI_i\_I_j.0\sim n$，其中：$i, k=1,2$；$j, n=0,1,\cdots,7$；$m=0,1$；$DI$ 为数字量输入 144 个（26 个全局寄存器），$DO$ 为数字量输出 29 个（10 个全局寄存器），$AI$ 为模拟量输入 36 个（12 个全局寄存器）。为这些通道定义变量的类型为下列两种结构：

- 26 个 $DI$ 和 10 个 $DO$ 为 struct Bit_Reg { bool global}；

  118 个 $DI$ 和 19 个 $DO$ 为 struct Bit_Reg {bool val }；

- 12 个 $AI$ 为 struct Data_Reg{ bool global}；

  24 个 $AI$ 为 struct Data_Reg{int val }。

按照组合测试定义，将每条 PLC 代码块 $Cod$ 转化为对应的 TA 代码 $TA(Cod)$。经组合后，PLC 输出驱动模块映射后，通过 C++编译器编译，在 Windows 环境下运行。用真实测试中设计的测试用例，测试情况如表 7.2 所示。

表 7.2　PLC 输出驱动组合测试统计表

| 测试类型或测试项名称 | 测试项 | 总用例 | 独立用例 | 执行 | 部分执行 | 未执行 | 执行通过 | 执行未通过 | 部分执行未通过 |
|---|---|---|---|---|---|---|---|---|---|
| ● 文档审查 | 1 | 1 | 1 | 1 | 0 | 0 | 1 | 0 | 0 |
| 🛈 软件文档审查 | 1 | 1 | 1 | 1 | 0 | 0 | 1 | 0 | 0 |
| ● 功能测试 | 1 | 8 | 8 | 7 | 0 | 0 | 7 | 1 | 0 |
| 🛈 控制柜控制功能测试 | 1 | 8 | 8 | 7 | 0 | 0 | 7 | 1 | 0 |
| ● 接口测试 | 1 | 1 | 1 | 1 | 0 | 0 | 1 | 0 | 0 |
| 🛈 控制输出功能测试 | 1 | 1 | 1 | 1 | 0 | 0 | 1 | 0 | 0 |
| ● 安全性测试 | 1 | 3 | 3 | 1 | 0 | 0 | 2 | 0 | 0 |
| 🛈 控制柜故障报警测试 | 1 | 3 | 3 | 1 | 0 | 0 | 2 | 0 | 0 |
| ● 操作界面测试 | 1 | 1 | 1 | 1 | 0 | 0 | 1 | 0 | 0 |

续表

| 测试类型或<br>测试项名称 | 测试项 | 总用例 | 独立用例 | 执行 | 部分执行 | 未了 | 执行通过 | 执行未通过 | 部分执行未通过 |
|---|---|---|---|---|---|---|---|---|---|
| 🔲 控制柜操作按钮测试 | 1 | 1 | 1 | 1 | 0 | 0 | 1 | 0 | 0 |
| 合计 | 5 | 14 | 14 | 14 | 0 | 0 | 13 | 1 | 0 |

组合测试中，5 个测试项 14 个测试用例，执行了 14 个用例，通过了 13 个，1 个错误是气压采样值错误，与一般测试发现的错误相同。通过组合测试，实现了航天发射摆杆控制系统 PLC 输出驱动程序的极限条件下的测试，可以解决现场真实环境中无法测试的问题。

## 7.7 PLC 输出驱动模块的组合模型检测

本节介绍基于模型检测工具 NuSMV，对 PLC 输出驱动模块进行验证的结果。下面的验证使用的是 NuSMV 版本 2.5.4；验证机器 CPU 型号为 Intel® Core™ i5 M460, 2.53GHz，内存为 3GB。

根据 PLC 输出驱动模块的组态变量 OB_EV_CLASS 的组态组值，以及验证性质要求，安全性要满足 $V_{\text{OB\_EV\_CLASS}}<15$，活性要满足 $V_{\text{OB\_EV\_CLASS}}=4$，公平性要满足 $V_{\text{OB\_EV\_CLASS}}=1$。按照程序指称语义定义和函数，验证 7.5.2 节中的 3 条正确性性质：安全性、活性和公平性。

期望 NuSMV 返回结果为 true。7.5.2 节中的 3 条正确性性质，全部成功通过了 NuSMV 的验证，返回结果为真。表 7.3 是不使用组合模型检测的验证状态空间数情况，以及采用第 4 章组合模型检测中全局规则和切片规则后的验证状态空间数情况。

表 7.3 正确性性质模型检测

| 验证性质 | 模型检测 | | 组合模型检测 | |
|---|---|---|---|---|
| | 状态空间 | 时间/s | 状态空间 | 时间/s |
| 安全性 | 4.19430e+7 | 10.351 | 1.31072e+6 | 6.811 |
| 活性 | 2.09715e+7 | 8.112 | 655360 | 2.65 |
| 公平性 | 8.38860e+7 | 14.676 | 655360 | 2.651 |

## 7.8　PLC 输出驱动模块的组合证明

本节介绍基于交互式定理证明工具 COQ 对 PLC 输出驱动模块进行验证的结果。下面的验证使用的是 COQ 版本 8.1pl1，运行环境同 7.7 节。在用 Gallina 对 PLC 程序建模后，交互式定理证明工具 COQ 可对 PLC 程序模型直接验证。在实际应用中，模型检测和定理证明互为补充，在本节考虑 7.5.2 节中正确性属性的验证。

根据 PLC 程序的组合证明方法，将 PLC 程序转化为 Gallina 模型，利用 COQ 进行验证。首先对组态进行建模定义：

$$
\begin{aligned}
&\text{Record config := MkConfig \{}\\
&\quad \text{M\_Stack : list bool;}\\
&\quad \text{T\_Stack : list bool;}\\
&\quad \text{L\_Bit\_Map : string} \rightarrow \text{bool;}\\
&\quad \text{L\_Data\_Map : string} \rightarrow \text{Z;}\\
&\quad \text{G\_Bit\_Map : string} \rightarrow \text{bool;}\\
&\quad \text{G\_Data\_Map : string} \rightarrow \text{Z}\\
&\quad \text{\}.}
\end{aligned}
$$

然后声明一个全局的初始组态 $C0$，并初始化：

Definition $C0$ :config = MkConfig <DB1, DB2,···,DB9>

其中 $DB_i$（$i$=1,2,···,9）为初始组态参数块的数据表。

根据第 6 章中方法，设 CodSet 是定义在 PLC_Sent 上的谓词，即 CodSet $st$ 当且仅当 $st$ 为该示例中程序的某个合法前缀，则定义：

Definition Feasible ($C$: config): Prop :=

　　exists $st$: PLC_Sent, CodSet $st \wedge (C = $ Prog_Semantics $st$ $C0$).

利用 COQ 验证 PLC 程序性质如下。

### 1. 安全性

forall $C$: config, Feasible $C$->G_Data_Map $C$ "OB_EV_CLASS" < 15.

主要的证明策略包括 intros、induction、case、simpl 等。

## 2. 活性

forall $C$: config, Feasible $C$-> G_Data_Map $C$ "OB_EV_CLASS" ＝4.

主要的证明策略包括 intros、simpl、subst 等。

## 3. 公平性

exists $C$: config, Feasible $C$-> ((G_Bit_Map $C$ "FaultAlarmL") ∨ (G_Bit_Map $C$ "FaultAlarmB") ∨ (G_Bit_Map $C$ "HydPressureFault") ∨ (G_Bit_Map $C$ "AirPressureFault") ∨ (G_Bit_Map $C$ "ValveLevelFault") ∨ (G_Bit_Map $C$ "TFaultAlarmL") ∨ (G_Bit_Map $C$ "TFaultAlarmB")) ∨ ~ (G_Bit_Map $C$ "FaultAlarmRemove")

主要的证明策略包括 exists、case、replace、simpl 等。

## 4. 其他

选取证明两个子性质和程序上下溢性质如下。

（1）远控台强脱运行（*ForcePullOff*）：强脱阀加电监测 *FPOElecSupervise* 为 1。

forall $C$: config, Feasible $C$->L_Data_Map $C$ "ForcePullOff"=1-> L_Data_Map $C$ "FPOElecSupervice" ＝1.

证明策略包括 intros、case、subst、simpl、reflexivity。

（2）摆杆摆开阀加电监测 *ORElecSupervise*1 或 *ORElecSupervise*2 为 1。

exists $C$: config, Feasible $C$->(G_Bit_Map $C$ "ORElecSupervise1")∨ (G_Bit_Map $C$ "ORElecSupervise2").

证明策略包括 exists、case、replace、simpl。

（3）程序不会发生上溢或者下溢。

forall $C$: config, Feasible $C$->(L_Bit_Map $C$ "ERROR_UPFLOW"=0) ∧(L_Bit_Map $C$ "ERROR_DOWNFLOW" ＝0 ).

证明策略包括 intros、split、destruct、simpl。

上述证明全部成功通过了 COQ 的验证，证明结果成立。

## 7.9　PLC 输出驱动模块的组合检测结果分析比较

前几节分别对 PLC 输出驱动模块进行了组合测试、模型检测和定理证明实验，结果如下。

（1）PLC 程序组合测试运行了实际环境中不能测试的 3 个测试用例，解决了极限边界或没有条件测试情况下的测试覆盖问题。通过和普通测试对比，同样通过了一样的测试项和测试用例，都发现了存在的一个程序量程范围参数设定错误。

（2）PLC 程序组合模型检测的 3 个性质，可以看到比没有采用组合模型检测策略的状态空间有效下降，时间也缩短很多。

（3）PLC 程序组合证明通过了 COQ 的验证，说明了 PLC 程序指称语义定义的有效性。

需要注意到的一个问题：在测试中的一个参数错误并没有在模型检测和 COQ 证明中报出，出现了漏报问题。这也再次说明本书的组合检测 3 个层次的技术是相互补充的。对于 PLC 程序，可以通过直接运行的方式选取典型的用例执行测试，用以发现多数的非功能性错误，如跳转目标错误、参数设置出错等。

比较现有的工作[30, 70-73, 292, 293, 295]，在代码层次的测试技术，目前现有有效测试方式是嵌入式软件混合原型仿真测试，本案例说明组合测试技术可以以较小的代价实现 PLC 程序测试，提高测试覆盖率，尤其是边界极限条件的测试，解决了一些测试方法对 PLC 程序测试的局限性问题。

在模型层次的模型检测技术，比较已有的 PLC 程序模型检测工作[58-64]，有些模型限定单一、可检测规模小，有些抽象后有失真，可以解决部分 PLC 程序模型检测，但模型增大后，没有消减状态空间规模的策略；比较已有利用组合模型检测技术的研究[216-222]，可消减状态空间规模，但没有针对 PLC 程序模型检测的研究，所以从本研究效果可看出，它弥补了当前 PLC 程序模型检测的不足。

在规约层次的定理证明技术，已有工作对 PLC 程序模型进行定理证明有一些应用对象或规模的限定[69-72]，从实验中，PLC 程序的组合定理证明可以适应更大规模的应用，并且从底层建立起验证模型。

# 7.10　本章小结

本章的主要工作和主要结论如下。

（1）介绍了航天发射场任务、组成以及航天控制系统构成，对组合检测技术在航天发射摆杆控制系统案例上的检测实验。在检测验证方面，实现了边界极限条件或无环境支持时的测试；对系统安全性、活性和公平性 3 个正确性性质，通过模型检测对系统在采取和不采取组合措施情况下进行了验证，同时对这 3 个性质以及 3 个子性质进行了定理证明。

（2）实验结果说明了 PLC 程序组合检测技术对代码、模型、规约 3 层进行检测验证的支持，说明了 PLC 指称语义、组合测试框架、组合模型检测策略和组合定理证明的有效性。通过组合检测使用户关注的 PLC 程序正确性性质得到保证，与已有工作的比较进一步说明了本研究的特点以及优势。

# 第 8 章

## PLC 程序运行状态检测

控制系统在完成赋予的任务期间，尤其是智能控制系统已经开始提供无人值守的自主控制，PLC 程序是控制设备自主控制的重要组成部分。即使自主控制系统已经经过检测，仍然需要有效的方法来确认自主控制系统的可信运行。为确保应用自主控制运行实体，执行指令动作不超过预设的安全性质达到可信运行，研究验证 PLC 程序控制指令执行和运行状态是否正确的验证方法。按照 PLC 运行模型的核心机理，PLC 程序从输入到输出的状态迁移可信，即可确认自主控制系统运行可信，从而完成 PLC 程序运行状态的正确性检测。

针对 PLC 程序运行状态检测，研究一般控制系统远程智能支持的体系架构，设计控制任务智能支持流程，为了便于理解轻量化现场可信检测的部署，简要介绍控制系统远程智能支持体系研究构建相关内容。分析控制系统 PLC 程序的检测要素，为解决在 PLC 上可信计算资源极度受限问题、简化控制系统现场级可信计算资源部署，研究状态迁移可信标签和验证协议，并分析证明可信标签协议的安全性。

# 8.1　控制系统远程智能支持体系架构

目前，控制系统的自主控制越来越广泛地应用于工业设施及智能设备中，可编程控制器是嵌入式系统中自主控制系统的一种，特别是在安全攸关任务中，控制器的可信操作对于这种安全关键的应用至关重要。从概念上讲，控制系统的可信目标是提出一个运行中的实体，该实体可以执行超出预设安全规则的特殊动作，以及如何验证该实体。因此，首先需要保证软件和硬件系统能够通过计算量化和验证，可信系统的核心是可信计算。目前，可信控制系统平台主要从安全体系结构的角度考虑安全问题，通过被动防御（如安全补丁）保证用户操作环境的安全。

工业控制系统提供的无人值守自主控制系统是工业设备的核心关键，其中只有 PLC 程序运行正确，才能确保每个系统在控制任务中完成各项预设操作的控制运行正确和可靠。由于 PLC 自身的计算资源有限，而且实时性要求高，可信计算技术的应用需要占用较多的软硬件资源，并对实时性产生影响，将对实时控制任务造成严重风险。

基于自主控制系统对控制计算资源的需求，构建控制系统远程智能支持系统。当关键设备控制性能发生变化时，智能支持必须对系统性能进行预测。智能支持系统应具有简单方便的维护规程，必须保证系统始终处于良好的状态。当发生突发控制故障时，必须快速准确地进行诊断，并根据位置提供相应的处理对策，在控制任务期间保持控制的安全性和可靠性。这些要求可以通过构建具有远程监控、控制验证、故障诊断和预测的智能支持体系架构，满足提供多控制任务和多分布场区控制场景下的智能支持能力。

按照通常控制系统的分层模式，构设分级远程智能支持体系架构如图 8.1 所示。它为所有现场和区域专业人员，包括技术人员和后方专家，提供了一个控制服务的平台。该体系结构分为 3 个层次：现场级、过程级（区域级）和远程级。

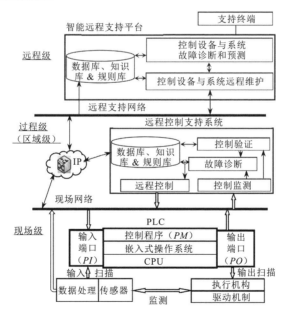

图 8.1  远程智能支持体系架构

## 8.1.1  现场级

现场级的设施设备控制系统部署在整个或多个地域分布的场区或站点

中，由 PLC 系统、传感、驱动、执行机构等控制设备组成，直接服务于被控对象。

一般控制系统根据任务控制流程独立完成控制任务，自主控制系统也提供现场操作人员对控制系统的近控操作。在自主控制情况下，现场需要消耗更多的计算资源，而现场主要以 PLC 系统为主，PLC 系统高可靠、高实时和现场环境不佳的应用情况，以及控制时序数据体量巨大，其本身的嵌入式计算资源有限、扩展大数据存储困难等问题使得在现场级应用可信技术的矛盾十分突出。一般的可信技术需要较多的计算和存储资源，由于 PLC 系统的应用特性，现场验证自主控制系统运行或 PLC 程序运行的正确与否，有无受到外界的干扰、恶意入侵、有意攻击、篡改指令或无意修改失误等，需要部署额外的资源开展运行检测验证。现场级的分布应用使得对控制设备可信计算资源部署和维护造成困难，现场系统将变得非常复杂。因此，控制系统前端轻量化设置、简化现场运行可信检测设备和资源是非常必要的。

## 8.1.2　过程级

过程级也称为区域级，一般位于某个地区的控制中心，具有较好的计算资源和设备部署条件，由远程控制、监测、控制运行验证确认和故障诊断等系统组成，并建立起自主智能控制的基础系统，如数据库、知识库、规则库等。

由于现场级的分布和运行检测验证需求，控制系统运行正确与否的检测验证需要在过程级提供支持，在出现故障时或检测验证有问题时，需要执行故障诊断。操作人员、专业技术人员和管理人员依托远程控制支持系统对现场设施设备控制运行的执行状态进行实时自动监测，可以对现场级进行系统设备和 PLC 程序维护。在现场级出现故障或异常情况时，通过远程专家支持和指导，协同进行远程控制和维护，增强远程后端对现场前端的支持。

## 8.1.3　远程级

远程级一般设置于某个特定区域内或远离场区或站点的控制中心和技

术支持中心，依托智能远程支持平台为控制现场提供技术支持。控制设备与系统故障诊断和预测系统，在发生故障时协同前后方技术专家开展排除故障工作，基于专家知识库提供智能诊断专家系统支持，开展预测性维护和日常维护支持。在得到授权后，控制设备与系统远程维护系统可以提供远程对现场设备的维护和升级。

控制任务执行期间，远程级提供的平台综合分析系统状态信息、现场监测和采集的数据，与过程级、现场级可同步开展工作，提供智能技术咨询、修理专家咨询、设备维护、早期故障预警、维护指导，以及对现场设备操作人员的技术服务。

### 8.1.4　控制任务中智能支持流程

分级远程智能支持系统简要描述如下。

● 现场级执行自主控制；

● 过程级检测验证自主控制正确性和故障诊断；

● 远程级提供前端自主控制故障和维护的技术支持。

在控制任务中智能支持流程如图 8.2 所示。这一体系中控制系统运行状态的正确性检测验证是本研究的关键。

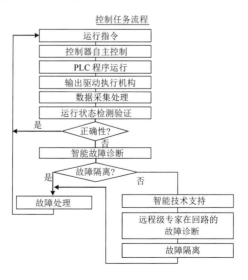

图 8.2　智能支持流程图

## 8.2　远程智能支持构建关键要素

在远程智能支持架构中有 3 个关键要素：运行状态检测验证判断系统运行正确或可信与否；根据历史和先验知识，智能故障诊断确保发生故障或异常时能够进行故障隔离和准确处理[296]；当现场和区域级故障诊断不能有效地对有些故障进行故障隔离时，远程技术支持提供智能技术和专家支持平台，协同现场和区域的前后方共同开展故障维修维护，日常提供维护和故障预测开展预测性维护。

### 8.2.1　PLC 程序运行状态检测验证

"震网""黑色能量"等攻击工业控制系统事件的爆发，危及工业控制领域系统可信安全运行和国家安全，其主要攻击手段就是更改控制系统运行状态而不为控制监测系统和使用管理人员所发现，从而形成控制异常使受控设备崩溃受损和破坏，造成巨大安全风险。

由于工业控制系统或智能控制现场实施自主控制，控制指令的正确执行是控制系统正常运行正确和可信的必要前提且关键条件。基于第 2 章控制系统模型，如果 PLC 系统从输入到输出的状态迁移正确和可信，即其内部 PLC 程序状态迁移的正确和可信，可以判断自主控制是正确和可信的，没有发生预期之外的故障和异常，否则说明 PLC 程序的状态由于自身故障或外界影响被异常改变，超出了可信实体包络，需要作为故障进行相应处理。运行状态可信核心就是 PLC 程序运行状态检测验证。

按照 PLC 程序的形式化定义，设 PLC 内的 PLC 程序有 $n$ 个状态，每个状态迁移由总的 PLC 程序模型 $M$ 决定，其内部模块由有限的子集 $\{M_1, M_2, \cdots, M_L\}$ 组成，$M=\{M_1, M_2, \cdots, M_L\}$。PLC 程序内部包含了多项迁移，记为 $\varphi_i$ $(i=1,2,\cdots,n)$。每个 $M_j$ $(j=1,2,\cdots,L)$ 可能有若干个状态迁移 $\varphi_i$，类似地，多个 PLC 中不同 PLC 程序的状态迁移可认为是一种组合状态迁移，与同一个 PLC 中 PLC 程序内部状态迁移等效，需要确保状态迁移的正确和可信。

将 PLC 程序运行状态从控制组态中抽象出来，如图 8.3 所示，PLC 程序模型 $M$ 包含 4 个子集 $M_j$ ($j$=1,2,3,4)，$\varphi=\{\varphi_1, \varphi_2, \varphi_3, \varphi_4\}$ 是其 4 个从输入到输出迁移状态和需要验证的对象，$M$ 和 $\varphi$ 用于状态验证。PLC 程序可信要素包括输入/输出、组态转换、状态迁移和控制逻辑等，而 PLC 系统网络之外属于可信网络、身份验证、自主防御等系统可信安全研究范畴，在本研究中不涉及这部分内容。本研究关注的是嵌入可信验证计算在 PLC 系统中检测验证输入到输出的状态迁移的正确性。

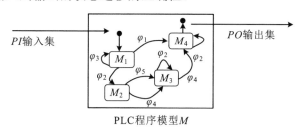

图 8.3　PLC 程序状态迁移示意图

## 8.2.2　控制系统智能故障诊断

智能故障诊断运行在体系架构中的过程级和远程级，现场级部署了智能冗余和相对简单的故障隔离。它的一个主要功能是在状态检测验证基础上监测现场输入和输出，另一个功能是发现异常情况时自动分析和诊断控制故障。通过采用故障自诊断技术和在线故障诊断技术，现场发现和修理软硬件故障可以获得及时的检测和咨询，包括故障诊断、故障隔离和故障处理[297, 298]。

在体系架构中，故障诊断和分析的推理引擎主要由知识库、数据库、规则库和解释性模块组成，专家知识和形式化规则分别存储在知识库和规则库中；在推理过程中，数据库存储故障的原始特征数据和中间对象信息；推理引擎可以通过历史数据、知识、规则和推理策略确定故障并提供相关信息；解释模块将推理结果和过程转化解释展示给技术人员。智能故障诊断由给定现场信息的阈值启动进行决策和检测，或者由一个状态验证错误触发启动。如果给定的现场信息阈值超过了设定范围或状态验证错误，则可能发生故障，推理引擎开始运行。根据现场数据和控制策略，智能故障诊断在规则库中选择规则。然后，通过推理和规则匹配获得诊断结果，故障位置、原因分析和排除故障程序都是基于诊断结果进行的。

智能故障诊断获得诊断结果的匹配操作，采用的控制策略不同。推理过程中，当故障结论是错误（false）时，相关规则的应用不会立即放弃，推理被回溯将该位置记录下来，以延续下一个通过规则的结果处理。相关规则是否可以使用，是在相关结果被处理后确定的。由于匹配推理规则可以通过匹配操作传递，当现场信息不完整时，可以保证推理过程不中断。该方法对提高故障诊断可靠性非常重要。推理引擎根据一个映射函数推导结果，该函数通过重复匹配定位相关知识。

### 8.2.3　智能远程支持

智能系统的自主控制在控制前端采用无人值守模式，智能支持可以提高多区域控制的集成管理保障。它可以协调不同控制系统的运行、维护和同步数据，以实现资源共享，并执行监视和预警、健康诊断、安全检测等。

体系架构中的智能远程支持平台用于控制设备与系统故障诊断、预测和远程维护，主要有如下 4 项功能。

（1）实时监测和早期预警。实时掌握控制系统的安全性，安全功能可以提前预警可能对控制系统稳定状态产生影响的情况，并生成正确的响应策略，以尽快消除这些影响。在运行状态的监测和控制中，对现场控制机电设备的状态数据进行监测，如通断状态、正常运行状态和异常状态等。该平台可用于集中监控设备的运行状态。

（2）故障诊断与预测。基于接收的运行数据，利用历史数据、知识数据和多个现场的比较，预测可能出现的故障。通过智能支持接口实时收集和存储机电设备的运行与测试数据。

（3）维护维修。包括自动控制系统状态预测、维护规划、健康分析和

评估等应用。从区域控制中心获得授权后，可以进行现场控制设备的远程
维护。利用构建的控制设备健康模型和系统原理模型，结合现场运行数据，
获取现场设备的实时健康状况，控制设备的相关状态和基本信息可以直接
展示给专业管理人员。

（4）安全检测。它不仅管理三级（现场级、过程级、远程级）用户身
份和授权，还检测整个系统的控制过程。

## 8.2.4　远程智能支持平台构建

远程智能支持数据服务是监控、控制检测验证和故障诊断预测的基础。
以云计算数据中心的形式，以及定制云服务模式，远程智能支持平台为不
同控制应用程序提供数据服务。快速数据存储和计算可采用 Apache IoTDB
系统[299]，其在数据库物理层、逻辑层和应用层取得成体系技术突破：在物
理层，形成了时序数据自适应存储技术，创新了紧致列式存储文件格式
TsFile 和副本优化方法，实现了工业物联网时序数据在物理磁盘上的高压
缩比存储和高速读写；在逻辑层，形成了元数据自动识别技术，创新了端-
边-云两阶段元数据识别方法和序列片段级工况标签识别方法，解决了工业
物联网时序数据的表示与理解难题；在应用层，形成了时序数据高鲁棒处
理技术，创新了乱序容忍的时序数据接收处理技术和工业物联网低质数据
清理技术，突破了从低质数据中实现提质增效的行业瓶颈。在控制系统过
程级与远程级的数据库、知识库和规则库等采用分布式数据云服务。在控
制过程中，采集的实时数据被发送到两级数据库服务器中的进程数据库、
系统状态数据库和历史数据库中，数据服务完成远程监控、验证和诊断的
数据采集和存储。

远程智能支持平台构建基于场区物联网，实现物联网应用使用对象链
接和嵌入过程控制统一体系架构（OPC UA）。第二代 OPC（过程控制的对
象链接和嵌入）技术用于实现跨平台和基于 Web 服务的体系架构[300-302]。
在实际应用中，OPC UA 实现了区域系统之间的信息共享，它还连接了现

场设备、现场控制执行系统（LCES）、人机接口（HMI）系统、监测控制与数据采集（SCADA）、批处理控制（Batch）。同时，它统一了远程智能支持架构中的内部信息交换协议，减少了运行和维护成本[303, 304]，形成了标准规范[305]。开发的中间件主要用于与各种系统的数据交互、发布与共享应用程序服务、获取与分发数据信息、提供与调用接口。远程智能支持架构的构建如图 8.4 所示。

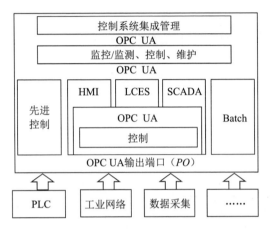

图 8.4　远程智能支持架构的构建示意图

## 8.3　可信标签和检测验证协议

### 8.3.1　可信标签构建

可信标签和检测验证协议以数字签名协议为基础。按照 PLC 程序模型 $M$，$M=\{M_1, M_2,\cdots,M_L\}$，PLC 程序内部迁移 $\varphi_i$ $(i=1,2,\cdots,n)$，根据状态迁移路径决定了子模型 $M_i$ 群组的迁移组态。根据 PLC 程序逻辑流程，一个子项 $M_i$ 完成运行后实现若干个状态迁移，设计相应的签名标签，签名协议对每项迁移实施附着标签，每项状态迁移都给予一个签名标签；输入到输出每个状态签名标签完成后，从图 8.3 可以看到 $M_j$ 的 $\varphi_i$ 具有顺序迁移和同时迁移，多个 PLC 程序会发生并发迁移，在顺序迁移和同时迁移或并发迁移时分别设计顺序签名与并发签名，输出集包含了 PLC 程序运行结果和状态标签集。由于 PLC 系统资源、可靠性和实时性的高要求，PLC 程序运行时并不进行签名验证，而且单一的签名验证也不能反映 PLC 程序整个运行状态，整个签名验证在 PLC 系统上实现将影响其实时性，资源代价也高，尤其在多 PLC 系统的 PLC 程序运行和 PLC 不同配置或新旧并存时，这种缺陷不足更为突出，严重时会影响控制系统正常运行。因此，PLC 程序运行中的状态迁移只进行签名标签，过程级验证含有结果和签名的输出集，验证确认 PLC 程序状态迁移的正确性。在以发射场控制系统为例的分层模式图中，增加的检测验证资源部署如图 8.5 所示，PLC 程序状态数据和输出集传送给过程级进行检测，过程级负责执行检测验证计算。

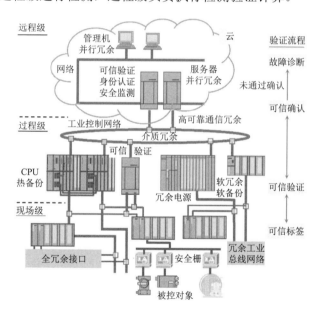

**图 8.5　检测验证资源分级部署示意图**

PLC 程序状态迁移标签作业的工作流程如下。

（1）输入集 $PI$ 提交 $M$ 后，初始状态是带有时效签名标签的，这一标签是由过程级交付现场级，或由另一个 PLC 系统传送过来的。

（2）按照 $PI$，各个 $M_i$ 完成运行工作，按 PLC 程序设计转到下一个 $M_j$ 的运行，在 $M_i$ 转移到 $M_j$ 过程中，$M_i$ 发生若干个 $\varphi_k$ 状态变化，$M_i$ 对若

干个 $\varphi_k$ 的运行迁移状态打上时效标签签名，然后提交给 $M_j$。

（3）$M_j$ 运行工作前首先检查迁移状态是否缺项，如有缺项问题按设定可直接报错输出；考虑实时性，$M_j$ 并不对若干个 $\varphi_k$ 状态进行验证，$M_j$ 按此迁移状态进行运行工作，运行完成后对迁移状态继续打上时效标签签名，签名后提交下一个子项。

（4）在 $M$ 完成所有子项运行后，输出集包含了状态迁移签名集的 PLC 程序输出结果，根据 PLC 程序逻辑设计该输出集作为另一个 PLC 系统或执行机构输入，在输出集作为有效输入集之前提交过程级进行检测验证，通过检测验证正确后作为另一个 PLC 系统或执行机构的有效输入，如有问题则转入故障诊断。

（5）不同的 PLC 系统和程序按此流程循环至一个控制任务的完成。检测验证异常情况下，中止控制任务，按照故障处理预案进入处置流程，具体研究内容属于故障诊断范畴，不在此赘述。

上述工作流程的每一个签名节点受运行时统时间点的控制和标记，即在规定的时间内按照标签节点的时间点完成相应的标签。根据 PLC 程序状态迁移标签作业的工作流程，需要对 $M_i$ 进行标记签名。按照可信标签的要求，在串行运行 PLC 系统为顺序多模标签签名，并行运行 PLC 系统为同时多模标签签名，串/并运行系统是它们的组合。

## 8.3.2　可信标签签名算法分析

在设计可信标签检测验证协议时，选择基于 Schnorr 算法作为构建群体数字签名的数字签名协议基础。选择 Schnorr 算法的原因是，产生签名所需的大部分计算都可在预处理阶段完成，并且这些计算与待签名的状态和迁移无关。这样过程级检测验证与 PLC 程序标记标签所占用的计算资源互不影响，节省 PLC 程序计算时间，也不影响签名速度。根据参考文献[306]中的结论，对于相同的安全级别，Schnorr 的签名长度比 RSA 短一半，并且也比 ElGamal 签名短很多。Schnorr 的鉴别与签名方案的安全性建立在计算离散对数的难度上，安全性高，在美国等地申请了专利，该专利已于 2008 年到期。

整体上它对签名成员具备了如下安全特性。

（1）群体签名特性：只有授权成员才能生成有效的签名。

（2）限制特性：任何一个签名成员漏缺都不能生成有效的群体签名。

（3）防冒充性：任何一个群组成员不能假冒其他群组成员签名。

（4）验证简单性：签名验证可以简单验证签名是否有效。

（5）可追溯性：发生验证问题或检测时，可以确认是由哪一个签名成员产生的问题。

（6）稳定性：建立新的群组或成员更换时，只需简单更换某成员密钥而不影响其他成员。

## 8.3.3　PLC 程序状态迁移串行可信标签检测验证协议

$\varphi=\{\varphi_1, \varphi_2, \cdots, \varphi_n\}$ 状态迁移集定义为一个 PLC 程序的 $n$ 个状态迁移。

设定 PLC 程序中的 $L$ 个子项 $\{M_1, M_2, \cdots, M_L\}$ 逐个对 $\varphi$ 进行顺序标签签名。每个子项的输出都带着 $\varphi$ 状态集进入另一个子项或输出，状态迁移最终结果为：

$$f : PO \rightarrow PI \mid_{M=\{\wedge(M_i \rightarrow M_j)\} \vdash \varphi}$$

其中，$f$ 是一个串行运行后状态迁移累积结果。

### 1. 密钥对的生成

选择两个大素数 $p$ 和 $q$，$q$ 是 $p-1$ 的素数因子，按 Schnorr 建议取 $q \geqslant 2^{140}$，$p \geqslant 2^{512}$，然后选择 Galois Fields（伽罗华域）有限域 $GF(p)$ 中阶为 $q$ 的本原元 $a(a \neq 1)$，满足 $a^q \equiv 1 \bmod p$ 。选择单向散列 Hash 函数 $h \rightarrow \{0,1,\cdots,2^t-1\}$，安全性基于 $t$，破解的难度也就是大于 $2^t$，按算法建议 $t$ 选择 72 位。所有这些数由一组 PLC 程序的所有状态子项 $M_j(j=1,2,\cdots,L)$ 共用，并向控制系统公开发布。

对每个 $\varphi_i$ 选择私钥 $K_i$，是一个定义在小于 $q$ 的 $GF(q)$ 上的随机数，对应的公开密钥为：

$$U_i = a^{-K_i} (\bmod\, p)\, (i = 1, 2, \cdots, n) \tag{8-1}$$

## 2. 串行可信标签的生成

设 $T$ 是控制器一个响应的扫描周期，运行状态迁移有时间 $T_i(i=1,2,\cdots,n)$ 要求，且 $T=T_1+T_2+\cdots+T_n$。所设计的扫描周期需要遵守，否则设计值和 $T_i$ 需要重新设置。$T$ 和 $T_i$ 是系统给定每个成员状态的标签时统标志，要求每个子项状态迁移 $\varphi_i$ 在给定 $T_i$ 时间内完成各自工作和签名可信标签。在状态迁移可信标签计算时，控制系统自动地给以对应全系统一致的时统时间，以防止签名重播。由于不同的运行情况，精确地说每个时间 $T_i$ 都会有差异，但是总的扫描周期已经过设计设定不会超出一个允许的偏差值，所以在可信标签生成时可忽略这种差异。

$n$ 个状态迁移结果 $f$ 的状态串行可信标签流程设计如下。

首先，定义 $x_0 = a^T (\bmod\, p)$，$\varphi_i$ 选取 $GF(q)$ 上的一个随机数 $d_i$，计算

$$x_i = x_{i-1} \cdot a^{-T_i} \cdot a^{d_i} (\bmod\, p) \tag{8-2}$$

并且 $x_i$ 被送给相关 $\varphi_i$ 子项 $M_j$ 的下一子项 $M_{j+1}$ $(j=1,2,\cdots,L)$。当 $j=L$，$M_{L+1}$ 不作为 PLC 程序子项而作为输出项，计算完成相关 $\varphi_i$ 可信标签归集到输出集 $PO$。

其中每项状态迁移设定 $y_0=0$ 进行计算可信标签签名

$$\begin{aligned} e &= h(x_n, f) \\ y_i &= y_{i-1} + (d_i + K_i \cdot e) (\bmod\, q)\, (i = 1, 2, \cdots, n) \end{aligned} \tag{8-3}$$

最后，逐个子项运行完成后，$\{f, e, y_n\}$ 被送至输出集 $PO$ 并验证。$\{f, e, y_n\}$ 是 PLC 程序状态迁移 $\{\varphi_1, \varphi_2, \cdots, \varphi_n\}$ 可信标签签名结果 $f$ 的群组签名结果。

## 3. 串行可信标签的验证

过程级接收到串行可信标签的群体签名 $\{f, e, y_n\}$ 后，用迁移状态成员 $\varphi_i$ 的公开密钥 $U_i$ 对群体标签签名进行验证。计算

$$x'_n = a^{y_n} \left( \prod_{i=1}^{n} U_i \right)^e (\bmod\, p) \tag{8-4}$$

然后，进一步验证 $e=h(x'_n, f)$ 是否成立，如果验证等式成立，那么输出结果有效就被确认，说明 PLC 程序运行正确，过程级确认现场级可以执行下一步操作。如果验证失败，控制系统拒绝该输出结果而进入故障诊断。

为了证明该串行可信标签群体签名协议方案的有效性和正确性，有如下等式。因为根据式（8-3）和式（8-1）：

$$x'_n = a^{y_n} \left( \prod_{i=1}^{n} U_i \right)^e (\mathrm{mod}\ p) = a^{y_{n-1}+(d_n+K_n e)(\mathrm{mod}\ q)} \cdot \left( \prod_{i=1}^{n-1} U_i \right)^e \cdot (U_n)^e (\mathrm{mod}\ p) =$$

$$a^{y_{n-1}} \cdot a^{(d_n+K_n e)(\mathrm{mod}\ q)} \cdot \left( \prod_{i=1}^{n-1} U_i \right)^e \cdot (a^{-K_n})^e (\mathrm{mod}\ p) =$$

$$a^{y_{n-1}} \cdot \left( \prod_{i=1}^{n-1} U_i \right)^e \cdot (a^{r_n})(\mathrm{mod}\ p) =$$

再根据式（8-3）以此类推即可得：

$$x'_n = a^{d_n} \cdot a^{d_{n-1}} \cdots a^{d_1}(\mathrm{mod}\ p)$$

由式（8-2）和初始条件 $x_0$，上式即

$$x'_n = [x_n/(x_{n-1}a^{-T_n})][x_{n-1}/(x_{n-2}a^{-T_{n-1}})]\cdots[x_1/(x_0 a^{-T_1})](\mathrm{mod}\ p) =$$
$$x_n/(x_0 a^{-T_n-T_{n-1}-\cdots-T_1})\ (\mathrm{mod}\ p) =$$
$$x_n(\mathrm{mod}\ p)$$

因此，$e = h(x_n, f) = h(x'_n, f)$ 得以验证。

在串行可信标签的群体签名过程中，每个状态迁移 $\varphi_i$ 都可以进行验证，应用下列等式检测验证可信标签 $y_{i-1}$ 的有效性。

$$x'_{i-1} = a^{T-T_1-T_2\cdots-T_{i-1}} \cdot a^{y_{i-1}} \left( \prod_{j=1}^{i-1} U_j \right)^e (\mathrm{mod}\ p)\ (i = 2,3,\cdots,n) \qquad (8\text{-}5)$$

检测验证判断 $x'_{i-1} = x_{i-1}$ 有效性是否处理。实际上，式（8-4）是式（8-5）的一个特例，同理可证其正确性，即

$$x'_{i-1} = a^{T-T_1-T_2\cdots-T_{i-1}} \cdot a^{y_{i-1}} \left( \prod_{j=1}^{i-1} U_j \right)^e (\mathrm{mod}\ p) =$$
$$a^{T-T_1-T_2\cdots-T_{i-1}} \cdot a^{r_{i-1}} \cdot a^{r_{i-2}} \cdots a^{r_1} =$$
$$x_{i-1}$$

在这一串行可信标签签名过程中，按照 PLC 程序设定，$\varphi_i$ 和 $M_j$ 都遵

守运行逻辑流程和该签名协议，过程级验证认为上述产生的群体签名是正确和可信的。

## 8.3.4 PLC 程序状态迁移并行可信标签检测验证协议

同样，$\varphi=\{\varphi_1, \varphi_2, \cdots, \varphi_n\}$ 状态迁移集定义为一个 PLC 程序的 $n$ 个状态迁移。

设定一个或多个 PLC 程序中的 $L$ 个子项 $\{M_1, M_2, \cdots, M_L\}$，具有并发控制逻辑，对 $\varphi$ 进行并行标签签名。每个子项的输出带着对应的 $\varphi$ 状态集在并发周期内输出至输出集。并行状态迁移最终结果为：

$$f : PO \to PI \big|_{\{\wedge(M_i)\} \to M \vdash \varphi}$$

其中，$f$ 是一个并行运行后状态迁移累积结果。

**1. 密钥对的生成**

与 8.3.3 节相同。

**2. 并行可信标签的生成**

设定 PLC 程序并发运行有效时限为 $T$，要求各个子项 $M_j$ 和迁移状态 $\varphi_i$ 在给定时限完成相应工作，运行状态的可信标签签名计算时，系统自动取相应时统时间，这样防止签名重播。

$n$ 个状态迁移结果 $f$ 的状态并行可信标签流程设计如下。

$\varphi_i$ 选取 $GF(q)$ 上的一个随机数 $d_i$，计算

$$x_i = a^{h(T)} \cdot a^{d_i} (\bmod p) \tag{8-6}$$

相关 $\varphi_i$ 子项 $M_j$ 将 $x_i$ 送给作为输出项的结束子项 $M_{L+1}$，计算完成相关 $\varphi_i$ 可信标签归集到输出集 $PO$。

$M_{L+1}$ 首先计算

$$x = x_1 \cdot x_2 \cdots \cdot x_n (\bmod p) \tag{8-7}$$

$$e = h(x, f)$$

然后，用 $e$ 和 $f$ 对并发的相关 $\varphi_i$ 子项 $M_j$ 进行计算

$$y_i = h(T) + d_i + K_i \cdot e \pmod{q} \tag{8-8}$$

并将 $\{f, e, y_i\}$ 交由 $M_{L+1}$ 进行计算

$$y = y_1 + y_2 + \cdots + y_n \pmod{q} \tag{8-9}$$

最后将 $\{f, e, y\}$ 作为输出集 $PO$ 并验证。$\{f, e, y\}$ 是 PLC 程序并发状态迁移 $\{\varphi_1, \varphi_2, \cdots, \varphi_n\}$ 并行可信标签签名结果 $f$ 的群组签名结果。

### 3. 并行可信标签的验证

过程级接收到并行可信标签的群体签名 $\{f, e, y\}$ 后，用迁移状态成员 $\varphi_i$ 的公开密钥 $U_i$ 对群体标签签名进行验证。计算

$$U = U_1 \cdot U_2 \cdot \cdots \cdot U_n \pmod{p}$$
$$x' = a^y \cdot U^e \pmod{p} \tag{8-10}$$

然后进一步验证 $e = h(x', f)$ 是否成立，如果验证等式成立，那么输出结果有效就被确认，说明 PLC 程序运行正确，过程级确认现场级可以执行下一步操作。如果验证失败，控制系统拒绝该输出结果而进入故障诊断。

为了证明该并行可信标签群体签名协议方案的有效性和正确性，有如下等式。因为根据式（8-9）和式（8-10）：

$$x'_n = a^y \cdot U^e \pmod{p} =$$
$$a^{y_1 + y_2 + \cdots + y_n \pmod{q}} \cdot (U_1 \cdot U_2 \cdot \cdots \cdot U_n)^e \pmod{p}$$

再根据式（8-8）和式（8-1），上式为：

$$x'_n = a^{(n \cdot h(T) + d_1 + K_1 \cdot e + \cdots + d_n + K_n \cdot e) \pmod{q}} \cdot (a^{-K_1} \cdot a^{-K_2} \cdot \cdots \cdot a^{-K_n})^e \pmod{p} =$$
$$a^{(n \cdot h(T) + d_1 + \cdots + d_n)} \pmod{p}$$

由式（8-6）即得，

$$x' = x_1 \cdot x_2 \cdot \cdots \cdot x_n = x \pmod{p}$$

因此，$e = h(x, f) = h(x', f)$ 得以验证。

同样，在这一并行可信标签签名过程中，按照 PLC 程序设定，$\varphi_i$ 和 $M_j$ 都遵守运行逻辑流程和该签名协议，过程级验证认为上述产生的群体签名是正确和可信的。

### 8.3.5 协议原型系统部署试验验证

按照图 8.5，在过程级和远程级部署控制系统运行状态验证计算机，其配置为一台英特尔酷睿 i3 M530 处理器、2.53GHz、4GB RAM 的计算机。该验证计算机系统主要承担计算生成密钥对，并将前处理计算完成，相关数据发送到 PI 包中；验证算法模块接收 PO 包，并在验证计算机上进行验证计算，通过验证放行 PLC 输出进行驱动操作。在现场级，PLC 控制器选用自主研制的基于龙芯 1A 的 ZC-300 PLC[307, 308]产品，构建可信安全的 PLC 系统机制，验证 PLC 程序状态迁移可信标签检测验证协议。PLC 程序模块中运行状态可信标签公共计算模块作为函数定义，供不同子项状态迁移可信标签签名时调用。串行可信标签签名计算复杂度为 $O(n)$，与状态迁移数相关；并行可信标签签名计算复杂度为 $O(1)$，与并发状态迁移数的多少不相关。由于是公共签名模块设计，可信标签签名空间复杂度为 $O(1)$。

验证计算机向 PLC 控制器发出输入激励驱动，PLC 程序的每个状态转移都在 PLC 控制器中完成可信标签签名，并输出包含驱动数据和可信标签签名数据结果；验证计算机接收 PLC 控制器输出结果，验证计算机验证模块对可信标签进行检测验证，通过验证后向现场发出确认指令。在实际部署中，远程级验证计算机负责复核确认计算。在试验验证中，选择 PLC 程序试验运行最高累计约 10 000 个串行状态迁移，除去 PLC 程序为完成控制逻辑所耗费的运行时间，签名速度达到微秒数量级；验证速度与验证计算机性能相关，状态迁移数量对其影响不大。图 8.6 所示为一组选取不同状态数 PLC 程序运行串行签名的时间耗费情况，图 8.7 是一组不同状态数 PLC 程序运行可信标签签名的验证时间（含时延）。在发射场系统应用中，控制系统设计在毫秒级响应，因此该协议可以满足发射场控制实时性要求。同样，在一般的工业控制系统中毫秒级响应都能满足实时控制要求。随着控制器性能的提高，该协议的应用能力也将随之增强。

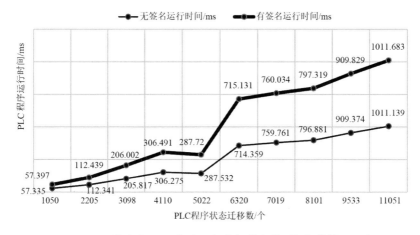

图 8.6　不同状态数 PLC 程序运行串行签名的时间耗费情况示意图

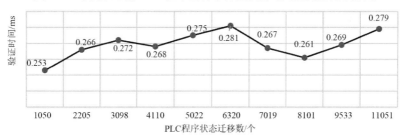

图 8.7　不同状态数 PLC 程序运行可信标签签名的验证时间

## 8.4　PLC 程序状态迁移可信标签检测验证协议的安全性分析

首先，PLC 程序状态迁移可信标签检测验证协议的安全性是基于 Schnorr 算法的安全性。其次，由于环境或组件性能等控制系统自身因素干扰，会对可信运行产生随机性影响，由于存在状态标签且无法更改，可以判别在 PLC 程序运行期间哪个状态出现了问题，很容易验证这些运行状态可信问题，不会导致特殊的可信检测验证问题。然而，对控制系统中 PLC 程序的蓄意攻击是可信运行的最大风险。下面分析在受到攻击情况下，串行群体签名和并行群体签名协议所面临的可信运行安全性风险，以及破解协议的可能性。

### 8.4.1 外部独立攻击的安全性分析

单独一个迁移状态的 PLC 程序，可信标签签名的安全性与 Schnorr 算法相同，在群体签名中可能受到的攻击方式如下。

（1）任何人都可得到 $p$、$a$、$U_i$ 的值，如试图从公钥 $U_i = a^{-K_i} \pmod{p}$ 中求解私钥 $K_i$，其计算的困难性等价于计算 $GF(p)$ 中离散对数的困难性。所以直接从密钥生成入手攻击是不可能获得状态迁移 $\varphi_i$ 的私钥 $K_i$。

（2）利用可信标签签名公钥 $U_i$、$x_i$ 和群体签名 $y_i(i = 1, 2, \cdots, n)$ 获取 $K_i$ 或随机数 $d_i$，同样等价于计算 $GF(p)$ 中离散对数的困难性。

（3）如想利用输出集 PO 公开信息 $\{f, e, y_n\}$ 及验证公式

$$x'_n = a^{y_n} \left( \prod_{i=1}^{n} U_i \right)^e \pmod{p}$$

或

$$x' = a^y \cdot U^e \pmod{p}$$

计算 $K_i$ 和 $d_i$，同样等价于计算 $GF(p)$ 中离散对数的困难性。

（4）攻击者可能试图随机选择一个整数 $K_i$，然后由 $y_i$ 计算公式求 $d_i$ 同样等价于计算 $GF(p)$ 中离散对数的困难性。

（5）在并行可信标签签名协议中，对于迁移状态 $\varphi_i$，可信标签签名计算式：

$$y_i = y_{i-1} + (d_i + K_i \cdot e) \pmod{q}$$

签名验证方程：$e = h(x'_n, f)$，签名输出集 PO 消息 $\{f, e, y_n\}$。由单独一个迁移状态的 PLC 程序 Schnorr 算法的安全性可知，$\varphi_i$ 的可信标签签名是安全的。对于攻击者，已知 $x_0, x_1, \cdots, x_i$ 求解满足公式

$$x'_{i-1} = a^{T - T_1 - T_2 - \cdots - T_{i-1}} \cdot a^{y_{i-1}} \left( \prod_{j=1}^{i-1} U_j \right)^e \pmod{p} \quad (i = 2, 3, \cdots, n)$$

的 $y_i$ 相当于求解离散对数；同样给定 $x_0, x_1, \cdots, x_i$、$y_i$ 求解满足上述公式的 $d_i$ 的难度不低于求解离散对数的难度。对于攻击者，欲伪造所有可信标签签名也就是求解 $x_0, x_1, \cdots, x_n$、$y_n$ 满足签名验证公式，同上述分析一样，求解这

一问题的难度不会低于求解离散对数的难度。总之，通过计算部分可信标签群体签名或全体群体签名，使全体群体签名满足验证公式，从验证等式可以看到计算难度等价于计算 $GF(p)$ 中离散对数。

（6）攻击者有可能试图在不知道 $K_i$ 的情况下冒充状态迁移 $\varphi_i$，方法是收集以往的可信标签签名过程中的信息，然后试图通过以往的信息计算本次签名信息。由于本协议加上了时统时间标志 $T_i$，且每次 PLC 程序运行时间不同，所以历史信息和当前信息的时间不同，即同一个 $\varphi_i$ 的 $x_i$ 每次不同，所以 $e$ 也不同。攻击者无法利用历史的可信标签签名 $y_i$。

## 8.4.2　联合攻击的安全性分析

这里所说的联合攻击是指针对 PLC 系统内部被植入了恶意潜伏成员，这些成员可能是预置的或信息交换时传入的或植入的，假冒某些迁移状态签名联合发起的攻击。其中类似于外部独立攻击的安全性分析不在此重复说明。

在并行可信标签签名中，因为所有可信标签签名需在规定的并发时间内完成计算签名，如部分假冒的迁移状态联合伪造其余或一个可信标签签名，需要有多个或一个 $K_i$，如 8.4.1 节中分析这是不可能的。

在顺序签名中，如有 $k$ 个假冒 PLC 程序模块 $M_i$ 伪造替换 $l$ 个 $\varphi_i(i = 1, 2, \cdots, l,\ k + l \leqslant n)$ 制造可信标签签名，使过程级认为群体签名是有效的，那么需要满足验证公式，同样也将面临离散对数计算问题。

在数字签名中的代换攻击是一种极具威胁的伪造攻击方法。在本研究设计的两种群体签名中，由于 $\varphi_i$ 的签名安全性等价于单个签名的 Schnorr 算法的安全性，而且如果在并行可信标签签名中，在输出集或在串行签名中最后一个子项的状态迁移被假冒要伪造所有可信标签签名，必须面临验证公式计算求解，所以代换攻击对本研究的签名方案无效。

综上所述，可以看到基于求解离散对数的计算难度，串行可信标签签名和并行可信标签签名协议是安全的。从计算复杂度理论的数学证明上，由参考文献[306]可知破解该算法的难度为 $2^t$（概率为 $2^{-t}$，Schnorr 建议 $t \geqslant 72$）。在参考文献[306, 309, 310]中认为攻击者为了伪造签名可以离线计算数年，参考文献[311]中进行了数学分析，但在本算法中增加了时间标志，所以提高了抗攻击能力。从串行可信标签签名协议中，每个签名都是在前一个签名上叠加签名，这样进一步提高了抗攻击能力。并行可信标签签名时，过程级仅进行验证，可以增加并发子项对所有状态可信标签进行确认签名，也可以提高抗攻击能力，但是计算量会有所增加。

## 8.5　本章小结

本章的主要工作和主要结论如下[312-315]。

（1）本章主要解决 PLC 程序运行状态的正确性检测问题，以防止系统运行时受到攻击、篡改和干扰等情况时，PLC 系统不能感知这些情况。针对构建的控制系统分层模式，侧重 PLC 程序运行状态的可信验证在该体系中的支持工作流程，对控制系统远程智能支持体系架构设计进行了介绍。构建运行状态检测验证关键要素涉及 PLC 程序运行状态检测验证、智能故障诊断、智能远程支持与平台构建方法，为运行状态可信检测验证奠定基础。

（2）研究设计了可信标签和检测验证协议，提出了可信标签构建、可信标签签名算法选择分析、PLC 程序状态迁移串行与并行可信标签检测验证协议，并对相应协议设计的正确性进行了证明验证。对两类外部独立攻击和联合攻击的安全威胁多种手段方法，系统分析了该协议的安全性，可有效对抗各种攻击，保证 PLC 程序的可信正确运行检测验证，为及时发现安全风险和追溯风险点提供支撑。

（3）建立了一个原型系统试验验证协议的运行情况，结果显示可以满足一般控制系统的实时性要求，后续还将进一步对实现算法进行优化。从理论和原型系统的实践，说明了 PLC 程序运行状态可信和正确性检测方法的可行性。

（4）PLC 程序状态迁移的可信验证，在自主控制系统上建立了可信运行的保证机制，该设计保证了状态迁移的 PLC 程序状态可信，从而获得自主控制系统的可信，控制状态可信迁移保证了自主系统的可信运行。

# 第 9 章

## 相关性驱动检测流程优化

多层次的 PLC 程序组合检测确保了正确性和可信，但是检测的工作量也随之增加，为了缩短检测周期、提高检测效率和降低检测成本，需要对组合检测流程进行优化，在利用检测工具的情况下，对各个检测项目尽可能地并行开展组合检测。按照 PLC 程序组合检测构成要素，基于网络计划图叠加检测工作，由检测计划模型构成检测流程模型。根据检测项、输入激励、输出响应等的相关性，形成组合检测流程优化框架，提出分解和缩短检测关键路径的检测流程优化策略，尽可能分解和缩短 PLC 程序检测关键路径，缩短整个检测周期。

本章首先分析过程模型的研究情况，检测流程模型也是一种过程模型；对相应检测的网络化进度活动有向图、检测流程模型等进行了定义，同样这些模型与 PLC 程序模型具有同样的基础；对被检测对象的系统间关系进行了分类，在相关性约束下，构建检测流程模型。然后提出检测流程模型优化的框架，对同步测试和异步测试设计了优化算法，并对检测优化的可行性进行了分析证明。

# 9.1　过程模型的选择

## 9.1.1　以流程对象为主的过程模型

所有的检测活动都需要通过计划模型进行相关检测工作的安排。检测流程模型是一种过程模型，根据自身的需求和应用场景，不同研究人员提出不同的建模方法，如 1.3.1 节所述过程建模的 3 类方法是以技术方法为对象的，即基于事件的活动网络工作流建模、基于协同的工作流建模、基于形式化的工作流建模，这 3 类方法提供了基础理论技术。以流程对象间的相关性为视角，现有过程模型以流程对象为主的建模方法又可以分为基于活动的过程建模、基于状态迁移的过程建模、基于关系捕获的过程建模、基于交互的过程建模[316-326]。

以上 4 种以流程对象为主的过程建模方法，主要特性如下。

（1）基于活动的过程建模。基于活动的过程建模方法和人们制定计划的方式很相似，类似于从概念模型的视角，将活动任务看成自己的原子元素，推进活动任务的进行都是基于暂存的依赖关系[323]，并将活动任务分配给相应的执行者执行，而不关注这些活动任务的安放位置。

（2）基于状态迁移的过程建模。基于状态迁移的过程建模方法与基于活动的正好相反，它是一种分布式控制逻辑。尽管可以从整个系统的角度分析观察状态迁移的情况，但是每个用户角色都有与其他用户相互作用的状态迁移图，用户角色之间根据需要与其他用户角色的状态进行交互[324]，而这种方法对于状态迁移的相关性和计划流程的关联性都没有考虑。同时，虽然支持各用户角色间的状态交互，但是支持交互的途径方法还不够完善。

（3）基于关系捕获的过程建模。基于关系捕获的过程建模方法提供了新的视角描述过程模型。它的前提是基于假设过程中所有的活动任务中确定的关系都可以被识别和捕获[325]，但是往往这种假设是比较难满足的，也容易丢失信息，因此这种方法应用得较少。这种方法的优势是它与 Petri 网表示比较相似，可方便地转化为 Petri 网描述，有利于过程模型的分析与自动化。该方法还不提供条件分支，这极大地限制了它的应用。

（4）基于交互的过程建模。基于交互的过程建模方法主要目的是改善用户体验，每个子业务过程都需要经过用户输入业务数据、事件生成、状态图表示、流程流转 4 个过程描述，但是该方法描述的业务过程无法自动表示并行关系、选择关系、条件关系等一些常见的业务关系，用户需要确认这些关系，工作量较大[326]。因此，检测过程中用户对计划流程作用不突出的情况下，不适合使用交互的建模方法。

在本研究的实际 PLC 程序检测应用中，这些过程模型建模方法并没有考虑流程计划进度影响，只是通过建模以便仿真测试，这对研究测试系统及测试项设计有一定的帮助，而不适用于 PLC 程序组合检测以改善优化检测流程进度。

### 9.1.2 测试计划的过程模型

系统测试的成果主要关注测试资源约束和测试环境使用的计划构建。一般系统测试作为一个完整系统进行测试方法上的优化、改进、完善，随着测试系统测试资源配置的种类不断丰富，使测试系统的灵活性增加，提供了更多的资源和计划流程路径的选择[327-331]。一般测试系统的测试活动计划流程优化主要聚焦在构建测试资源和测试计划的关键点上[332-334]，为测试活动提供更多资源，在测试任务中规划资源能够提高效率，也有益于整个测试工作计划优化，但对于测试项的网络计划优化很少涉及。

目前，如 1.3.1 节所述，在计划制定应用中采用的网络计划图反映了项目各工序之间的逻辑关系；计算时间参数并找出关键路线和关键工序；利用各工序的机动时间进行工期、成本、资源等优化；是运用计算机进行计算处理的理想模型。网络计划图主要采用 ECRS（消除、组合、重建、简化）流程优化方法，即根据具体的流程应用情况，取消不必要的环节，合并两个或多个对象变成一个，重组工作顺序，简化工作过程，从而达到优化流程、缩短工作时间的目的。在实际工作中，这些方法有一定的效果，但是在测试工作中，不能改变每个测试项目与之关联的测试项目的流程，测试关键路径与一般的操作性工作的关键路径不同，测试流程改变会涉及产品或设备技术状态的变化。

因此，本研究针对 PLC 程序检测任务，从实际物理测试检测的视角，在现有检测资源和设施情况下，对影响检测任务计划进度的检测项关键因素进行相关性分析，对检测网络计划图结合检测任务进行建模。在此基础上，通过关键路径分解 PLC 程序检测流程，通过检测项输入激励、迭代映射得出后续检测项或关键路径上的检测项输入，从而优化检测流程，缩短检测任务周期。

## 9.2 PLC 程序检测过程模型的定义

PLC 程序检测过程模型是一种以流程流转为导向的网络化进度活动有

向图。

## 1. 检测网络化进度活动有向图

一个控制系统或子系统受 PLC 程序控制，组合检测 PLC 程序系统称为被测系统。一个检测项需要对被测系统进行激励，被测系统内部按照设计状态进行激励变换，变换后输出响应数据。一个检测项的结果是获取响应的测量数据或状态迁移数据。这种激励、变换、响应可以是 PLC 程序测试，也可以是组合检测的状态迁移。被检测系统和检测项组成了一个测试系统。

**定义 9.1**　按照检测网络化进度活动有向图，如果以矢量线标记的检测工作 $A$、$B$、$C$ 为串行检测项，则定义 $LEN$ 为完成某一检测项的工作时间，记为 $LEN(\alpha_i)$，$\alpha_i \in \{A, B, C\}$，未标记字符的矢量线仅表示逻辑关系且时长为 0，如有 $L$ 个检测项则 $i$ 为 1～$L$，完成整个检测工作的时间长度为 $T_L = LEN(A) + LEN(B) + LEN(C)$。如果检测工作 $A$、$B$、$C$ 为并行检测项，完成整个检测工作的时间长度为 $T_L = MAX(LEN(A), LEN(B), LEN(C))$，$MAX$ 为取最大值函数。一项检测工作的检测项是对一个子系统的相关检测，一个子系统可以是一个 PLC 程序单元、部件或分系统。

## 2. 基于有向图的检测流程模型

在网络化进度活动有向图基础上，叠加设置检测工作的元素。网络化进度活动有向图上的每项工作定义为一个检测项目，有向图上每个箭线起始节点为检测的输入激励，每个箭线终端节点为输出响应或数据。

**定义 9.2**　对检测网络化进度活动有向图节点进行编码，按照先左后右、先上后下的顺序进行，形成 $M$ 个节点的集 $N = \{n_1, n_2, \cdots, n_M\}$。每个节点代表一个子系统的相关检测项的输入/输出接口是前一个检测项结果的输出、后一个检测项启动的输入。整个有向图的起始节点是检测项启动的输入，终端节点是检测项结果的输出。起始或终端端点可以是同一个。

其中检测项之间的典型逻辑关系如表 9.1 所示。

检测项目的检测系统特性，按照定义 2.1 所定义的输入、输出、状态迁移以及映射迁移等关系来描述。

### 3. 被检测系统间的关系

检测工作之间由节点连接，其关系如表 9.1 所示。用 BNF 范式表示的表达式形式为：

<检测系统>::=(<检测项>|<被检测系统>|<组合算子>)

<检测项>::=(< $n_i$ >|<$a_j$>|<$n_{i+1}$>)

<$i$>::=(1,2,$\cdots$, $N$-1)

<$j$>::=(1,2,$\cdots$, $L$ )

<被检测系统>::= (<$T_C$>|< $T_{C0}$>|< $P^M$>)

<组合算子>::=($\rightarrow$|$\cup$|$\cap$|$\oplus$|$\neg$|$\varnothing$)

其中，$n_i$ 是一个检测项起始或结束的节点，$a_j$ 是一个检测项活动，$T_C$ 是被测系统中内部状态迁移的非空状态函数有限集，$T_{C0}$ 是被测系统的初始状态。为便于标记，将定义 2.1 中的 $PM$ 记为 $P^M$。组合算子符号同常规含义相同。

表 9.1　检测项之间逻辑关系与关键路径长度

| 序号 | 检测工作之间逻辑关系 | 编码后的网络图 | 等效关键路径 | 关键路径长度 |
|---|---|---|---|---|
| 1 | $A$ 完成后进行 $B$ 和 $C$ | | | $LEN(A)$ +$MAX(LEN(B)$, $LEN(C))$ |
| 2 | $A$、$B$ 均完成后进行 $C$ | | | $MAX(LEN(A), LEN(B))$ + $LEN(C)$ |
| 3 | $A$、$B$ 均完成后同时进行 $C$、$D$ | | | $MAX(LEN(A), LEN(B))$+ $MAX(LEN(C), LEN(D))$ |
| 4 | $A$ 完成后进行 $C$ $A$、$B$ 均完成后进行 $D$ | | | $MAX(LEN(A)+ LEN(C)$, $MAX(LEN(A), LEN(B))$ + $LEN(D))$ |

续表

| 序号 | 检测工作之间逻辑关系 | 编码后的网络图 | 等效关键路径 | 关键路径长度 |
|---|---|---|---|---|
| 5 | $A$、$B$ 均完成后进行 $D$<br>$A$、$B$、$C$ 均完成后进行 $E$<br>$D$、$E$ 均完成后进行 $F$ | | | $MAX(MAX(LEN(A),$<br>$LEN(B))+LEN(D),$<br>$MAX(LEN(A), LEN(B),$<br>$LEN(C)+LEN(E))+$<br>$LEN(F)$ |
| 6 | $A$、$B$ 均完成后进行 $C$<br>$B$、$D$ 均完成后进行 $E$ | | | $MAX(MAX(LEN(A),$<br>$LEN(B)) +LEN(C),$<br>$MAX(LEN(B), LEN(D)) +$<br>$LEN(E)$ |
| 7 | $A$、$B$、$C$ 均完成后进行 $D$<br>$B$、$C$ 均完成后进行 $E$ | | | $MAX(MAX(LEN(A),$<br>$LEN(B), LEN(C))+$<br>$LEN(D),MAX(LEN(B),$<br>$LEN(C)+LEN(E))$ |
| 8 | $A$ 完成后进行 $C$<br>$A$、$B$ 均完成后进行 $D$<br>$B$ 完成后进行 $E$ | | | $MAX(LEN(A)+LEN(C),$<br>$MAX(LEN(A), LEN(B)) +$<br>$LEN(D), LEN(B)+$<br>$LEN(E))$ |

**定义 9.3**　两个检测项关系 $R_{jl}$ 可表示为：

$$\left(n_i \overset{\alpha_j}{\text{—}} n_{i+1}\right) R_{jl} \left(n_k \overset{\alpha_l}{\text{—}} n_{k+1}\right), (i, k \in (1, 2, \cdots, N-1); j, l \in (1, 2, \cdots, L)) ，\text{其中 } R_{jl}$$

为组合算子。

节点前面由 "?" 符号作为输入，"!" 符号作为输出。那么 $?n_i(\alpha_j)$ 表示节点 $n_i$ 的 $\alpha_j$ 输入，$!n_i(\alpha_j)$ 表示节点 $n_i$ 的 $\alpha_j$ 输出。一个检测项可以用 $\left(?n_i \overset{\alpha_j}{\text{—}} !n_{i+1}\right)$ 或元组 $(n, \alpha, n')$ 表示，记为 $P_j^M (?n_i, !n_{i+1})$，简记为 $P_j^M$。

**定义 9.4**　设 $P^M = [P_1^M, P_2^M, \cdots, P_L^M]$，$\boldsymbol{R}_C$ 为 $L \times L$ 的关系矩阵

$$\begin{bmatrix} \varnothing & R_{21} & \cdots & R_{L1} \\ R_{12} & \varnothing & \cdots & R_{L2} \\ & \cdots & \\ R_{1L} & R_{2L} & \cdots & \varnothing \end{bmatrix}$$，检测关系集可以简要表述为 $P^M \circ \boldsymbol{R}_C \circ (P^M)^T$，"$\circ$" 是关系

组合算子。

## 9.3　检测流程中检测项相关性

按照定义 $R_{jl}$ 的关联节点相关性，检测项相关性区分为以下 4 种情况。

（1）独立。标记为 $R_{jl}^0$。两个检测项之间没有关系，可独立进行，检测项输入只与自身相关。

$$P_j^M(?n_i, !n_{i+1}) R_{jl}^0 P_l^M(?n_k, !n_{k+1}) \xrightarrow{?n_k \not\supseteq !n_{i+1}} (P_j^M(?n_i, !n_{i+1}), P_l^M(?n_k, !n_{k+1}))$$

（2）不相关。标记为 $R_{jl}^\sim$。前一个检测项结果对后一个检测项没有影响，两个检测项可独立进行，检测项输入可以看作只与自身相关。

$$P_j^M(?n_i, !n_{i+1}) R_{jl}^- P_l^M(?n_k, !n_{k+1}) \xrightarrow{?n_k \not\supseteq !n_{i+1}} (P_j^M(?n_i, !n_{i+1}), P_l^M(?n_k, !n_{k+1}))$$

（3）弱相关。标记为 $R_{jl}^{\widetilde{-}}$。前一个检测项结果输出对后一个检测项的结果有影响，但前一个检测项结果输出只要在正常值或正偏离值（优于正常值）即可确保后一个检测项正常情况下的结果正确；如果是负偏离值，则后一个检测项的结果一定不正确或不确定是否正确。

在弱相关情况下，可以将其相关性进行拆解，假设前一个检测项结果正确，后一个检测项可独立进行。即在检测资源许可条件下，可以并行检测，检测结果为两个检测结果的合集。

$$P_j^M(?n_i, !n_{i+1}) R_{jl}^{\widetilde{-}} P_l^M(?n_k, !n_{k+1}) \xrightarrow{(?n_k \not\supseteq !n_{i+1}) \bigcup (?n_k \in !n_{i+1})} P_j^M(?n_i, !n_{i+1}) \bigcup P_l^M(?n_k, !n_{k+1})$$

（4）强相关。标记为 $R_{jl}^+$。前一个检测项结果输出决定了后一个检测项的结果，即后一个检测项需要前一个检测项结果的具体值作为输入。

$$P_j^M(?n_i, !n_{i+1}) R_{jl}^+ P_l^M(?n_k, !n_{k+1}) \xrightarrow{?n_k \supseteq !n_{i+1}} P_j^M(?n_i, !n_{i+1}) \times P_l^M(?n_k, !n_{k+1})$$

因此，按照检测模型相关性分解，在最长的强相关路径长度和单项检测中最长长度的最大值决定了检测工作最短周期。强相关情况下路径等效

拆分如表 9.1 所示。

最终的检测流程模型可简记为 $\cup P^M \circ \boldsymbol{R}_C \circ (P^M)^T$，$T$ 为转秩符号。

## 9.4　检测流程模型优化框架

### 9.4.1　强相关性检测项的转换

对一个强相关路径，$P^M(a, b)$ 表示映射转换 $R_{PI}$ 生成的符号约束。它将路径末端的输出值 $b$ 与它们的原始值 $a$ 联系起来。每个映射 $r_i \in R_{PI}$ 被认为是一个从 $\alpha_j$ 到 $T_C$ 的转换关系。由强相关路径组成的状态是来自变量 $T_C$ 的值。路径中所有状态的集合表示为 $\cup . T_C$，并表示为 $T_C$ 上的公式。设 $r \vDash \tau$，如映射 $r \in \cup . T_C$ 满足公式 $\tau$。$T_C$ 上的 $\tau$ 代表了集合 $\{r \in \cup . T_C \mid r \vDash \tau\}$。如果 $T_C \cup T_C'$ 上的公式 $\varphi$ 和一个计算 $(r, r') \in \cup . T_C \times \cup . T_C'$，$(r, r') \vDash \varphi$ 满足约束条件 $\varphi$，$T_C'$ 表示在位置 $\alpha'$ 的配置 $T_C$。

两个强相关检测项之间的关系存在两种情况。一种是前检测项工作结束后一次性输出响应值，后一个检测项同时接收该输出作为输入，称之为同步检测。

另一种是前检测项分别以不同的时间间隔分组输出响应值，前检测项工作还没结束，后一个检测项在接收到前一项第一组输出或若干组时即开始工作，随即开始检测。前项后续输出组，继续作为后一项的输入进行检测，直至前项检测工作结束，称之为异步检测。图 9.1 显示沿着 $n_1 \sim n_2$ 时间进程输出，它也代表了检测过程。

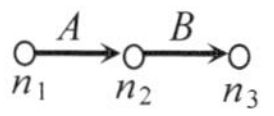

（a）$A$ 一次性输出

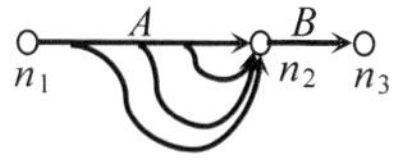

（b）$A$ 不同时序输出

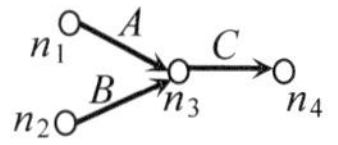

（c）$A$ 和 $B$ 不同时序输出

图 9.1　同步检测与异步检测输入/
输出示意图

### 9.4.2 强相关性检测项的同步检测

在检测项同步检测情况下，在强相关路径上检测项的执行是一个有限序列 $<?n_1,\ r_1>,\ <?n_2,\ r_2>,\cdots,\ <?n_i,\ r_j>,\cdots$，这里对每个 $i$ 和 $j$，$<?n_i,\ r_j> \in (P_I \times \bigcup T_C)$，$\forall i\ \&\ j$，转换 $(?n_i,\varphi,!n_{i+1}) \in R_{PI} : (r_i, r_{i+1}) \models \varphi$。一个路径 $\rho = (?n_1,\varphi_1,!n_2),(?n_2,\varphi_2,!n_3),\cdots,(?n_i,\varphi_j,!n_{i+1})\cdots$ 是一个有限序列从初始节点到终节点转换的强相关路径。例如，图 9.1 中的 $!n_2=?n_2$，如存在一个有限路径 $\rho$ 使 $k$ 项和一个执行 $\{<?n_i,\ r_j>\}$，一个组合转换 $(?n_1,\varphi,!n_k)$ 可以定义为 $(\sigma \circ \tau)(T_C, T_C') = \exists T_C'' \cdot \sigma(T_C, T_C'') \bigcap \tau(T_C'', T_C')$，$\varphi = \varphi_1 \circ \varphi_2 \circ \cdots \circ \varphi_j$ 且 "$\circ$" 是关系组合算子，$\sigma$ 的定义与 $\tau$ 是一致的。

因此，通过映射转换从强相关路径的起始端点的输入，同步变换为各检测项的输入，可作为各个检测项同步进行检测的输入进行同步检测。将强相关检测路径切割为单检测项路径。在检测资源充分的情况下，单个检测项在检测中的检测长度最大值决定了检测工作最短周期。

### 9.4.3 强相关性检测项的异步检测

如果前一个测试项输出序列全部输出后才开始触发下一个测试项，则与同步测试相同。在测试项异步测试情况下，测试项会有带延时的输入或输出，即异步输入/输出。下一个测试项按照输出序列先到先触发进行测试。如果时间连续输出，前后测试项原则上无法拆分为各个测试项处理。如果时间离散输出，按照下述定义和规则处理。

**定义 9.5** 在异步输入/输出的条件下，$?n=!n(1)!n(2)\cdots!n(t)$ 是在节点 $n$ 的不同时刻 $t$ 输入和输出间的关系，记为 $n^i(i=1, 2, \cdots)$。给定异步检测路径 $\rho$，$\Delta(\rho)$ 是定义为以下规则的最小路径集。

存在 $\rho \in \Delta(\rho)$，如 $\rho_1 n^1 n^2 \rho_2 \in \Delta(\rho)$，$n^1 \in P_O$ 和 $n^2 \in P_I$，那么 $\rho_1 n^2 n^1 \rho_2 \in \Delta(\rho)$。给定异步测试路径集 $\pi$，则 $\Delta(\pi) = \bigcup_{\rho \in \pi} \Delta(\rho)$。

其在检测中的含义是，在检测项没有收到全部输入的情况下，输入等待后续前项输出序列，而前项已输出序列作为输入触发测试。

广义 $\Delta$ 算子是参数化的节点集。例如，$!n_2(1)!n_2(2)!n_2(3)!n_2(4)?n_2$ 是图 9.1（b）序列 $A{\rightarrow}B$，能获得

$\Delta(!n_2(1)!n_2(2)!n_2(3)!n_2(4)?n_2)=\ !n_2(4)!n_2(3)!n_2(2)!n_2(1)?n_2,\ !n_2(4)!n_2(3)!n_2(2)$
　　$?n_2!n_2(1),\ !n_2(4)!n_2(3)?n_2!n_2(2)!n_2(1),\ !n_2(4)?n_2!n_2(3)!n_2(2)!n_2(1),\ ?n_2!n_2(4)$
　　$!n_2(3)!n_2(2)!n_2(1)\}$。

它是在不同时间 $t$ 输出相对顺序。这样如果输入$?n$ 是在输出$!n(t)$获得后被送到的，那么$?n$ 在$!n(t)$产生后由检测项接收。图 9.1（c）与图 9.1（b）的过程相同。前序激励序列在最新输入发送后，已得到充分处理。

给定节点集 $Nd$ 属于 $\rho$，$\Delta_{Nd}(\rho)$ 是异步检测路径的最小集合。 定义 9.5 可以通过以下方式进行扩展。

（1） $\rho \in \Delta_{Nd}(\rho)$。

（2） 如 $\rho_1 n^1 n^2 \rho_2 \in \Delta_{Nd}(\rho)$，$\rho_1 n^2 n^1 \rho_2 \in \Delta_{Nd}(\rho)$，当：

　　$n^1$ 和 $n^2$ 是同一节点，同样 $n^1 \in P_O$ 和 $n^2 \in P_I$，

　　$n^1$ 和 $n^2$ 是不同节点，那么 $n^1 \in P_O$ 或 $n^2 \in P_I$，

给定异步检测路径 $\pi$，设 $\Delta_{Nd}(\pi) = \bigcup_{\rho \in \pi} \Delta_{Nd}(\rho)$。

这个扩展的定义可以适应 $n^1$ 和 $n^2$ 是不同节点的一般情况。然后 $n^1$ 和 $n^2$ 可以如图 9.2 所示进行交换。

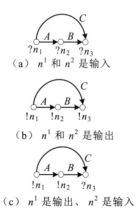

（a） $n^1$ 和 $n^2$ 是输入

（b） $n^1$ 和 $n^2$ 是输出

（c） $n^1$ 是输出、$n^2$ 是输入

图 9.2 $n^1$ 和 $n^2$ 变换的 3 种可交换示意图

图 9.2（a）中 $n^1$ 和 $n^2$ 是输入。因为在 $n_1$ 和 $n_3$ 之间存在 $C$ 通路，$?n_3$ 输入顺序与由转换 $B$ 的 $?n_2$ 和 $C$ 的 $?n_1$ 可能是不同的。

图 9.2（b）中 $n^1$ 和 $n^2$ 是输出。因为在 $n_1$ 和 $n_3$ 之间存在 $C$ 通路，$!n_3$ 输出顺序与由转换 $B$ 的 $?n_2$ 和 $C$ 的 $?n_1$ 可能是不同的。

图 9.3（c）中 $n^1$ 是一个输出和 $n^2$ 是一个输入。如果 $C$ 的 $!n_1$ 输出在 $B$ 的 $!n_2$ 之前输出，有可能 $?n_3$ 的输入顺序在发送输入后首先接收到 $C$ 的输出。

基于定义 9.5 和它的扩展，与同步检测描述类似。

如果一个检测任务在异步检测下，输出项不是时间连续的情况时，按照延迟算子对输入/输出进行变换后，由传递函数进行输出计算，可以将检测项切分成单一的可并行检测项，从而缩短整个检测周期。同步检测可以认为是异步检测的一个特例。

优化后的检测流程模型可记为 $\bigcup \Delta_{Nd}(P^M) \circ \boldsymbol{R}_C \circ \Delta_{Nd}((P^M)^T)$，即 $\bigcup \Delta_{Nd}(P^M \circ \boldsymbol{R}_C \circ (P^M)^T)$。

缩短强相关路径长度是进一步缩短检测工作周期的关键。

## 9.5　相关性驱动的组合检测流程优化可行性

在检测流程模型中，按照检测相关性，在检测项之间的关系为独立或不相关，独立检测各个检测项的工作是显然成立可行的。

检测项之间为弱相关时，各个检测项可以独立检测。如果前一个检测项是负偏离值，后一个检测项具有一定的偏差修正功能，则检测项需要考虑偏差激励的情况。

**命题 9.1**　对于强相关项的检测流程优化，一般一个检测系统路径 $T_N(T_{SYS})$ 是在 $T_{SYS}$ 从输入到输出的检测路径集。设检测节点路径 $\pi : n_i \rightarrow n_j$ 且 $\rho \in \{P_I, T_C, P_O\}$ 是一个转移路径的强相关路径，如 $\rho'' \in \Delta_{Nd}(\rho)$，那么存在转移路径 $\rho' \in T_N(T_{SYS})$ 以使 $\rho'' \in \Delta_{Nd}(\rho')$。其他相关性是强相关的特例。

证明：因为 $\pi : n_i \rightarrow n_j$，存在转移路径 $\rho' \in T_N(T_{SYS})$ 以使 $\rho \in \Delta_{Nd}(\rho')$。基于 $\Delta_{Nd}$ 定义和 $\rho \in \Delta_{Nd}(\rho')$，使所有的 $\Delta_{Nd}(\rho)$ 元素在 $\Delta_{Nd}(\rho')$ 中的结论成

立。因此，强相关项的检测流程优化也是可行的。

在检测流程模型优化后，可见对检测系统中的检测项进行了分解，在不考虑检测资源的情况下，真正制约检测流程进度的是检测项间强相关连续异步传输情况下的检测项。即使在这种情况下，目前研究也可进行进一步拆分。

**命题 9.2** 设 $m$ 个关键路径集合 $\pi=\{\pi_1, \pi_2, \pi_3, \cdots, \pi_m\} \in \{a_i\}$，$(i=1,2,\cdots,L)$，$\{a_i\}$ 为所有 $L$ 个检测项的集合，其中最长关键路径长度即最短检测工作周期为 $\underset{i=1,2,\cdots,m}{MAX}(LEN(\pi_i))$。而利用优化框架，关键路径减少为 $n$ 项，$n \leq m$，检测工作周期最短可能是所有检测项最长一个的工作周期 $\underset{i=1,2,\cdots,L}{MAX}(LEN(\alpha_i)) \leq \underset{i=1,2,\cdots,m}{MAX}(LEN(\pi_i))$，检 测 工 作 周 期 最 长 为 $MAX((\underset{i=1,2,\cdots,L}{MAX})(LEN(\alpha_i))$，$\underset{i=1,2,\cdots,n}{MAX}(LEN(\pi_i)) \leq \underset{i=1,2,\cdots,m}{MAX}(LEN(\pi_i))$。

证明：假设 $\underset{i=1,2,\cdots,L}{MAX}(LEN(\alpha_i)) > \underset{i=1,2,\cdots,m}{MAX}(LEN(\pi_i))$，则必有一项 $LEN(\alpha_h) > LEN(\pi_l)$，$h \in (1,2,\cdots,L), l \in (1,2,\cdots,m)$。而 $\pi_l \in \{a_i\}, (i=1,2,\cdots,L)$，即至少有一项 $LEN(\alpha_h) > LEN(\alpha_i)(i=1,2,\cdots h,\cdots,L)$。因此，假设矛盾。

同理，如果 $MAX((\underset{i=1,2,\cdots,L}{MAX}(LEN(\alpha_i))$，$\underset{i=1,2,\cdots,n}{MAX}(LEN(\pi_i))) > \underset{i=1,2,\cdots,m}{MAX}(LEN(\pi_i))$，则必有一项 $MAX(LEN(\alpha_h), \underset{i=1,2,\cdots,n}{MAX}(LEN(\pi_i))) > LEN(\pi_l)$，$h \in (1,2,\cdots,L)$，$l \in (1,2,\cdots,m)$。所以，如果 $LEN(\alpha_h) > LEN(\pi_l)$，假设矛盾。

如果 $\underset{i=1,2,\cdots,n}{MAX}(LEN(\pi_i)) > LEN(\pi_l)$，因为 $LEN(\pi_l) = \underset{i=1,2,\cdots,m}{MAX}(LEN(\pi_i))$，则 $\underset{i=1,2,\cdots,n}{MAX}(LEN(\pi_i)) > \underset{i=1,2,\cdots,m}{MAX}(LEN(\pi_i))$。由于 $n \leq m$，假设矛盾。

在用测试用例对 PLC 程序测试时会与模型检测和定理证明不同，在实际 PLC 程序测试中，各个测试项所设计的测试激励和响应需要合理的设计和评判。在强相关项测试优化时存在下面两方面问题。

一方面，虽然理论上从输入到输出是严格按照设计变换函数进行的。由于 PLC 系统元器件的差异，同样的输入/输出在高精度的正常范围内会有一定的偏差，这样会使得下一个测试项输入与理论值有偏差。

另一方面，这种偏差累积情况是否对最终输出产生重大影响具有一定的不确定性。有可能造成理论可行，但实践具有不确定性。

目前，为应对这一问题，正在研究待所有分解后的测试项完成后，对每个输出的偏差进行处理，分析修正输入对输出的影响，正在建立数据模型从处理入手校正并判断结果，从而确保这种测试优化在实践上的可行。

在被检测项可拆分并行测试后，检测资源成为主要矛盾。目前，检测设备大多为专用设备，且数量远小于被检测项。因此，如何配置检测资源，检测项合理拆分以匹配检测资源，都是需要研究考虑的。分布式的集中检测系统应对分布式的并行测试也在自动检测工具中得到应用。

在其他的系统检测中也可以利用这种优化模型，它已经应用到飞行产品在发射场的检测，有效缩减了在发射场进行飞行产品的全系统检测周期，提高了发射场场区的利用率和发射率。

## 9.6　本章小结

本章的主要工作和主要结论如下[335]。

（1）PLC 程序组合检测的多层次检测工作使得检测工作量增加，有必要优化并简化检测流程，提高检测效率、降低检测成本。通过流程对象间的相关性，分析流程过程模型特性，以及在用的一般测试计划过程模型，选取 PLC 程序组合检测流程模型。

（2）基于测试计划过程模型在生产计划中的常用性，PLC 组合检测流程模型选取基于网络计划图（即网络化进度活动有向图）构建检测流程模型，并定义了基于有向图的检测流程模型和检测项相关性，提出了检测流程优化框架。该方法利用双代号网络计划图叠加检测工作，包括测试项、输入激励、输出响应，由检测计划模型构成检测流程模型，然后通过检测相关性形成检测流程强相关性检测项的转换、同步检测、异步检测等进行优化，从而使更多的检测项可以并行开展检测，提高检测效率。

（3）对 PLC 程序相关性驱动的组合检测流程优化可行性进行了分析和理论证明，组合检测中的 PLC 程序测试用例测试，应用研究的组合检测流程优化方法需要增加数据校正模型，规避强相关项测试优化可能产生的偏差问题。

（4）经过实践，PLC 程序相关性驱动的组合检测流程优化模型不仅为缩短检测周期做出了贡献，也为进行下一步的集成检测系统构建奠定了基础，为检测资源的配置提供了量化模型依据。

# 参 考 文 献

[1] LEWIS R. Programming industrial control systems using IEC 1131-3, volume 50 of Control Engineering Series[M]. Stevenage, United Kingdom: The Institution of Electrical Engineers, 1998.

[2] BONFATTI F, MONARI P, SAMPIERI U. IEC 1131-3 Programming Methodology[M]. Fontaine, France: CJ International, 1999.

[3] 廖常初. PLC 编程及应用[M]. 4 版. 北京：机械工业出版社，2014.

[4] 吴丽. 电气控制与 PLC 应用技术[M]. 3 版. 北京：机械工业出版社，2020.

[5] 张博，孙旭东，刘颖，等. 能源新技术新兴产业发展动态与 2035 战略对策[J]. 中国工程科学，2020，22（2）：38-46.

[6] 赵升吨，贾先. 智能制造及其核心信息设备的研究进展及趋势[J]. 机械科学与技术，2017，36（1）：16.

[7] 孟雅辉，杨金城. 石油化工行业工业控制系统信息安全技术综述[J]. 石油化工自动化，2018，54（1）：1-6.

[8] 交通运输部. 综合运输服务"十四五"发展规划[R/OL]. (2021-11-18) [2022-03-02]. http://www.gov.cn/zhengce/zhengceku/2021/11/18/ content_5651656.htm.

[9] 李孟源，肖力田. PLC 国产化设计中实时性和环境影响关键因素分析[J]. 特种工程设计与研究学报，2013，41（3）：48-52.

[10] 谭良良，陈宏君，张磊，等. 支持 IEC61131-3 标准的编程软件设计[J]. 工业控制计算机，2019，32（6）：1-3.

[11] 阳长永，王月波，代林. 嵌入式软件自动化测试及管理系统研究[J]. 计算机测量与控制，2019，27（9）：57-60.

[12] WHITNEY J. New frontiers in small-form-factor embedded computing[J]. Military & Aerospace Electronics, 2019, 30(3):22,24-30.

[13] AHMED B S, ENOIU E P, AFZAL W, et al. An Evaluation of Monte Carlo-Based Hyper-Heuristic for Interaction Testing of Industrial Embedded Software Applications[J]. Soft Computing, 2020, 24(2): 13929-13954.

[14] 齐鹏飞，罗继亮，陈雪琨. 基于形式化方法的 PLC 程序设计与验证研究综述[C]//中国自动化学会. 过程控制会议论文集：2012 年卷.

[15] 郭晓慧，石柱. 测试发射控制软件确认测试环境的实现[J]. 航天控制，2004，22（2）：64-67.

[16] 马飒飒，赵守伟，肖小峰. 基于覆盖与故障注入的飞控软件测试技术研究[J]. 计算机测量与控制，2005，13（3）：291-293.

[17] 夏佳佳，邹毅军，周江伟，等. 嵌入式软件自动化测试系统研究[J]. 计算机测量与控制，2016（4）：22-25.

[18] 解志君. 嵌入式软件测试技术分析研究[J]. 自动化与仪器仪表，2016（12）：3-7.

[19] 李碧涵，胡益诚. 机载嵌入式软件的自动化测试架构设计[J]. 电脑编程技巧与维护，2019（6）：13-15.

[20] 周光海. 嵌入式软件可靠性仿真测试系统[J]. 电子技术与软件工程，2019（5）：36-39.

[21] 张涛，李瑞军，范延芳. 基于 SPARC V8 的星载嵌入式软件全数字仿真平台设计与实现[J]. 计算机测量与控制，2020，28（1）：11-15.

[22] 夏敏.嵌入式计算机软件测试关键技术研究[J]. 电脑知识与技术，2020，16（2）：68-69.

[23] GUO S, WU M, WANG C. Symbolic execution of programmable logic controller code[C]//ACM. ACM Sigsoft Symposium on the Foundations of Software Engineering, 2017.

[24] BARBOSA H, DÉHARBE D. Formal Verification of PLC Programs Using the B Method[C]//International Conference on Abstract State Machines, 2012.6.

[25] SINHA R, PATIL S, GOMES L, et al. A Survey of Static Formal Methods for Building Dependable Industrial Automation Systems[J]. IEEE Transactions on Industrial Informatics, 2019, 15(7): 3772-3783.

[26] ŞENER İ, KAYMAKCI Ö T, ÜSTOĞLU İ, et al. Specification and Formal Verification of Safety Properties in Point Automation System by Using Timed-Arc Petri Nets[J]. Ifac Proceedings Volumes, 2014, 47(3):12140-12145.

[27] KABRA A, BHATTACHARJEE A, KARMAKAR G, et al. Formalization of sequential function chart as synchronous model in LUSTRE[C]//IEEE. IEEE National Conference on Emerging Trends and Applications in Computer Science, 2012:115-120.

[28] NELLEN J, ÁBRAHÁM E, WOLTERS B. A CEGAR Tool for the Reachability Analysis of PLC-Controlled Plants Using Hybrid Automata[J]. Advances in Intelligent Systems and Computing, 2015, 346: 55-78.

[29] WAN H, CHEN G, SONG X Y, et al. Formalisation and verification of programmable logic controllers timers in Coq[J]. IET Software, 2011, 5(1):32-42.

[30] ADIEGO B F, DARVAS D, TOURNIER J C, et al. Bringing automated model

checking to PLC program development - A CERN case study[J]. IFAC Proceedings Volumes, 2014, 47(2): 394-399.

[31] ZHANG H, MERZ S, MING G. Specifying and Verifying PLC systems with TLA+: a case study[J]. Computers & Mathematics with Applications, 2010, 60(3):695-705.

[32] MOARREF S, KRESS- GA Z H. Automated synthesis of decentralized controllers for robot swarms from high-level temporal logic specifications[J]. Autonomous Robots, 2020, 44(3):585-600.

[33] MOUTINHO F, BARBOSA P, RAMALHO F, et al. Petri Net Based Specification and Verification of Globally-Asynchronous-Locally-Synchronous System[J]. IFIP Advances in Information and Communication Technology, 2017, 349:237-245.

[34] LIU Y A, STOLLER S D. Assurance of Distributed Algorithms and Systems: Runtime Checking of Safety and Liveness[J]. Lecture Notes in Computer Science, 2020, 12399: 47-66.

[35] STEWART R, BERTHOMIEU B, GARCIA P, et al. Verifying Parallel Dataflow Transformations with Model Checking and its Application to FPGAs[J]. Journal of Systems Architecture, 2019, 101:101657-101672.

[36] 谢健，阚双龙，黄志球，等. 嵌入偏序约简的状态事件线性时序逻辑验证[J]. 计算机学报，2019，42（10）：2145-2159.

[37] Bell Labs. General Description[R/OL]. (2022-03-25)[2022-04-02]. http://spinroot. com/spin/whatispin.html.

[38] 陈朔，胡军，唐红英，等. 一种 AltaRica3.0 模型到 NuSMV 模型的转换方法[J]. 计算机科学，2020，47（12）：73-86.

[39] CAVADA R, CIMATTI A. FBK-irst. NuSMV 2.6 User Manual[R/OL]. [2022-03-02]. https://nusmv.fbk.eu/.

[40] UP4ALL International AB, UP4ALL. UPPAAL v.4™ The verification platform[EB/OL]. [2022-03-02]. http://www.uppaal.com/.

[41] PUTTER S, LANG F, WIJS A. Compositional model checking with divergence preserving branching bisimilarity is lively[J]. Science of Computer Programming, 2020, 196(15): 102493-102506.

[42] MERTKE T, FREY G. Formal verification of plc programs generated from signal interpreted petri nets[C]//IEEE. Proceedings of 2001 IEEE International Conference on Systems, Man, and Cybernetics. USA: IEEE Computer Society Press, 2001(4): 2700-2705.

[43] HUUCK R. Software Verification for Programmable Logic Controllers [D]. Kiel: University of Kiel, 2003.

[44] PAVLOVIC O, PINGER R, KOLLMANN M. Automated formal verification of PLC programs written in IL[C]//DBLP. Proceedings of 4th International Verification Workshop (VERIFY'07). Bremen: CEUR-WS.org, 2007: 152-163.

[45] SCHLICH B, BRAUER J, KOWALEWSKI S, et al. Direct Model Checking of PLC Programs in IL[J]. IFAC Proceedings Volumes, 2009, 42(5):28-33.

[46] SÜLFLOW A，DRECHSLER R. Verification of PLC programs using formal proof techniques[R/OL]. (2003-10-01) [2022-03-02]. http://www.informatik.uni- bremen.de /agra/doc/konf/ 08_forms_ VerificationPLCPrograms.pdf.

[47] ZECCHINA R, MEZARD M, PARISI G. Analytic and Algorithmic Solution of Random Satisfiability Problems[J]. Science, 2002(297): 812-815.

[48] HEINER M, MENZEL T. A Petri net Semantics for the PLC Language Instruction List[C]//IEEE. Proceedings of IEEE Workshop on Discrete Event System, 1998: 161-165.

[49] ZHOU M, HE F, GU M, et al. Translation-Based Model Checking for PLC Programs[J]. Computer Software and Applications Conference, Annual International, 2009(1): 553-562.

[50] WANG R, SONG X, GU M. Modelling and verification of program logic controllers using timed automata[J]. IET Software, 2007(4):127-131.

[51] MIN S K, SANG C P, NAM G, et al. Visual Validation of PLC Programs[C]// ECMS. Proceedings of 22nd European Conference on Modelling and Simulation, 2008.

[52] KUZMIN E V, SOKOLOV V A, RYABUKHIN D A. Construction and verification of PLC LD programs by the LTL specification[J]. Automatic Control & Computer Sciences, 2014, 48(7): 424-436.

[53] KUZMIN E V, SOKOLOV V A. On Verification of PLC-Programs Written in the LD-Language[J]. Modeling and Analysis of Information Systems, 2015, 19(2):138-144.

[54] NIANG M, RIERA B, PHILIPPOT A, et al. A methodology for automatic generation, formal verification and implementation of safe PLC programs for power supply equipment of the electric lines of railway control systems[J]. Computers in Industry, 2020, 123(12):103328-102258.

[55] ADIEGO B F, DARVAS D, VINUELA E B, et al. Applying Model Checking to Industrial-Sized PLC Programs[J]. IEEE Transactions on Industrial Informatics, 2015, 11(6):1400-1410.

[56] DARVAS D, ADIEGO B F, SUÁREZ V M G. Formal Verification of Complex Properties on PLC programs[J]. LNCS, 2014, 8461: 284-299.

[57] ADIEGO B F, DARVAS D, BLECH J. Modelling and formal verification of timing

aspects in large PLC programs[J]. IFAC, 2014: 3333-3339.

[58] GŁUCHOWSKI P. NuSMV Model Verification of an Airport Traffic Control System with Deontic Rules[J]. Advances in Intelligent Systems and Computing, 2016, 470: 195-206.

[59] DOLIGALSKI M, TKACZ J, GRATKOWSKI T. Model Checking in Parallel Logic Controllers Design and Verification[C]//Springer,Cham. Advances in Intelligent Systems and Computing, 2016, 511:35-53.

[60] FRITZSCH J, SCHMID T, WAGNER S. Experiences from Large-Scale Model Checking: Verification of a Vehicle Control System[C]//IEEE. 14th IEEE Conference on Software Testing, Verification and Validation, 2021.

[61] VILLANI E, PONTES R P, CORACINI G K, et al. Integrating model checking and model based testing for industrial software development[J]. Computers in Industry, 2019, 104:88-102.

[62] BIERE A, KRÖNING D. SAT-based model checking[M]. 2018.

[63] 常天佑，魏强，耿洋洋. 基于状态转换的 PLC 程序模型构建方法[J]. 计算机应用，2017，37（12）：3574-3580.

[64] OWRE S, RAJAN S P, RUSHBY J M, et al. PVS: combining specifications, proof checking and model checking[J]. LNCS: CAV'96, 1996, 1102: 411-414.

[65] The Coq Proof Assistant Team. Reference documentation[EB/OL]. [2022-03-02]. http://COQ.inria.fr/.

[66] BOYER R S, MOORE J S. Proving theorems about lisp functions[J]. Journal of the ACM, 1975, 22(1): 129-144.

[67] KRAMER B J, VOLKER N. A highly dependable computing architecture for safety-critical control applications[J]. Real-Time Systems, 1997(13-3): 237-251.

[68] BLECH J O, BIHA S O. Verification of PLC properties based on formal semantics in Coq[C]// Proceedings of the 9th international conference on Software engineering and formal methods (SEFM'11). Berlin: Springer-Verlag, 2011: 58-73.

[69] WAN H, CHEN G, SONG X Y, et al. Formalization and Verification of PLC Timers in Coq[C]//IEEE. Proceedings of 33rd Annual IEEE International Computer Software and Applications Conference. Compsac, 2009(1): 315-323.

[70] 陈刚，宋晓宇，顾明. COQ 定理证明器辅助 PLC 程序验证和分析[J]. 北京大学学报（自然科学版），2010，46（1）：30-34.

[71] RAND R, PAYKIN J, ZDANCEWIC S. QWIRE Practice: Formal Verification of Quantum Circuits in Coq[J]. EPTCS, 2018, 266: 119-132.

[72] PAYKIN J, ZDANCEWIC S. The Linearity Monad[C]//ACM. Proceedings of the 10th ACM SIGPLAN International Symposium on Haskell, 2017: 117-132.

[73] FISHER K, LAUNCHBURY J, RICHARDS R. The HACMS program: using formal methods to eliminate exploitable bugs[J]. Philosophical Transactions, 2017, 375(2104): 1-18.

[74] Sel4, GitHub. seL4 Version 9.0.0 Release[EB/OL]. [2022-03-02]. https://docs.sel4. systems/sel4_release/seL4_9.0.0.

[75] COFER D, GACEK A, BACKES J, et al. A Formal Approach to Constructing Secure Air Vehicle Software[J]. Computer, 2018, 51(11):14-23.

[76] LEEST V, STEVEN H. Is formal proof of seL4 sufficient for avionics security?[J]. IEEE Aerospace & Electronic Systems Magazine, 2018, 33(2):16-21.

[77] 杨孟飞, 顾斌, 郭向英, 等. 航天嵌入式软件可信性保障技术及应用研究[J]. 中国科学: 技术科学, 2015, 45: 198-203.

[78] 顾明. 基于定理证明的可信嵌入式软件建模与验证平台研究[R/OL]. (2010-05-05)[2022-03-02]. http://kd.nsfc.gov.cn/.

[79] VARRIER S, KOENIG D, MARTINEZ J J. An IIR filter based parity space approach for fault detection[J]. IFAC Proceedings, 2012, 45(20): 1191-1196.

[80] ZHONG Maiying, XUE Ting, Ding S X, et al. A Wavelet-based Parity Space Approach to Fault Detection of Linear Discrete Time-varying Systems[J]. IFAC-PapersOnLine, 2017, 50(1): 2836-2841.

[81] LI Yueyang, ZHONG Maiying. Parity Space-Based Fault Detection for Linear Time-Varying Systems with Multiple Packet Dropouts[C]//IEEE Computer Society. 2009 Fourth International Conference on Innovative Computing, Information and Control, 2009.

[82] 李志明, 钟麦英, 贺凯迅. 基于随机化分析的等价空间故障检测方法[J]. 山东科技大学学报 (自然科学版), 2019, 38 (2): 117-124.

[83] BOLIVAR A R, GARCIA G, SZIGETI F, et al. A Fault Detection and Isolation Filter for Linear Systems withPerturbations[J]. IFAC Proceedings, 1999, 32(2):7664-7669.

[84] POURBABAEE B, MESKIN N, KHORASANI K. Sensor fault detection and isolation using multiple robust filters for linear systems with time-varying parameter uncertainty and error variance constraints[J]. IEEE Control Applications, 2014: 382-389.

[85] EDWARDS C, SPURGEON S K, PATTON R J. Sliding mode observers for fault detection and isolation[J]. Automatica, 2011, 36(4):541-553.

[86] LI L, DING S X, QIU J, et al. Fuzzy Observer-Based Fault Detection Design Approach for Nonlinear Processes[J]. IEEE Transactions on Systems, Man, and Cybernetics:

Systems, 2017, 47(8):1-12.

[87] 周东华，孙优贤. 控制系统的故障检测与诊断技术[M]. 北京：清华大学出版社，2012.

[88] OU Xuelian, WEN Guangrui, HUANG Xin, et al. A deep sequence multi-distribution adversarial model for bearing abnormal condition detection[J]. Measurement, 2021, 182(2021): 1-15.

[89] FAISAL M, CARDENAS A A, WOOL A. Modeling Modbus /TCP for intrusion detection[C]//IEEE. 2016 IEEE Conference on Communications and Network Security, 2016, CNS: 386-390.

[90] GOLDENBERG N, WOOL A. Accurate modeling of Modbus/TCP for intrusion detection in SCADA systems[J]. International Journal of Critical Infrastructure Protection, 2013, 6(2): 63-75.

[91] KLEINMANN A, WOOL A. Accurate Modeling of the Siemens S7 SCADA Protocol for Intrusion Detection and Digital Forensics[J]. JDFSL, 2014, 9(2): 37-50.

[92] CHEN M, WOOL A, CARDENAS A A. A New Burst-DFA model for SCADA Anomaly Detection[C]//ACM. Workshop on Cyber-physical Systems Security & Privacy, 2017.

[93] BARBOSA R. Anomaly detection in SCADA systems: a network based approach[D]. University of Twente, 2014.

[94] STEFANIDIS K, VOYIATZIS A. An HMM-Based Anomaly Detection Approach for SCADA Systems[J]. IFIP International Conference on Information Security Theory & Practice, LNCS, 2016, 9895(I): 1-9.

[95] FAISAL M, CARDENAS A A, WOOL A. Modeling Modbus/TCP for intrusion detection[C]//IEEE. IEEE Conference on Communications and Network Security, 2017.

[96] GOLDENBERG N, WOOL A. Accurate modeling of Modbus/TCP for intrusion detection in SCADA systems[J]. International Journal of Critical Infrastructure Protection, 2013, 6(2): 63-75.

[97] YOON M K, CIOCARLIE G. Communication Pattern Monitoring: Improving the Utility of Anomaly Detection for Industrial Control Systems[C]// Workshop on Security of Emerging Networking Technologies, 2014.

[98] CHENG F, LI T, CHANA D. Multi-level Anomaly Detection in Industrial Control Systems via Package Signatures and LSTM Networks[C]//IEEE. IEEE/IFIP International Conference on Dependable Systems & Networks, 2017.

[99] WANG Hao, YANG Jian, LU Yueming. A Logical Combination Based Application

Layer Intrusion Detection Model[C]//CIAT. Proceedings of the 2020 International Conference on Cyberspace Innovation of Advanced Technologies, 2020: 310-316.

[100] MAGLARAS L A, JIANG J. Intrusion detection in SCADA systems using machine learning techniques[C]// IEEE. Science & Information Conference, 2014.

[101] SHANG Wenli, LI Lin, WAN Ming, et al. Industrial communication intrusion detection algorithm based on improved one-class SVM[C]//IEEE. Industrial Control Systems Security, 2016.

[102] WAN M, LI J, WANG K, et al. Anomaly detection for industrial control operations with optimized ABC–SVM and weighted function code correlation analysis[J]. Journal of Ambient Intelligence and Humanized Computing, 2020, 2020(1):1-14.

[103] SONG C. Research on Industrial Control Anomaly Detection Based on FCM and SVM[C]//IEEE. IEEE International Conference on IEEE International Conference on Trust, 2018.

[104] 陈冬青，张普含，王华忠. 基于 MIKPSO-SVM 方法的工业控制系统入侵检测[J]. 清华大学学报（自然科学版），2018，58（4）：380-386.

[105] LI B, WU Y, SONG J, et al. DeepFed: Federated Deep Learning for Intrusion Detection in Industrial Cyber-Physical Systems[J]. IEEE Transactions on Industrial Informatics, 2021, 17(8): 5615-5623.

[106] WANG Weiping, WANG Zhaorong, ZHOU Zhanfan, et al. Anomaly detection of industrial control systems based on transfer learning[J]. Tsinghua Science and Technology, 2021, 26(6): 821-832.

[107] NADER P, HONEINE P, BEAUSEROY P. Lp-norms in One-Class Classification for Intrusion Detection in SCADA Systems[J]. IEEE Transactions on Industrial Informatics, 2014, 10(4): 2308-2317.

[108] 陈万志，李东哲. 结合白名单过滤和神经网络的工业控制网络入侵检测方法[J]. 计算机应用，2018，38（2）：363-369.

[109] KWON Y J, KIM H K, LIM Y H, et al. A behavior-based intrusion detection technique for smart grid infrastructure[C]//IEEE. Powertech, IEEE Eindhoven. 2015:1-6.

[110] KHALILI A, SAMI A. SysDetect: A systematic approach to critical state determination for Industrial Intrusion Detection Systems using Apriori algorithm[J]. Journal of Process Control, 2015, 32:154-160.

[111] STONE S, TEMPLE M. Radio-frequency-based anomaly detection for programmable logic controllers in the critical infrastructure[J]. International Journal of Critical Infrastructure Protection, 2012, 5(2):66-73.

[112] MEADOWS C A. Applications of Formal Methods to Intrusion Detection[C]// Springer. Encyclopedia of Cryptography and Security. Springer, Boston, MA. 2011: 44-45.

[113] 吕雪峰，谢耀滨. 一种基于状态迁移图的工业控制系统异常检测方法[J]. 自动化学报，2018，44（9）：1662-1671.

[114] RAKAS S, STOJANOVIC M D, MARKOVIC-PETROVIC J D. A Review of Research Work on Network-Based SCADA Intrusion Detection Systems[J]. IEEE Access, 2020, 8(99): 93083-93108.

[115] 张文安，洪榛，朱俊威，等. 工业控制系统网络入侵检测方法综述[J]. 控制与决策，2019，34（11）：2277-2288.

[116] 李俊，毛文波. TCG 的可信计算技术[J]. 中国计算机学会通讯，2010，6（2）：45-58.

[117] ISO/IEC, TCG. TPM 2.0 Library Specification Approved as an ISO/IEC International Standard[R/OL]. (2015-06-29)[2022-03-02] https://trustedcomputinggroup.org/tpm-2-0-library-specification-approved-isoiec-international-standard/.

[118] 沈昌祥，张大伟，刘吉强，等. 可信 3.0 战略：可信计算的革命性演变[J]. 中国工程科学，2016，18（6）：53-57.

[119] 沈昌祥，石磊，张辉，等. 可信计算与可信云安全框架[J]. 科学与管理，2018，38（2）：1-6.

[120] 何积丰，单志广，王戟，等. "可信软件基础研究"重大研究计划结题综述[J]. 中国科学基金，2018（3）：291-296.

[121] MORRIS T, VAUGHN R, DANDASS Y, et al. A retrofit network intrusion detection system for modbus RTU and ASCII industrial control systems[C]//IEEE. IEEE 45th Hawaii International Conference on System Sciences. Piscataway, NJ.2012: 2338-2345.

[122] KNOWLES W, PRINCE D, HUTCHISON D, et al. A survey of cyber security management in industrial control systems[J]. International Journal of Critical Infrastructure Protection, 2015(9): 52-80.

[123] 徐震，周晓军，王利明，等. PLC 攻防关键技术研究进展[J]. 信息安全学报，2019，4（3）：48-69.

[124] 乔全胜，邢双云，尚文利，等. 可信 PLC 的设计与实现[J]. 自动化仪表，2016，37（12）：76-78.

[125] 丰大军，张晓莉，杜文玉，等. 安全可信工业控制系统构建方案[J]. 电子技术应用，2017，43（10）：74-77.

[126] 裴志江，邹起辰，谢超，等. 基于可信计算的工业控制系统[J]. 计算机工程与设计，2018，39（5）：1283-1289.

[127] 孙瑜，洪宇，王炎玲，等. 基于 TPCM 可信根的主动免疫控制系统防护设计[J]. 信息技术与网络安全，2021，40（3）：14-18.

[128] XIAO Litian, LI Mengyuan, XIAO Nan. A Test Process Model and Optimization Framework Based on Network Schedule[J]. Journal of Transactions on Advances in Computer Science Research, 2018, 80:298-301.

[129] 陶益，魏嘉彧，李海军，等. 基于网络计划技术的舰上弹药调度流程优化[J]. 舰船电子工程，2021，41（2）：135-139.

[130] 王征. 基于网络计划图的大型定检工作流程优化方法[J]. 自动化应用，2021（1）：154-156.

[131] JIE Meng, SU S Y W, LAM H, et al. Achieving Dynamic Inter-organizational Workflow Management by Integrating Business Process, Events and Rules[C]//HICSS. 35th Annual Hawaii International Conference on System Sciences. 2002: 7-10.

[132] 冉梅梅，王晓华，杨敏，等. 基于多色集合理论的工作流过程交互建模[J]. 计算机系统应用，2018，27（2）：16-23.

[133] SADIQ W, ORLOWSKA M. Analyzing process models using graph reduction techniques[J]. Information Systems, 2000, 25(2): 117-134.

[134] 李晓琳，曹健. 事件驱动的服务工作流的数据流模型[J]. 计算机应用与软件，2009，26（6）：6-9.

[135] BA DURA D. Modelling Business Processes in Logistics with the Use of Diagrams BPMN and UML[J]. Logistics Management, 2014, 2(4): 35-50.

[136] WAGNER G. Information and Process Modeling for Simulation - Part II: Activities and Processing Networks[M]. Germany: Branden burg University of Technology Cottbus- Senftenberg, 2019.

[137] 宗冉，唐波，黄煜洲. 基于 UML 的科研项目管理系统的设计与实现[J]. 电脑知识与技术，2019，15（17）：53-56.

[138] KRUCHTEN P B. The 4+1 View Model of Architecture[J]. IEEE Software, 1995, 12(6):42-50.

[139] VRANI S, MATIJEVI H, ROI M, et al. Extending LADM to support workflows and process models[J]. Land Use Policy, 2021, 104(105358):1-11.

[140] 李东月，方欢. 基于 Petri 网的商标注册业务流程建模及行为验证[J]. 长春师范大学学报，2019，38（6）：78-81.

[141] AALST W, HOFSTEDE A. YAWL: yet another workflow language[J]. Information Systems, 2005, 30(4):245-275.

[142] PLA A, GAY P, MELÉNDEZ J, et al. Petri net-based process monitoring: A

workflow management system for process modelling and monitoring[J]. Journal of Intelligent Manufacturing, 2012, 25(3):1-16.

[143] 梁迪，刘跃，白蒙蒙. 基于 Petri 网模型的零件出库系统工作流并行结构分析 [J]. 沈阳大学学报（自然科学版），2019，31（1）：28-32.

[144] 朱敬聪，朱晓光，关磊. 城市型炼厂应急系统优化及 Petri 网模型构建[J]. 消防科学与技术，2019，38（9）：1315-1318.

[145] POKORNÝ J, RICHTA K, RICHTA T. Information Systems Development with the Help of Petri Nets[J]. Vietnam Journal of Computer Science, 2020, 7(1), 41-64.

[146] KANG G, YANG L, ZHANG L. Verification of behavioral soundness for artifact-centric business process model with synchronizations[J]. Future Generation Computer Systems, 2019, 98: 503-511.

[147] MEYER P J, ESPARZA J, OFFTERMATT P. Computing the Expected Execution Time of Probabilistic Workflow Nets[J]. Lecture Notes in Computer Science, 2019, 11428: 154-171.

[148] GÓMEZ-LÓPEZ M T. Constraint-Driven Approach to Support Input Data Decision-Making in Business Process Management Systems, Information Systems Development[J]. Information Systems Development, 2013: 457-469.

[149] QIAN C, ZHANG Y, JIANG C, et al. A real-time data-driven collaborative mechanism in fixed-position assembly systems for smart manufacturing[J]. Robotics and Computer Integrated Manufacturing, 2020, 61(2):101841.1-101841.13.

[150] AVENOGLU B, EREN P E. A context-aware and workflow-based framework for pervasive environments[J]. Journal of ambient intelligence and humanized computing, 2019, 10(1):215-237.

[151] BALIS B. HyperFlow: A model of computation, programming approach and enactment engine for complex distributed workflows[J]. Future Generation Computer Systems, 2016, 55(2): 147-162.

[152] MARVEL National Centre of Competence in Research, the MaX European Centre of Excellence，et al. Introduction[EB/OL]. [2022-03-02]. https://aiida.readthedocs.io/projects/aiida-core/en/latest/intro/about.html.

[153] CORMIER N, KOLISNIK T, BIEDA M. Reusable, extensible, and modifiable R scripts and Kepler workflows for comprehensive single set ChIP-seq analysis[J]. Bmc Bioinformatics, 2016, 17(1):270-283.

[154] KATHERINE W, ROBERT H, DONAL F, et al. The Taverna workflow suite: designing and executing workflows of Web Services on the desktop, Web or in the cloud[J].

Nucleic Acids Research, 2013, 41(W1): W557-W561.

[155] TAYLOR I, SHIELDS M, WANG I, et al. The Triana Workflow Environment: Architecture and Applications[M]. London: Springer, 2007.

[156] UHRIN M. Workflows in AiiDA: Engineering of a high-throughput, event-based engine for robustand modular computational workflows[J]. Computational Materials Science, 2021, 87(2): 1-14.

[157] DU Yanhua, YANG Benyuan, HU Hesuan. Incremental Analysis of Temporal Constraints for Concurrent Workflow Processes with Dynamic Changes[J]. IEEE Transactions on Industrial Informatics, 2019, 15(5): 2617-2627.

[158] LIU H, FENG Y, ZHAO Y. Research on Service-Oriented Workflow Management System Architecture[C]//IEEE. 9th International Conference on Hybrid Intelligent Systems (HIS 2009). 2009.

[159] DEELMAN E, VAHI K, JUVE G, et al. Pegasus, a workflow management system for science automation[J]. Future Generation Computer Systems, 2015, 46(5): 17-35.

[160] CARO J L. Proposing a Formal Method for Workflow Modelling: Temporal Logic of Actions (TLA)[J]. International Journal of Computer Science Theory and Application, 2014, 1 (1): 1 - 11.

[161] KLIMEK R. Pattern-based and Composition-driven Automatic Generation of Logical Specifications for Workflow-oriented Software Models[J]. Journal of Logical and Algebraic Methods in Programming, 2019, 104(4): 201-226.

[162] WANG Y, WANG T, SUN J. PASER: A Pattern-Based Approach to Service Requirements Analysis[J]. International Journal of Software Engineering and Knowledge Engineering, 2019, 29(4): 547-576.

[163] CHANGIZI B, KOKASH N, ARBAB F, et al. Compositional workflow modeling with priority constraints[J]. Science of Computer Programming, 2021, 203(102578): 1-16.

[164] FROGER M, BÉNABEN F, TRUPTIL S, et al. Generating Personalized and Certifiable Workflow Designs: A Prototype[J]. Lecture Notes in Computer Science, 2019, 11515: 32-47.

[165] XU L D, VIRIYASITAVAT W, RUCHIKACHORN P, et al. Using Propositional Logic for Requirements Verification of Service Workflow[J]. IEEE Transactions on Industrial Informatics, 2012, 8(3): 639-646.

[166] TAHVILI S, HATVANI L, FELDERER M, et al. Cluster-Based Test Scheduling Strategies Using Semantic Relationships between Test Specifications[C]//IEEE. 2018 ACM/IEEE 5th International Workshop on Requirements Engineering and Testing, 2018, 1-4.

[167] ZHUO Jiajing, MENG Chen, et al. A Task Scheduling Algorithm of Single Processor Parallel Test System[C]//IEEE. Eighth ACIS International Conference on Software Engineering, Artificial Intelligence, Networking and Parallel/Distributed Computing, 2007: 627-632.

[168] WONGKAMPOO S. Atom-task precondition technique to optimize large scale GUI testing time based on parallel scheduling algorithm[C]//21st International Computer Science and Engineering Conference, 2017: 229-232.

[169] BINDER R V. Optimal Scheduling for Combinatorial Software Testing and Design of Experiments[C]//IEEE. 2018 IEEE International Conference on Software Testing, Verification and Validation Workshops, 2018: 295-301.

[170] XIAO Xun，WANG Jiangqing. An Application of Vertex Partition for Parallel Test Tasks Scheduling in Automatic Test System[C]// 2008 International Conference on Computer Science and Software Engineering, 2008: 723-726.

[171] LABICHE Y. Planning and Scheduling from a Class Test Order[C]// 30th Annual International Computer Software and Applications Conference, 2006.

[172] MEHTA M, PHILIP R. Applications of Combinatorial Testing methods for Breakthrough Results in Software Testing[C]//IEEE. 2013 IEEE Sixth International Conference on Software Testing, Verification and Validation Workshops, 2013: 348-351.

[173] LOU Yang, ZHANG Tao, YAN Jing, et al. Dynamic Scheduling Strategy for Testing Task in Cloud Computing[C]// 2014 Sixth International Conference on Computational Intelligence and Communication Networks, 2014: 633-636.

[174] 杨平良. 基于模块软件系统的测试资源分配研究[J]. 机械设计与制造工程，2013，42（12）：47-52.

[175] 陆阳，岳峰，张国富，等. 串并行软件系统测试资源动态分配建模及求解[J]. 软件学报，2016，27（8）：1964-1977.

[176] KAPLAN M. Test Machine Scheduling and Optimization for z/OS[C] //IEEE. 2007 IEEE Symposium on Computational Intelligence in Scheduling, 2007: 27-33.

[177] SEGALL I, TZOREF-BRILL R. Interactive Refinement of Combinatorial Test Plans[C]//ICSE. ICSE 2012 Formal Research Demonstrations. Zurich, 2012: 1371-1374.

[178] BOZIC J, WOTAWA F. Planning-based Security Testing of Web Applications[C]// IEEE. 2018 ACM/IEEE 13th International Workshop on Automation of Software Test, 2018: 20-26.

[179] BOZIC J, WOTAWA F. Software Testing: According to Plan![C]//IEEE. 2019 IEEE International Conference on Software Testing, Verification and Validation Workshops,

2019: 23-31.

[180] SCHIEFERDECKER I, GROSSMANN J, SCHNEIDER M. Model-Based Security Testing[J]. Electronic Proceedings in Theoretical. 2012: 1-12.

[181] LEVI F. A symbolic semantics for abstract model checking[J]. Science of Computer Programming, 2001, 39(1): 93-123.

[182] 林杰，余建坤. 基于 Kripke 结构的程序正确性证明[J]. 计算机应用，2011，31（5）：1425-1427.

[183] KESTEN Y, PNUELI A. A compositional approach to CTL* verification[J]. Theoretical Computer Science, 2005, 331(2-3): 397-428.

[184] EMERSON E. Temporal and model logics[J]. Handbook of Theoretical Computer Science, 1990, B: 995-1072.

[185] 肖力田. PLC 嵌入式软件测试研究[J]. 哈尔滨工业大学学报，2007，39（Sup）：101-106.

[186] 肖力田，顾明，孙家广. PLC 嵌入式软件测试的适应性分析[J]. 计算机技术与应用进展，2007，8：921-925.

[187] 肖力田. 基于控制对象的 PLC 嵌入式软件测试模型[J]. 计算机科学，2007，34（9A）：295-320.

[188] 李孟源，肖力田. 航天发射场自动控制系统软件工程化管理和原理模型[J]. 特种工程设计与研究学报，2009，23（1）：91-98.

[189] 肖力田，李孟源. 载人航天工程发射场系统嵌入式软件可信验证的技术发展[C]// 载人航天工程软件工程化论文集，2013：373-379.

[190] XIAO Litian, LI Mengyuan. A Hierarchy Framework on Compositional Verification for PLC Software[C]//IEEE. Proceedings of IEEE 5th International Conference on Software Engineering and Service Science, 2014, 204-207.

[191] 彭瑜，何衍庆. IEC 61131-3 编程语言及应用基础[M]. 北京：机械工业出版社，2017.

[192] JOHN K H, TIEGELKAMP M. IEC 61131-3: Programming Industrial Automation Systems[M]. Berlin: Springer Berlin Heidelberg, 2010.

[193] 刘艳梅，陈震，李一波. 三菱 PLC 基础与系统设计[M]. 2 版. 北京：机械工业出版社，2013.

[194] 卡梅尔 H，卡梅尔 A. PLC 工业控制[M]. 北京：机械工业出版社，2015.

[195] JIM´ENEZ-FRAUSTRO F, RUTTEN E. A Synchronous Model of IEC 61131 PLC Languages in SIGNAL[C]//IEEE Computer Society. Proceedings of ECRTS '01: Proceedings of the 13th Euromicro Conference on Real-Time Systems, 2001: 135-140.

[196] LI Mengyuan, XIAO Litian. The Management and Principle Model of Software Engineering in Auto-Control Equipment System[C]//Beijing Special Engneering Design and Research Institute. Proceedings of International Symposium on Future Software Technology, 2002: 513-516.

[197] XIAO Litian, GU Ming, SUN Jiaguang. The Denotational Semantics Definition of PLC Programs Based on Extended $\lambda$-Calculus[J]. Communications in Computer and Information Science, 2011, 176(II): 40-46.

[198] 肖力田，顾明，孙家广. 一种 PLC 程序语言指称语义及函数的形式化定义方法[J]. 中南大学学报（自然科学版），2011，42（1），1107-1113.

[199] XIAO Litian, WANG Rui, SONG Xiaoyu, et al. Semantic characterization of programmable logic controller programs[J]. Mathematical and Computer Modelling, 2012, 55(5-6): 1819-1824.

[200] KIM H Y, SHELDON F T. Testing Software Requirements with Z and Statecharts Applied to an Embedded Control System[J]. Software Quality Journal, 2004, 12: 231-264.

[201] YANG S, YU Z, LIU B, et al. An automatic testing framework for embedded software[C]// IEEE. 12th International Conference on Computer Science and Education, 2017.

[202] SHAH S, SUNDMARK D, LINDSTRÖM B, et al. Robustness testing of embedded software systems: An industrial interview study[J]. IEEE Access, 2017, 4: 1859-1871.

[203] STRANDBERG P E. Automated System-Level Software Testing of Industrial Networked Embedded Systems[D]. Cornell University, 2021.

[204] KAO C H, CHI P H, LEE Y H. Automatic Testing Framework for Virtualization Environment[C]// IEEE. IEEE International Symposium on Software Reliability Engineering Workshops, 2014.

[205] QIAN J, WANG Y, LIN F, et al. Towards Generating Realistic and High Coverage Test Data for Constraint-Based Fault Injection[J]. International Journal of Software Engineering and Knowledge Engineering, 2020, 30(3): 451-479.

[206] ACHARYA S, PANDYA V. Bridge between Black Box and White Box–Gray Box Testing Technique[J]. International Journal of Electronics & Computer Science Engineering, 2013, 2(1): 8.208-8.214.

[207] 杨丰玉，徐浩明，郑巍，等. 嵌入式软件测试研究综述[J]. 航空计算技术，2021，51（1）：112-115.

[208] 李志伟. 程序插装在软件测试中的应用研究[J]. 测控技术，2011，30（10）：

88-91.

[209] WANG H, ZHU X, WANG Y. The Hardware Probe Connection Research of Code Test Based on ARM[C]//IEEE Computer Society. International Forum on Information Technology & Applications, 2010.

[210] KUTSCHER V, MARTINST W. Concept for Interaction of Hardware Simulation and Embedded Software in a Digital Twin Based Test Environment[J]. Procedia CIRP, 2021, 104: 999-1004.

[211] XIAO Litian, GU Ming, SUN Jiaguang. The testing approach of embedded real-time automatic control software based on control objects[C]// IEEE. World Congress on Intelligent Control & Automation, 2008.

[212] XIAO Litian, LI Mengyuan, GU Ming, et al. Combinational testing of PLC programs based on the denotational semantics of instructions[C]// IEEE. Proceedings of the 11th World Congress on Intelligent Control and Automation, 2015.

[213] MCMILLAN K L. A Compositional Rule for Hardware Design Refinement[J]. LNCS: Computer Aided Verification, 1997,1254: 24-35.

[214] GIANNAKOPOULOU D, PRESSBURGER T, MAVRIDOU A, et al. Automated formalization of structured natural language requirements[J]. Information and Software Technology, 2021, 137(2): 1-19.

[215] ABADI M, LAMPORT L. Conjoining Specifications[J]. ACM Trans. on Programming Languages and Systems, 1995, 17(3):507-535.

[216] WOLFGANG J. Towards a Common Categorical Semantics for Linear-Time Temporal Logic and Functional Reactive Programming[J]. Electronic Notes in Theoretical Computer Science, 2012, 286(Complete): 229-242.

[217] MORSE J, CORDEIRO L, NICOLE D, et al. Context-bounded model checking of LTL properties for ANSI-C software[C]//Springer. Proceedings of Software Engineering and Formal Methods - 9th International Conference, 2011, 11: 14-18.

[218] VISWANATHAN M, VISWANATHAN R. Foundations for Circular Compositional Reasoning[J]. LNCS: Automata, Languages and Programming, 2001, 2076(2001): 835-847.

[219] MAIER P. A Set-Theoretic Framework for Assume-Guarantee Reasoning[M]. Springer Berlin Heidelberg, 2001.

[220] 周益龙，韩斌. 基于层次组合抽象的智能系统形式化验证[J]. 计算机与数字工程，2019，47（8）：1917-1923.

[221] CLARKE E M, LONG D E, MCMILLAN K L. Compositional Model Checking[M]. CMU Tech Report: CMU CS-89 145, 1989.

[222] KESTEN Y, PNUELI A. A compositional approach to CTL* verification[J]. Theoretical Computer Science, 2005, 331(2005): 397-428.

[223] EMERSON E A. Temporal and Modal Logic[J]. Formal Models and Semantics, 1990, 995: 997-1072.

[224] LICHTENSTEIN O, PNUELI A. Checking that finite state concurrent programs satisfy their linear specification[C]//ACM. Proceedings of 12th ACM Sigact-sigplan Symposium on Princ. of Prog. Lang. 1985: 97-107.

[225] BJØRNER N, BROWNE I, CHANG E, et al. STEP: the Stanford temporal prover, User's Manual, Technical Report STAN-CS-TR-95-1562[R]. Computer Sciecne Department: Stanford University, 1995.

[226] PNUELI A. The Temporal Logic of Programs[C]// IEEE. Proceedings of 18th IEEE Symposium on Foundation of Computer Science, 1977: 46-57.

[227] MANNA Z, PNUELI A. The Temporal Logic of Reactive and Concurrent Systems: Specification[M]. Berlin: Springer-Verlag, 1991.

[228] MANNA Z, PNUELI A. Temporal verification of reactive systems: safety[M]. Berlin: Springer, 1995.

[229] Bell Labs. The Spin Model Checker - Primer and Reference Manual[EB/OL]. [2022-03-02]. http://spinroot.com/spin/books.html.

[230] 朱雪阳，张文辉，李广元，等. 模型检测研究进展[R/OL]. （2019-02-05）[2022-03-02]. http://www.ios.ac.cn/~zxy/papers/b12-MC.pdf.

[231] 王飞明，胡元闯，董荣胜. 模型检测研究进展[J]. 广西科学院学报，2008，24（4）：6-25.

[232] 化希耀，苏博妮，陈立平，等. 模型检测技术研究综述[J]. 塔里木大学学报，2013，25（4）：119-124.

[233] 杨茜茜. 模型检测技术的发展研究[J]. 科学家，2016，4（10）：19-22.

[234] Carnegie Mellon. The SMV System [EB/OL]. [2022-03-02]. http://www.cs.cmu.edu/~modelcheck/smv.html.

[235] NiklasEén, NiklasSörensson. Introduction[EB/OL]. [2022-03-02]. http://minisat.se/.

[236] SAT Research Group. zChaff[EB/OL]. [2022-03-02]. http://www.princeton.edu/ ~chaff/zchaff.html.

[237] The tool Kronos, Sergio Yovine. User's guide: Kronos: A verification tool for real-time systems[EB/OL]. [2022-03-02]. https://www-verimag.imag.fr/DIST-TOOLS/TEMPO/kronos/.

[238] BRAYTON R K, HACHTEL G D, et al. VIS: A system for verification and

synthesis[J]. LNCS Computer Aided Verification, 2005, 1102(1996): 428-432.

[239] Center for Electronic System Design. HyTech: The HYbridTECHnology Tool [EB/OL]. [2022-03-02]. https://ptolemy.berkeley.edu/projects/embedded/research/hytech/.

[240] CPN Tools. Documentation[EB/OL]. [2022-03-02]. http://cpntools.org/.

[241] STEVENS P. The Edinburgh Concurrency Workbench [EB/OL]. [2022-03-02]. https://homepages.inf.ed.ac.uk/perdita/cwb/summary.html.

[242] 高春鸣，黄园媛，陈火旺. 基于 CCS 的软件规范描述及实例研究[J]. 计算机工程与应用，2005，（23）：47-50+66.

[243] URIBE T E, BROWNE A, CHANG E, et al. STeP: The Stanford Temporal Prover Educational Release - User's Manual[M]. Berlin: Springer Heidelberg, 1999.

[244] MANNA Z, BJØRNER N, BROWNE A, et al. STEP: the Stanford Temporal Prover [EB/OL]. [2022-03-02]. https://www.researchgate.net/publication/220917243.

[245] The BLAST 2.5 Team. BLAST: Berkeley Lazy Abstraction Software Verification Tool [EB/OL]. [2022-03-02]. http://mtc.epfl.ch/software-tools/blast/index-epfl.php.

[246] HENZINGER T A, JHALA R, MAJUMDAR R, et al. Lazy Abstraction[J]. ACM Sigplan Notices, 2002, 37(1):58-70.

[247] BEYER D. CPAchecker:The Configurable Software-Verification Platform[EB/OL]. [2022-03-02]. https://cpachecker.sosy-lab.org/.

[248] The MathSAT 5 Team. MathSAT 5:An SMT Solver for Formal Verification &More[EB/OL]. [2022-03-02]. https://mathsat.fbk.eu/.

[249] BEYER D, ZUFFEREY D, MAJUMDAR R. CSIsat: Interpolation for LA+EUF[C]. Computer Aided Verification, DBLP, 2008.

[250] CBMC. Bounded Model Checker for Software[EB/OL]. [2022-03-02]. http://www.cprover.org/cbmc/.

[251] WHALEY J. JavaBDD[EB/OL]. [2022-03-02]. http://javabdd.sourceforge.net/.

[252] MINÉ A. The octagon abstract domain[C]//IEEE. Reverse Engineering. 2001.

[253] SLAM. Overview[EB/OL]. [2022-03-02]. https://www.microsoft.com/en-us/research/project/slam/.

[254] GODEFROID P. VeriSoft: A tool for the automatic analysis of concurrent reactive software[J]. LNCS, 1997, 1254:476-479.

[255] GODEFROID P. Software Model Checking: The VeriSoft Approach[J]. Formal Methods in System Design, 2005, 26: 77-101.

[256] 何恺铎，顾明，等. 面向源代码的软件模型检测及其实现[J]. 计算机科学，2009，36（1）：267-272.

[257] HENZINGER T A, JHALA R, MAJUMDAR R, et al. Abstract ion from proofs[C]//ACM. 31th ACM Sigplan-Sigact Symposium on Principles of Program Languages, 2004: 232-244.

[258] Boolector. Documentation[EB/OL]. [2022-03-02]. http://fmv.jku.at/boolector/.

[259] SRI International. The Yices SMT Solver[EB/OL]. [2022-03-02]. https://yices.csl.sri.com/.

[260] GitHub, Inc. Information[EB/OL]. [2022-03-02]. https://github.com/Z3Prover/z3/wiki.

[261] JPF, NASA Ames Research Center. The swiss army knife of JAVA$^{TM}$ verification[EB/OL]. [2022-03-02]. http://javapathfinder.sourceforge.net/.

[262] VANESSA K. Pathfinder Technology Demonstrator – NASA [R/OL]. (2020-08-06) [2022-03-02]. https://ntrs.nasa.gov/api/citations/20170011650/downloads/20170011650.pdf? attachment=true.

[263] BANDERA, SANTOS Laboratory. About Bandera [EB/OL]. [2022-03-02]. http://bandera.projects.cs.ksu.edu/.

[264] ALUR R, HENZINGER T A. PVS: Combining specification, proof checking, and model checking[J]. LNCS Computer Aided Verification, 1996, 1102(39):411-414.

[265] University of UTAH. Murphi Model Checker[EB/OL]. [2022-03-02]. http://formalverification.cs.utah.edu/Murphi/.

[266] Unity Documentation, Unity Technologies. Unity User Manual 2022.1[EB/OL]. [2022-03-02]. https://docs.unity.cn/cn/2022.1/Manual/index.html.

[267] COBLEIGH J M, CLARKE L A, OSTERWEIL L J. FLAVERS: A finite state verification technique for software systems[J]. IBM Systems Journal, 2002, 41(1): 140-165.

[268] MCMILLAN K L. Verification of Infinite State Systems by Compositional Model Checking[M]. Tech-Report of Cadence Berkeley Labs, 1999.

[269] XIAO Litian, LI Mengyuan, GU Ming, et al. Combinational Model-Checking of PLC Programs' Verification Based on Instructions[C]// IEEE. Proceedings of 2014 IEEE International Conference on Mechatronics and Automation, 2014: 1335-1340.

[270] XIAO Litian, LI Mengyuan, GU Ming, et al. PLC Programs' Checking Method and Strategy Based on Module State Transfer[C]// IEEE. Proceedings of 2015 IEEE International Conference on Information and Automation, 2015: 702-706.

[271] CLARKE E M, LONG D E, MCMILLAN K L. Compositional Model Checking[C]// IEEE. Proceedings of the Fourth IEEE Symp. on Logic in Computer Science, 1989: 353-362.

[272] HEYTING A. Intuitionism— an Introduction[M]. North Holland Publishing, 1971.

[273] The COQ Proof Assistant, Inria-CNRS. Docs: Introduction and Contents[EB/OL]. [2022-03-02]. https://coq.inria.fr/distrib/current/refman/.

[274] BERTOT Y, CASTERAN P, 顾明. 交互式定理证明与程序开发——Coq 归纳构造演算的艺术[M]. 北京：清华大学出版社，2010.

[275] BARENDREGT H. Introduction to generalized type systems[J]. Journal of Functional Programming, 1991, 1(2): 125-154.

[276] DE BRUIJN N G. The mathematical language Automath, its usage, and some of its extensions[J]. Studies in Logic & the Foundations of Mathematics, 1994, 133:73-100.

[277] BOYER R S, MOORE J S, SIEWIOREK D, et al. A computational logic handbook: formerly notes and reports in computer science and applied mathematics[M]. Elsevier Inc, 1988.

[278] BOYER R S, MOORE J S, SIEWIOREK D. Proving theorems about Lisp functions[J]. Journal of the ACM, 1975, 22(1): 129-144.

[279] KAUFMANN M, MANOLIOS P, MOORE J S. Coputer-aided reasoning: an approach[M]. Kluwer Academic Publising, 2000.

[280] KAUFMANN M, MOORE J S. ACL2: an industrial strength version of Nqthm[C]// IEEE. Conference on Computer Assurance, 1996.

[281] PAULSON L C. The foundation of a generic theorem prover[J]. Journal of Automated Reasoning, 1989, 5(3):363-397.

[282] GORDON M, MELHAM T F. Introduction to HOL: A Theorem Proving Environment for Higher Order Logic[M]. Cambridge, Eng: Cambridge University Press, 1993.

[283] CONSTABLE R L, ALLEN S F, BROMLEY H M, et al. Implementing mathematics with the Nuprl proof development system[M]. Prentice-Hall, 1990.

[284] LUO Zhaohui, POLLACK R. LEGO Proof Development System: User's Manual[R/OL]. (2006-05-05)[2022-03-02]. http://www.lfcs.inf.ed.ac.uk/reports/92/ECS-LFCS-92-211/.

[285] LUO Z H, POLLACK R. LEGO Proof Development System: User's Manual[M]. Division of Informatics the University of Edinburgh, 1992.

[286] RUDNICKI P. An Overview of the MIZAR Project[C]// Proceedings of the 1992 Workshop on Types and Proofs as Programs, 1992.

[287] HOWARD W A. The formulae-as-types notion of construction[M]// Curry H B. Essays on Combinatory Logic, Lambda Calculus and Formalism.New York: Academic Press, 1980: 479-490.

[288] GIRARD J Y, LAFONT Y, TAYLOR P. Proofs and types[M]. Cambridge, Eng: Cambridge University Press, 1989.

[289] MITCHELL J C. Type systems for programming languages[M]// Handbook of Theoretical Computer Science. Vol. B: Formal Models and Semantics. Boston: MIT Press and Elsevier, 1994.

[290] PAULIN-MOHRING C. Inductive definitions in the system COQ – rules and properties[M]. Berlin: Springer-Verlag, 1993, 664:328-345.

[291] FIMENEZ E. A tutorial on recursive types in COQ[M]. Documentation of the COQ system. INRIA, 1998.

[292] SCOTT D. Constructive validity[J]. LNM: Proceedings of Symposium on Automatic Demonstration, 1970, 125: 237-275.

[293] XIAO Litian, GU Ming, SUN Jiaguang. The Verification of PLC Program Based on Interactive Theorem Proving Tool COQ[C]//IEEE. Proceedings of 2011 4th IEEE International Conference on Computer Science and Information Technology, 2011: 374-378.

[294] XIAO Litian, XIAO Nan, LI Mengyuan, et al. Intelligent Architecture and Hybrid Model of Ground and Launch System for Advanced Launch Site[C]//IEEE. Proceedings of 2019 IEEE AeroSpace, 2019, 3: 1-10.

[295] XIAO Litian, XIAO Nan, LI Mengyuan. Keynote: Research on Application and Development of Intelligent Technology for Space Launch Site[J]. Transactions on Advance in Intelligent Systems Research, 2018, 1951(6851): 1-5.

[296] Office of Technology, Policy and Strategy, NASA. NASA Technology Roadmaps[R/OL]. (2015-06-02)[2022-03-02]. http://www.nasa.gov/offices/oct/home/roadmaps.

[297] National Research Council. NASA Space Technology Roadmaps and Priorities: Restoring NASA's Technological Edge and Paving the Way for a New Era in Space[M]. Washington DC: The National Academies Press, 2012.

[298] ZEITLIN N P, SCHAEFER S J, et al. NASA ground and launch systems processing technology area roadmap[C]//IEEE. Procedings of IEEE Aerospace. 2012.

[299] 肖力田，李孟源. 智慧火箭发射场系统构建与技术发展研究[C]. 2018 航天雁栖论坛.

[300] SHI P M, LIANG Kai, HAN Dongying, et al. A novel intelligent fault diagnosis method of rotating machinery based on deep learning and PSOSVM[J]. Advances in Intelligent Systems and Computing, Journal of Vibroengineering, 2017, 19(8): 5932-5946.

[301] WANDER A, FORSTNER R. Innovative fault detection, isolation and recovery on-board spacecraft: Study and implementation using cognitive automation[C]// IEEE. 2nd Intenational Conference on Control and Fault-Tolerant Systems, 2013.

[302] MARINO A, PIERRI F, ARRICHIELLO F. Distributed fault detection isolation

and accommodation for homogeneous networked discrete-time linear systems[J]. IEEE Transactions on Automatic Control, 2017, 62(9): 4840-4847.

[303] 李天安，黄向东，王建民，等. Apache IoTDB 的分布式框架设计[J]. 中国科学（信息科学），2020，50（5）：621-636.

[304] GARCIA M V, EDURNE I, FEDERIC P, et al. OPC-UA communications integration using a CPPS architecture[C]// IEEE. 2016 IEEE Ecuador Technical Chapters Meeting. 2016.

[305] SALVATORE C, STEFANO D D, SALAFIA M G, et al. OPC UA integration into the web[C]//IEEE. 43rd Annual Conference of the IEEE Industrial Electronics Society, 2017.

[306] SALVATORE C, SALAFIA M G, SCROPPO M S, et al. Integrating OPC UA with web technologies to enhance interoperability[J]. Computer Standards and Interfaces, 2019, 61: 45-64.

[307] HASAN D, RONNHOLM J, DELSING J, et al. Protocol interoperability of OPC UA in service oriented architectures[C]// IEEE. 2017 IEEE 15th Int. Conf. on Industrial Informatics, 2017: 1-7.

[308] ALEXANDER G, MENDOZA F, BRAVN R, et al. TSN-Enabled OPC UA in Field Devices[C]// IEEE. 2018 IEEE 23rd Int. Conf. on Emerging Technologies and Factory Automation. 2018: 1-7.

[309] 韩光，张爱良，肖力田，等. GJB7337-2011 火箭、航天器与航天发射场信息传输规程[M]. 总装备部，2011.8.

[310] SCHEIER B. 应用密码学[M]. 北京：机械工业出版社，2000.

[311] 龙芯中科技术股份有限公司. 龙芯一号面向嵌入式专门应用[EB/OL]. [2022-03-02]. https://www.loongson.cn/detail/18.

[312] 至控科技，浙江中控研究院有限公司. 控制系统[EB/OL]. [2022-03-02]. http://www.z-control.cn/product/25.html.

[313] SCHNORR C P. Efficient Signature Generation for Smart Card[J]. Journal of Cryptology, 1991, 4: 161-174.

[314] BRICKELL E F, MCCURLEY K S. An interactive identification scheme based on discrete logarithms and factoring[J]. Workshop on the Theory and Application of Cryptographic Techniques, 1990, 63-71.

[315] 纪家慧. 新的数字签名体制[J]. 计算机学报，1997，20：533-538.

[316] XIAO Litian, LI Mengyuan, et al. System Architecture and Construction Approach for Intelligent Space Launch Site[J]. Transactions on Computer Science and Engineering, 2018, I: 105-110.

[317] 肖力田，李孟源. 智能发射场地面与发射系统层次体系模型设计[J]. 导弹试验技术，2019，129（1）：2-8.

[318] 李孟源，肖力田. 发射场地面设备控制系统新型智能冗余技术[J]. 西北工业大学学报，2019，37（1）：80-87.

[319] XIAO Litian, LI Mengyuan, et al. A Trust Verification Strategy for Autonomous Control System in Launch Site[J]. Aeronautics and Aerospace Open Access Journal, 2019, 3(3):127-132.

[320] BALIS B. HyperFlow: A model of computation, programming approach and enactment engine for complex distributed workflows[J]. Future Generation Computer Systems, 2016, 55: 147-162.

[321] PLA A, GAY P. Petri net-based process monitoring: a workflow management system for process modeling and monitoring[J]. Journal of Intelligent Manufacturing, 2014, 25 (3): 539-554.

[322] JIE Meng, SU S Y W, Lam H, et al. Achieving Dynamic Interorganizational Workflow Management by Integrating Business Process, Events and Rules[C]// 35th Annual Hawaii International Conference on System Sciences, 2002: 7-10.

[323] SHU C, GUO Q W. Modeling and Analysis of Workflow Based on TLA[J]. Journal of Computers, 2009, 4(1):27-34.

[324] GAO X, XU L, WANG X, et al. Workflow process modeling and resource allocation based on polychromatic sets theory[J]. Enterprise Information Systems, 2013, 7(2): 198-226.

[325] BASSIL S, KELLER R K, KROPF P. A Workflow-Oriented System Architecture for the Management of Container Transportation[J]. Business Process Management, 2004, 3080(8): 116-131.

[326] ZHAO Y, FENG Y, LIU H. Research on Service-Oriented Workflow Management System Architecture[J]. Computer Knowledge & Technology, 2010, 187: 369-372.

[327] KOLELL A, GINIGE J A. Workflow Management Issues in Virtual Enterprise Networks[J]. Enterprise Information Systems, 2016, 73: 48-59.

[328] BI H H, ZHAO J L. Applying Propositional Logic to Workflow Verification[J]. Information Technology & Management, 2004, 5(3-4): 293-318.

[329] SILVEIRA R, FILHO S, WAINER J, et al. A Fully Distributed Architecture for Large-Scale Workflow Enactment[J]. International Journal of Cooperative Information Systems, 2003, 12(4): 411-440.

[330] RAMOS M A, MASIERO P C, PENTEADO R, et al. Extending statecharts to

model system interactions[J]. Journal of Software Engineering Research & Development, 2015, 3(1): 1-25.

[331] ARMES T, REFERN M. Using Big Data and Predictive Machine Learning in Aerospace Test Environments[C]//IEEE. 2013 IEEE AUTOTESTCON, 2013: 1-5.

[332] Gario A, Andrews A, Hagerman S. Testing of Safety-Critical Systems: An Aerospace Launch Application[C] //IEEE. 2014 IEEE Aerospace Conference, 2014: 1-17.

[333] HAGERMAN S, ANDREWS A, ELAKEILI S, et al. Security Testing of an Aerospace Launch System[C] //IEEE. 2015 IEEE Aerospace Conference, 2015: 1-11.

[334] LIU Shengming, FENG Shuxing, ZHANG Kangming. Requirement Analysis of Aerospace Test for New Space Platform Using Quality Function Deployment[C] //IEEE. 2015 IEEE International Conference on Information and Automation, 2015: 2705-2708.

[335] HAGERMAN S, ANDREWS A. Post Liftoff Security Testing of an Aerospace Launch System[C] //IEEE. 2016 IEEE Aerospace Conference, 2016: 1-11.

[336] TONG J, CAI Y. A Method of Aerospace Test Task Scheduling Based on Genetic Algorithm[C]// 2012 Spring Congress on Engineering & Technology, 2012: 1-4.

[337] SEIBEL D J, MEHIEL E A. Task Scheduling through a Hybrid Genetic Algorithm[C]. // AIAA. AIAA Modeling and Simulation Technologies Conference, 2009: 1-13.

[338] ANDREWS A, ELAKEILI S, GARIO A, et al. Testing Proper Mitigation in Safety-Critical Systems: An Aerospace Launch Application[C] //IEEE. 2015 IEEE Aerospace Conference, 2015: 1-19.

[339] XIAO Litian, XIAO Nan, LI Mengyuan, et al. Relativity-Driven Optimization for Test Schedule of Spaceflight Products at Launch Site[C]//ACM. ACM ICNSER2020, 2020.